“新工科建设”教学探索成果

数值分析

（第2版）

● 武芳芳　曲绍波　张　琪　主　编
● 柳博文　刘　芳　陈　欣　副主编

電子工業出版社
Publishing House of Electronics Industry
北京 · BEIJING

内 容 简 介

本书介绍科学与工程实际中常用的数值分析理论、方法及有关应用，内容包括绪论、非线性方程与方程组的数值解法、解线性方程组的直接法、解线性方程组的迭代法、曲线拟合与函数插值、数值微积分、常微分方程的数值解法、矩阵的特征值问题等. 考虑到工科院校相关课程的教学目的是满足工程和科研应用需要，本书更注重介绍工程应用的方法，弱化数学理论的推导证明，并且配有微课视频（二维码）、应用案例、应用题、上机实验和习题等内容. 本书提供配套电子课件，登录华信教育资源网（www.hxedu.com.cn）注册后可以免费下载.

本书可作为高等学校理工科专业本科生和研究生的教材或教辅，也可供从事科学与工程计算的科技人员参考.

图书在版编目（CIP）数据

数值分析 / 武芳芳，曲绍波，张琪主编. -- 2 版.
北京 ：电子工业出版社，2024. 7. -- ISBN 978-7-121-48501-5

Ⅰ. O241

中国国家版本馆 CIP 数据核字第 2024JL0404 号

责任编辑：冉　哲
印　　刷：三河市龙林印务有限公司
装　　订：三河市龙林印务有限公司
出版发行：电子工业出版社
　　　　　北京市海淀区万寿路 173 信箱　邮编　100036
开　　本：787×1 092　1/16　印张：14　字数：358.4 千字
版　　次：2018 年 8 月第 1 版
　　　　　2024 年 7 月第 2 版
印　　次：2024 年 7 月第 1 次印刷
定　　价：49.00 元

凡所购买电子工业出版社图书有缺损问题，请向购买书店调换. 若书店售缺，请与本社发行部联系，联系及邮购电话：（010）88254888，88258888.

质量投诉请发邮件至 zlts@phei.com.cn，盗版侵权举报请发邮件至 dbqq@phei.com.cn.

本书咨询方式：ran@phei.com.cn.

前言

“数值分析”是大学理工类各专业普遍开设的一门课程，其主要研究使用计算机解决数学问题的数值计算方法和理论. 数值计算是当今科学研究的基本手段之一，它是计算数学、计算机科学与其他工程学科结合的产物. 随着工程技术突飞猛进的发展，大量复杂计算问题也随之产生，使得数值计算显得尤为重要，这也推动了数值计算的发展.

在多年的教学中，我们也曾采用过一些经典的数值分析教材，取得过一定的教学效果，但这类教材更关注理论与系统的完整性，自然无法全面考虑学生层次不同、学时数减少及工科教学目的改变等因素，毕竟普通工科院校在我国高校中占大多数. 本书的写作目的是为普通工科院校提供一本易于理解、有一定工程应用背景，并且用实际问题引导的教材.

在内容编写上，本书具有以下特点：在介绍数学理论时，力求简明扼要，在不失严谨性的前提下，弱化一些数学理论和繁复的推导，省略部分定理的证明；在介绍数值解法时，尽量采用形象且通俗易懂的语言，借助图、表对算法与现象进行描述和分析，强调算法的实际应用和分析比较. 考虑到工科院校“数值分析”课程教学的目的是满足工程和科研应用的需要，因此本书更注重介绍工程应用的方法，并且各章大多配有应用案例，指导学生对实际问题进行建模，并使用数值分析方法进行求解.

本书第 1 版自 2018 年 8 月出版以来，被若干所高校选为教材，并获评首届辽宁省优秀教材. 本书出版以后，受到了读者的喜爱，得到了很多教师的关注，同行专家、学者们给予了很多鼓励和支持，同时也对书中的内容、讲法等方面提出了很多宝贵的意见. 我们积极听取广大读者尤其是使用本教材的教师及学生的反馈意见，并向兄弟院校学习、取经，与同行专家、学者们进行交流. 我们对“数值分析”课程进行了一些教学改革与实践，在优化课程体系、改革教学方法和考核办法等方面做了一些工作，调动了学生学习的积极性和主动性，提高了教学质量，同时进行了教学总结与反思，积累了一些新的教学经验. 为了进一步完善本书，融入新的教学理念和经验，更好地适应课程教学和研究的需要，我们认为有必要在第 1 版的基础上进行修订，并适当增加一些内容.

第 2 版保留了第 1 版的基本结构和大部分内容，主要做了如下修订：对第 2 章和第 3 章的框架结构及部分内容进行了适当调整，引入了增广矩阵来描述高斯消去法的消去过程，增加了例题来详细说明采用列主元的原因，并补充了 $\boldsymbol{LU}$ 分解存在性定理的证明，以及循环三对角方程组的追赶法等内容；重新编写了第 7 章；第 2～8 章增加了数值解法的实际应用题和上机实验内容；针对重点、难点内容，以微课视频方式进行讲解，扫描二维码即可自主学习.

本书由沈阳工业大学和沈阳理工大学联合编写. 几位作者都具有多年教学经验，且从未间断本科、硕士研究生“数值分析”课程的教学工作，对教学内容、体系、方法和安排，工程教育的发展方向，以及工科学生的实际情况等，均有着深刻的理解，这使得本书的内容更具有针对性. 我们期望通过本书使数值分析内容更容易理解、学习和掌握，以促进教学质量的提高. 限于作者水平，书中仍难免有疏漏和不妥之处，希望读者能够继续对本书提出宝贵的意见和建议（fangfangwu@sut.cn）.

作　者

2024 年 5 月

习题参考答案

目录

第 1 章　绪论 …… 1

1.1　引言 …… 1

1.2　误差 …… 2

1.2.1　误差来源与分类 …… 2

1.2.2　绝对误差、相对误差与有效数字 …… 3

1.3　数值计算算法设计原则 …… 6

习题 1 …… 10

第 2 章　非线性方程与方程组的数值解法 …… 11

2.1　引言 …… 11

2.2　二分法 …… 12

2.3　简单迭代法 …… 14

2.3.1　简单迭代法的构造原理 …… 14

2.3.2　迭代法的收敛性 …… 16

2.3.3　局部收敛性与收敛阶 …… 18

2.3.4　迭代法的加速技巧 …… 20

2.4　牛顿法及其变形方法 …… 22

2.4.1　牛顿法 …… 22

2.4.2　牛顿法的变形 …… 25

2.5　求解多项式方程 …… 30

2.6　非线性方程组的数值解法 …… 31

2.7　应用案例：机械系统非线性弹簧偏差计算 …… 33

习题 2 …… 34

应用题 …… 36

上机实验 …… 37

第 3 章　解线性方程组的直接法 …… 38

3.1　引言 …… 38

3.2 高斯消去法 …… 39
3.2.1 高斯消去法的基本思想 …… 39
3.2.2 n 元线性方程组的高斯消去法 …… 40
3.3 列主元高斯消去法 …… 44
3.3.1 列主元高斯消去法的思想 …… 44
3.3.2 列主元高斯消去法的操作步骤 …… 45
3.4 直接三角分解法及列主元三角分解法 …… 46
3.4.1 矩阵的三角分解 …… 47
3.4.2 直接三角分解法 …… 48
3.4.3 列主元三角分解法 …… 51
3.5 特殊矩阵的三角分解法 …… 53
3.5.1 对称矩阵的三角分解法 …… 54
3.5.2 对称正定矩阵的三角分解法 …… 55
3.5.3 三对角方程组的追赶法 …… 57
3.5.4 循环三对角方程组的追赶法 …… 58
3.6 应用案例：食物营养配餐问题 …… 60
习题 3 …… 62
应用题 …… 63
上机实验 …… 63

第 4 章 解线性方程组的迭代法 …… 65

4.1 预备知识 …… 65
4.1.1 向量的数量积及其性质 …… 65
4.1.2 向量范数和向量序列的极限 …… 66
4.1.3 矩阵范数和矩阵序列的极限 …… 67
4.1.4 方程组的性态与矩阵的条件数 …… 69
4.2 简单迭代法 …… 71
4.2.1 简单迭代法的基本构造 …… 71
4.2.2 迭代法的收敛性 …… 71
4.2.3 迭代法收敛的误差估计 …… 73
4.3 雅可比迭代法和高斯-赛德尔迭代法 …… 73
4.3.1 雅可比迭代法 …… 74
4.3.2 高斯-赛德尔迭代法 …… 76
4.3.3 雅可比迭代法和高斯-赛德尔迭代法的收敛性 …… 79
4.4 SOR 方法 …… 81
4.5 共轭梯度法 …… 83
4.5.1 等价的极值问题 …… 83
4.5.2 最速下降法 …… 84
4.5.3 共轭梯度法求解 …… 86
4.6 应用案例：迭代法在求解偏微分方程中的应用 …… 89
习题 4 …… 91

应用题 …… 93
上机实验 …… 94
第 5 章 曲线拟合与函数插值 …… 96
5.1 曲线拟合的最小二乘法 …… 96
5.1.1 最小二乘问题 …… 96
5.1.2 最小二乘拟合多项式 …… 98
5.2 插值问题的提出 …… 102
5.3 拉格朗日插值 …… 103
5.3.1 线性插值与二次插值 …… 103
5.3.2 拉格朗日插值多项式 …… 105
5.3.3 插值余项 …… 106
5.4 差商与牛顿插值 …… 109
5.4.1 差商的定义与性质 …… 109
5.4.2 牛顿插值多项式 …… 110
5.5 差分与等距节点插值 …… 112
5.5.1 差分的定义与性质 …… 112
5.5.2 等距节点插值多项式 …… 113
5.6 埃尔米特插值 …… 115
5.7 分段低次多项式插值 …… 118
5.7.1 高次插值多项式的龙格现象 …… 118
5.7.2 分段线性插值 …… 119
5.7.3 分段三次埃尔米特插值 …… 119
5.8 三次样条插值 …… 120
5.8.1 三次样条插值函数 …… 120
5.8.2 三次样条插值函数的求解 …… 121
5.9 应用案例：应用三次样条插值函数实现曲线拟合 …… 124
习题 5 …… 126
应用题 …… 128
上机实验 …… 129
第 6 章 数值微积分 …… 131
6.1 数值积分的基本概念 …… 131
6.1.1 求积公式与代数精度 …… 131
6.1.2 插值型求积公式 …… 132
6.2 牛顿-柯特斯公式 …… 133
6.2.1 牛顿-柯特斯系数及常用求积公式 …… 133
6.2.2 误差估计 …… 136
6.2.3 收敛性与稳定性 …… 137
6.2.4 复化求积公式 …… 137
6.3 龙贝格算法 …… 140

6.3.1 变步长梯形求积算法 …… 140
6.3.2 理查森外推算法 …… 141
6.3.3 龙贝格求积公式 …… 143
6.4 高斯型求积公式 …… 145
6.4.1 求积公式的最高代数精度 …… 145
6.4.2 正交多项式 …… 146
6.4.3 高斯型求积公式的一般理论 …… 147
6.4.4 高斯-勒让德求积公式 …… 149
6.5 数值微分 …… 150
6.5.1 中点方法 …… 150
6.5.2 插值型求导公式 …… 152
6.6 应用案例：卫星轨道长度计算问题 …… 154
习题 6 …… 155
应用题 …… 157
上机实验 …… 158

第 7 章 常微分方程的数值解法 …… 159

7.1 引言 …… 159
7.2 简单数值计算方法 …… 160
7.2.1 欧拉法 …… 160
7.2.2 隐式欧拉法 …… 162
7.2.3 梯形法 …… 163
7.2.4 改进欧拉法 …… 164
7.3 龙格-库塔方法 …… 166
7.3.1 龙格-库塔方法的基本思想 …… 166
7.3.2 二阶龙格-库塔公式 …… 166
7.3.3 三阶龙格-库塔公式 …… 167
7.3.4 四阶龙格-库塔公式 …… 168
7.4 线性多步法 …… 169
7.4.1 线性多步法的基本思想 …… 169
7.4.2 基于数值积分的方法 …… 170
7.4.3 阿当姆斯显式公式与隐式公式 …… 170
7.4.4 阿当姆斯预测-校正公式 …… 174
7.5 一阶方程组与高阶方程 …… 176
7.5.1 一阶方程组 …… 176
7.5.2 化高阶方程为一阶方程组 …… 178
7.6 应用案例：闭电路中电流的计算问题 …… 180
习题 7 …… 182
应用题 …… 183
上机实验 …… 184

第 8 章 矩阵的特征值问题 ········ 186
8.1 幂法和反幂法 ········ 186
8.1.1 幂法 ········ 186
8.1.2 幂法的加速技巧 ········ 190
8.1.3 反幂法 ········ 192
8.2 雅可比方法 ········ 194
8.2.1 平面旋转矩阵 ········ 194
8.2.2 雅可比方法的实现过程 ········ 196
8.3 ***QR*** 方法 ········ 198
8.3.1 正交相似变换 ········ 198
8.3.2 矩阵的 ***QR*** 分解 ········ 200
8.3.3 ***QR*** 方法的实现过程 ········ 203
8.4 二分法 ········ 204
8.4.1 特征多项式序列及其性质 ········ 204
8.4.2 二分法的实现过程 ········ 206
8.5 应用案例：互联网页面等级计算问题 ········ 208
习题 8 ········ 209
应用题 ········ 210
上机实验 ········ 211
参考文献 ········ 213

第 1 章

绪论

1.1 引言

数值分析也称为计算方法，它研究用计算机求解数学问题的数值方法及其理论，是计算数学的主体部分. 它涉及科学计算中的常见问题，如函数的插值与逼近、数值积分与数值微分、线性和非线性方程（组）的求解、矩阵特征值问题和微分方程的数值解法等.

数学与科学技术一向有着密切的关系并相互影响，利用科学技术解决实际问题时通常需要建立数学模型. 但很多数学模型较为复杂，往往不易求出精确解，于是人们讨论问题的简化模型，求其解析解，而过于简化的模型又会导致所求的解不能满足精度要求. 随着计算机科学与技术的飞速发展和计算数学理论的日益成熟，特别是具备超强计算能力的计算机系统的出现，为求解复杂的数学模型提供了强大的硬件保障. 一批适合计算机求解并节省计算量的数值分析方法随之产生，并被广泛使用，成为科学计算的主要方法. 目前，数值分析在科学与工程计算、信息科学、管理科学、生命科学、经济学等领域中有着广泛应用，已经成为与理论分析和科学实验并列的第三种科学研究方法和手段. 用计算机求解数学问题，基本过程如下：

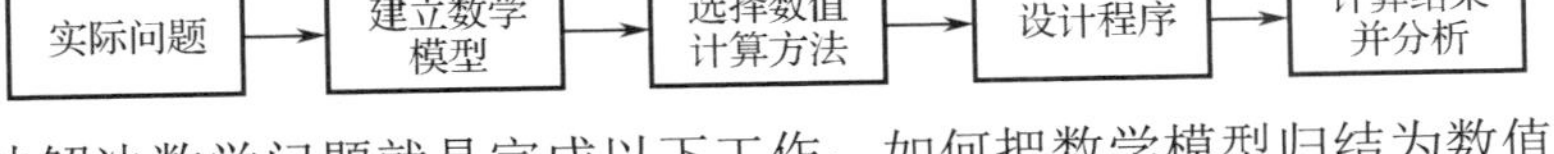

用数值方法解决数学问题就是完成以下工作：如何把数学模型归结为数值问题，如何估计一个给定算法的精度或构造精度更高的算法，如何分析误差在计算过程中的积累和传播，如何使算法较少地占用存储量，如何分析算法的优缺点等. 应当指出，数值方法的构造和分析是密不可分的，二者缺一不可.

对于给定的数学问题，常常可以构造出多种数值方法. 那么，如何评价这些方法的优劣呢？一般来说，一个好的方法应具有如下特点.

① 针对计算机设计，结构简单，易于编程实现.

② 有可靠的理论分析. 例如，误差分析、稳定性分析等，在理论上应能保证方法的收敛性和数值稳定性.

③ 有好的复杂度. 好的时间复杂度能够提高方法的计算速度，节省时间；好的空间复杂度能够节省存储空间.

④ 便于设计数值实验. 可以通过数值实验来验证算法的可行性和有效性.

在学习数值分析课程时，要掌握方法的基本原理和思想，注意方法处理的技巧及其与计算机的结合，重视误差分析、收敛性及稳定性的基本理论，达到灵活运用数值分析方法解决实际问题的目的.

1.2 误差

1.2.1 误差来源与分类

误差

科学计算中所处理的数据和计算的结果往往是在一定范围内的近似数值，它们与真实值之间总存在着一些偏差，也就是说，一个物理量的真实值与计算出的值通常是不相等的，其差值称为**误差**. 引起误差的原因是多方面的，按来源不同可分为如下 4 类.

1. 模型误差

用计算机解决科学计算问题首先要建立数学模型，它是对被描述的实际问题进行抽象、简化得到的，因而是近似的. 通常，把数学模型与实际问题之间存在的误差称为**模型误差**.

2. 观测误差

在数学模型中往往还有一些由观测得到的物理量，如温度、长度、电压等，这些观测值显然也存在误差. 这种由观测产生的误差称为**观测误差**.

3. 截断误差

在使用无穷级数求和时，只能取前面有限项的和来近似作为该级数的和，这种在计算中通过有限过程的计算结果代替无限过程的结果而造成的误差，称为**截断误差**. 这是计算方法本身存在的误差，故也称为**方法误差**. 例如，指数函数 $f(x)=\mathrm{e}^x$ 可展开为幂级数形式：

$$\mathrm{e}^x=1+x+\frac{1}{2!}x^2+\frac{1}{3!}x^3+\cdots+\frac{1}{n!}x^n+\cdots$$

使用计算机求值时，只能取有限项作为 e^x 的近似值：

$$S_n(x)=1+x+\frac{1}{2!}x^2+\frac{1}{3!}x^3+\cdots+\frac{1}{n!}x^n$$

根据泰勒（Taylor）定理，部分和 $S_n(x)$ 作为 e^x 的近似值的余项为

$$R_n(x)=\mathrm{e}^x-S_n(x)=\frac{x^{n+1}}{(n+1)!}\mathrm{e}^{\xi}$$

式中，ξ 为 0 与 x 之间的数.

$R_n(x)$ 就是将 $S_n(x)$ 作为 e^x 的近似值所产生的截断误差.

4．舍入误差

用计算机进行数值计算时，由于计算机的字长有限，因此需要对原始数据、中间结果和最终结果取有限位数字. 我们将计算过程中取有限位数字进行运算而引起的误差称为**舍入误差**.

例如，用 3.14159265358 近似代替 π，产生的误差

$$R = \pi - 3.14159265358 = 0.0000000000097932\cdots$$

就是舍入误差.

在数值计算方法中，总假定数学模型是正确的，观测的数据是准确的，因而不考虑模型误差和观测误差，主要研究截断误差和舍入误差对计算结果的影响.

1.2.2　绝对误差、相对误差与有效数字

1．绝对误差

定义 1　设 x^* 为精确值，x 为 x^* 的一个近似值，称

$$E(x) = x - x^*$$

为近似值 x 的**绝对误差**（Absolute Error），简称为**误差**（Error）.

由定义 1 可以看出，误差 $E(x)$ 可正可负.

通常无法得到精确值 x^*，因而不能算出 x 的绝对误差 $E(x)$ 的精确值，只能根据测量工具或计算情况估计出误差绝对值的一个上界，即估计出一个正数 ε，使得

$$|E(x)| = |x - x^*| \leqslant \varepsilon$$

式中，正数 ε 称为近似值 x 的**绝对误差限**（Absolute Error Bound）.

有了绝对误差限，就可知道精确值 x^* 的范围：

$$x - \varepsilon \leqslant x^* \leqslant x + \varepsilon$$

工程上，习惯用 $x^* = x \pm \varepsilon$ 来表示上述事实.

绝对误差的大小在许多情况下还不能完全刻画一个近似值的精度. 例如，测量一个人的身高为 170 ± 1 cm，而测量一本书的长度为 20 ± 1 cm，是否说明两者测量的精度是一样的呢？如果考虑被测量数值本身的大小，前者的误差所占比例为 $1/170 \approx 0.59\%$，而后者的误差所占比例为 $1/20 = 5\%$，显然前者测量得更精确. 由此可见，评估近似值的精度，不仅要看绝对误差的大小，还要考虑数值本身的大小，这就需要引入相对误差的概念.

2．相对误差

定义 2　设 x^* 为精确值，x 为 x^* 的一个近似值，称

$$E_{\mathrm{r}}(x) = \frac{E(x)}{x^*} = \frac{x - x^*}{x^*}, \quad x^* \neq 0$$

为近似值 x 的**相对误差**（Relative Error）.

在实际计算中，由于精确值 x^* 一般是未知的，通常用 x 代替相对误差 $E_{\mathrm{r}}(x)$ 中的分母 x^*，由此得近似值 x 的相对误差：

$$E_r(x) = \frac{E(x)}{x} = \frac{x - x^*}{x}$$

相对误差$E_r(x)$可正可负，其绝对值的上界称为相对误差限，即若存在正数ε_r，使得

$$|E_r(x)| = \left|\frac{E(x)}{x}\right| = \left|\frac{x - x^*}{x}\right| \leqslant \varepsilon_r$$

成立，则称正数ε_r为近似值x的**相对误差限**（Relative Error Bound）.

例 1 设有近似值$x = 100$，$y = 1000$，相应的精确值分别为$x^* = 100 \pm 1$，$y^* = 1000 \pm 2$，求x与y的相对误差限.

解

$$|E_r(x)| = \left|\frac{x - x^*}{x}\right| \leqslant \frac{1}{100} = 1\%$$

$$|E_r(y)| = \left|\frac{y - y^*}{y}\right| \leqslant \frac{2}{1000} = 0.2\%$$

根据定义，x与y的相对误差限分别为1%和0.2%.

例 1 表明，y近似y^*的程度要比x近似x^*的程度好得多. 相对误差能更好地刻画近似值的精度.

例 2 设$x = 6.32$是由精确值x^*经过四舍五入得到的近似值，求x的绝对误差限和相对误差限.

解 由已知得$6.315 \leqslant x^* < 6.325$，故

$$-0.005 < x - x^* \leqslant 0.005$$

所以，x的绝对误差限为$\varepsilon = 0.005$，相对误差限为$\varepsilon_r = \dfrac{0.005}{6.32} \approx 0.08\%$.

---

3. 有效数字

当一个精确值x^*带有若干位小数时，通常按照四舍五入原则得到x^*的近似值x. 例如，无理数$\pi = 3.14159265358979323846 26\cdots$，若按照四舍五入原则分别取 2 位和 6 位小数，可得

$$\pi \approx 3.14,\quad \pi \approx 3.141593$$

不管取几位小数，其近似值的绝对误差限都不超过末尾数位的半个单位，即

$$|\pi - 3.14| \leqslant \frac{1}{2} \times 10^{-2},\quad |\pi - 3.141593| \leqslant \frac{1}{2} \times 10^{-6}$$

定义 3 设x^*为精确值，x为x^*的一个近似值，如果x的绝对误差限不超过它的某一数位的半个单位，并且从x左起第一个非 0 数字到该数位共有n位数字，则称这n位数字为x的**有效数字**（Significant Figures），也称用x近似x^*时具有n位有效数字.

例 3 若下列近似值的绝对误差限都是 0.0005，它们各具有几位有效数字？

（1）$a = 251.234$；（2）$b = -0.208$；（3）$c = 0.002$；（4）$d = 0.00013$.

解　因为 $0.0005=\frac{1}{2}\times 10^{-3}$ 是小数点后第 3 位的半个单位，所以 a 有 6 位有效数字 2,5,1,2,3,4； b 有 3 位有效数字 2,0,8； c 有 1 位有效数字 2； d 没有有效数字.

有效数字还有另外一种定义方法.

定义 4　设 x 是 x^* 的一个近似值，将 x 表示成如下形式：

$$x=\pm 10^k\times 0.a_1a_2\cdots a_n \tag{1.1}$$

式中，$a_i(i=1,2,\cdots,n)$ 为 0～9 之间的一个数字，且 $a_1\neq 0$. 如果

$$|x-x^*|\leqslant\frac{1}{2}\times 10^{k-n}$$

则称 x 近似 x^* 时具有 n 位有效数字.

有效数字与相对误差是紧密联系在一起的，它们之间的关系由如下定理给出.

定理 1　设 x^* 的近似值为 x，具有形如式（1.1）的标准形式.

（1）如果 x 具有 n 位有效数字，则其相对误差满足

$$|E_{\mathrm{r}}(x)|\leqslant\frac{1}{2a_1}\times 10^{-(n-1)}$$

（2）如果 x 的相对误差满足 $|E_{\mathrm{r}}(x)|\leqslant\frac{1}{2(a_1+1)}\times 10^{-(n-1)}$，则 x 至少具有 n 位有效数字.

证明

（1）由 x 具有 n 位有效数字可知

$$|E(x)|\leqslant\frac{1}{2}\times 10^{k-n}$$

故其相对误差满足

$$|E_{\mathrm{r}}(x)|=\left|\frac{E(x)}{x}\right|\leqslant\frac{1}{2|x|}\times 10^{k-n}\leqslant\frac{1}{2\times 10^k\times 0.a_1}\times 10^{k-n}=\frac{1}{2a_1}\times 10^{-(n-1)}$$

（2）由于 x 的绝对误差满足

$$\begin{aligned}|E(x)|=|E_{\mathrm{r}}(x)|\cdot|x|&\leqslant\frac{1}{2(a_1+1)}\times 10^{-(n-1)}\times 10^k\times 0.a_1a_2\cdots a_n\\&\leqslant\frac{1}{2(a_1+1)}\times 10^{k+1-n}\times 0.(a_1+1)=\frac{1}{2}\times 10^{k-n}\end{aligned}$$

故 x 至少具有 n 位有效数字.

显然，近似值的有效数字位数越多，相对误差就越小，反之亦然.

例 4　分别用 3.1416 和 3.1415 作为无理数 π 的近似值，试确定它们的有效数字位数.

解　$3.1416=0.31416\times 10^1$，这里 $k=1$. 由于

$$|\pi-3.1416|=0.0000073465\cdots<\frac{1}{2}\times 10^{-4}$$

且 $1-n=-4$，$n=5$，因此 3.1416 作为 π 的近似值具有 5 位有效数字.

$3.1415=0.31415\times 10^1$，这里 $k=1$. 由于

$$|\pi - 3.1415| = 0.0000926\cdots < \frac{1}{2}\times 10^{-3}$$

且 $1-n=-3$，$n=4$，因此，3.1415 作为 π 的近似值具有 4 位有效数字.

例 4 表明，精确值 x^* 的近似值 x 的各位数字不一定都是有效数字，如 3.1415 作为 π 的近似值只有 4 位有效数字 3、1、4 和 1.

1.3　数值计算算法设计原则

设计原则

数学本身是精确的，但计算机所能表示的数的位数是有限的，因而误差不可避免. 用数学上恒等变形方法获得的两个完全等价的式子在计算机中分别进行运算时，结果可能会有很大差异. 为了减少误差的影响，设计数值计算算法时应遵循如下原则.

1．简化计算步骤，减少运算次数

对同样一个计算问题，如果能减少运算次数，不仅可以节省计算时间，提高计算速度，而且能减少舍入误差的积累. 因此，简化计算步骤，减少运算次数是数值计算必须遵循的原则，也是数值计算算法要研究的重要内容.

例如，计算 x^{255} 的值，如果将 x 的值逐个相乘，要做 254 次乘法，但如果写成

$$x^{255} = x\cdot x^2\cdot x^4\cdot x^8\cdot x^{16}\cdot x^{32}\cdot x^{64}\cdot x^{128}$$

只要做 14 次乘法运算即可.

又如，计算多项式

$$P(x) = a_n x^n + a_{n-1}x^{n-1} + \cdots + a_1 x + a_0$$

的值，若直接计算 $a_k x^k\,(k=0,1,\cdots,n)$，再逐项相加，则一共需要做

$$1+2+\cdots+(n-1)+n = \frac{n(n+1)}{2}$$

次乘法和 n 次加法；若采用秦九韶算法

$$P(x) = (((a_n x + a_{n-1})x + a_{n-2})x + \cdots + a_1)x + a_0$$

则只需要做 n 次乘法和 n 次加法即可.

2．避免两个相近数相减

在数值计算中，两个相近的数相减会造成有效数字的严重损失，从而导致相对误差变大. 事实上，如果 x 和 y 分别是精确值 x^* 和 y^* 的近似值，则 $z=x-y$ 是 $z^*=x^*-y^*$ 的近似值，此时 z 的相对误差满足：

$$|E_{\rm r}(z)| = \left|\frac{z-z^*}{z}\right| \leqslant \left|\frac{x}{x-y}\right|\cdot|E_{\rm r}(x)| + \left|\frac{y}{x-y}\right|\cdot|E_{\rm r}(y)|$$

当 x^* 和 y^* 很接近时，x 与 y 通常也较为接近，从而 $|x-y|$ 很小，这说明 z 的相对误差 $E_{\rm r}(z)$ 可能很大.

例 5 计算 $\dfrac{1}{712}-\dfrac{1}{713}$ 的近似值.

解 方法 1: 直接计算

$$\frac{1}{712}-\frac{1}{713}\approx 0.001404-0.001403=1\times10^{-6}$$

方法 2: 先通分，再计算

$$\frac{1}{712}-\frac{1}{713}=\frac{1}{712\times713}\approx 1.970\times10^{-6}$$

方法 1 中，0.001404 近似 $\dfrac{1}{712}$，以及 0.001403 近似 $\dfrac{1}{713}$ 时均具有 4 位有效数字，由于它们非常接近，在相减的过程中损失了前 3 位有效数字，而仅剩的最后一位数字也不可信，因此计算结果 1×10^{-6} 没有有效数字. 方法 2 通过通分避免了两个相近的数相减，所得结果具有 4 位有效数字. 事实上，方法 1 所得结果 1×10^{-6} 的相对误差为 0.49，而方法 1 所得结果 1.970×10^{-6} 的相对误差为 8.23×10^{-5}.

由例 5 可以看出，在数值计算过程中，两个相近的数相减有可能会使误差急剧增大，因此应尽量避免这种情况的出现.

例 6 计算 $(\sqrt{3}-\sqrt{2})^{-4}$ 的近似值.

解 若分别取 $\sqrt{3}$ 和 $\sqrt{2}$ 的具有 4 位有效数字的近似值 1.732 和 1.414 并代入直接计算，可得

$$(\sqrt{3}-\sqrt{2})^{-4}\approx(1.732-1.414)^{-4}=97.79$$

所得结果 97.79 的相对误差为 0.2×10^{-2}.

若先将分母有理化，再取 $\sqrt{6}$ 的具有 4 位有效数字的近似值 2.449 代入计算，可得

$$(\sqrt{3}-\sqrt{2})^{-4}=\frac{(\sqrt{3}+\sqrt{2})^4}{(\sqrt{3}-\sqrt{2})^4(\sqrt{3}+\sqrt{2})^4}=49+20\sqrt{6}\approx 97.98$$

所得结果 97.98 的相对误差为 1.0×10^{-4}.

由例 5 和例 6 可知，在进行数值计算时，如果遇到两个相近数相减的情况，可通过变换计算公式来避免或减小有效数字的损失，从而控制误差的增长. 例如，当 $|x|\approx 0$ 时，可利用

$$1-\cos x=2\sin^2\left(\frac{x}{2}\right)$$

当 $x_1\approx x_2$ 时，可利用

$$\lg x_1-\lg x_2=\lg\frac{x_1}{x_2}$$

当 $x\gg 1$ 时，可利用

$$\sqrt{x+1}-\sqrt{x}=\frac{1}{\sqrt{x+1}+\sqrt{x}}$$

在一般情况下，当 $f(x^*) \approx f(x)$ 时，可用泰勒公式展开：

$$f(x^*) - f(x) = f'(x)(x^* - x) + \frac{f''(x)}{2!}(x^* - x)^2 + \cdots$$

3. 防止大数“吃掉”小数

参与计算的数，有时数量级相差很大，如果不注意采取相应措施，在它们的加、减法运算中，绝对值很小的数往往会被绝对值很大的数“吃掉”，不能发挥其作用，造成计算结果失真. 例如，在 8 位十进制数计算机中计算

$$A = 63281312 + 0.2 + 0.4 + 0.4$$

此时，按照加法浮点运算的对阶规则，应有

$$A = 0.63281312 \times 10^8 + 0.000000002 \times 10^8 + 0.000000004 \times 10^8 + 0.000000004 \times 10^8$$

由于计算机只能存放 8 位十进制数，因此上式中后三个数在计算机中变成“机器 0”，计算结果变为

$$A = 0.63281312 \times 10^8 = 63281312.0$$

即相对小的数 0.2 和 0.4 已被大数 63281312“吃掉”，造成计算结果失真. 如果改变计算次序，先将三个小数相加，再与大数相加，就可避免出现上述现象. 此时

$$A = 63281312 + (0.2 + 0.4 + 0.4) = 63281312 + 1.0 = 63281313.0$$

4. 避免用绝对值很小的数作为除数

在计算过程中，用绝对值很小的数作为除数，有可能使得商的数量级增大，从而导致出现以下两种情况：一是商有可能超出计算机表示的范围而引发“溢出”现象；二是即使没有发生“溢出”，但商的数量级远大于其他参与运算的数，出现大数“吃掉”小数的现象.

此外，在进行除法运算时，如果除数太小，则可能导致商对除数非常敏感，即除数的微小扰动会导致商的巨大变化. 例如，计算 $\frac{2.7182}{0.001}=2718.2$，若分母变成 0.0011，即分母的变化只有 0.0001，但 $\frac{2.7182}{0.0011}=2471.1$. 可见，商发生了巨大的变化.

从误差的角度来看，如果 x 和 y 分别是精确值 x^* 和 y^* 的近似值，则 $z = \frac{x}{y}$ 是 $z^* = \frac{x^*}{y^*}$ 的近似值. 此时 z 的绝对误差满足

$$|E(z)| = |z - z^*| = \left|\frac{(x - x^*)y^* + x^*(y^* - y)}{y^* y}\right| \approx \frac{|y^*| \cdot |E(x)| + |x^*| \cdot |E(y)|}{y^2}$$

所以，当除数 y 的绝对值很小时，商的绝对误差可能很大.

因此，在计算时应尽量通过等价变换避免绝对值较小的数作为除数. 如果无法改变算法，则可采用增加有效位数的方法进行计算，或在计算时采用双精度运算，但这要增加机器计算时间和多占内存单元.

5. 采用数值稳定性好的算法

实际计算时，给定的数据会有误差，数值计算中也会产生误差，并且，这些误差在进一

步的计算过程中可能会不断传播和累积.

一个具体的数值计算算法，如果输入数据的误差在计算过程中迅速增长而得不到控制，则称该算法是**数值不稳定**的，否则是**数值稳定**的.

下面的示例说明了误差传播现象.

例 7　计算积分值 $I_n^* = \int_0^1 \frac{x^n}{x+5} \mathrm{d}x$（$n = 0,1,\cdots,6$）.

解　先建立关于 I_n^* 的递推公式. 由

$$I_n^* + 5I_{n-1}^* = \int_0^1 \frac{x^n + 5x^{n-1}}{x+5} \mathrm{d}x = \int_0^1 x^{n-1} \mathrm{d}x = \frac{1}{n}$$

可得到两个递推算法.

算法 1:　$I_n^* = \frac{1}{n} - 5I_{n-1}^*$，　$n = 1,2,\cdots,6$

算法 2:　$I_{n-1}^* = \frac{1}{5}\left(\frac{1}{n} - I_n^*\right)$，　$n = 6,5,\cdots,1$

直接计算可得 $I_0^* = \ln 6 - \ln 5$. 如果采用 4 位数字计算，则 I_0^* 的近似值为 $I_0 = 0.1823$. 记误差 $E_n = I_n - I_n^*$，I_n 为 I_n^* 的近似值，则对算法 1，有

$$E_n = -5E_{n-1} = \cdots = (-5)^n E_0$$

按以上初始值 I_0^* 的取法，有 $|E_0| \approx 0.22 \times 10^{-4} \leqslant 0.5 \times 10^{-4}$. 这样，就得到 $|E_6| = 5^6 |E_0| \approx 0.34$. 这个误差已经大大超过了 I_6^* 的实际大小，所以 I_6 连 1 位有效数字也没有了，误差掩盖了真值.

对算法 2，有

$$E_{n-k} = \left(-\frac{1}{5}\right)^k E_n，\quad |E_0| = \left(\frac{1}{5}\right)^6 |E_6|$$

如果能够给出 I_6^* 的一个近似值，则可由算法 2 计算 I_n^*（$n = 5,4,\cdots,0$）的近似值. 并且，即使 E_6 较大，得到的近似值的误差也会较小. 由于

$$\frac{1}{6(n+1)} = \int_0^1 \frac{x^n}{6} \mathrm{d}x < I_n^* < \int_0^1 \frac{x^n}{5} \mathrm{d}x = \frac{1}{5(n+1)}$$

因此，可取 I_n^* 的一个近似值为

$$I_n = \frac{1}{2}\left(\frac{1}{6(n+1)} + \frac{1}{5(n+1)}\right)$$

对 $n = 6$，有 $I_6 = 0.0262$.

由 $I_0 = 0.1823$ 和 $I_6 = 0.0262$，分别用算法 1 和算法 2 计算，结果见表 1-1，其中 $I_n^{(1)}$ 为算法 1 的计算结果，$I_n^{(2)}$ 为算法 2 的计算结果. 易知，对于任何自然数 n，都有 $0 < I_n^* < 1$，并且 I_n^* 单调递减. 可见，算法 1 是不稳定的，算法 2 是稳定的.

表 1-1　两种算法计算结果的对比

n	$I_n^{(1)}$	$I_n^{(2)}$	I_n^*（4位）
0	0.1823	0.1823	0.1823

续表

n	$I_n^{(1)}$	$I_n^{(2)}$	I_n^*（4位）
1	0.0885	0.0884	0.0884
2	0.0575	0.0580	0.0580
3	0.0458	0.0431	0.0431
4	0.0210	0.0344	0.0344
5	0.0950	0.0281	0.0285
6	−0.3083	0.0262	0.0243

数值不稳定的算法一般在实际计算中不能采用，数值不稳定的现象属于误差危害现象.

习题 1

1．什么是数值分析？它与数学科学及计算机的关系如何？

2．列举科学计算中误差的三个来源，说明截断误差和舍入误差的区别.

3．将 3.142、3.141 和 $\dfrac{22}{7}$ 分别作为 π 的近似值，各具有几位有效数字？

4．下列各数都是经过四舍五入得到的近似数，即误差限不超过最后一个数位的半个单位，试指出它们具有几位有效数字？

$$x_1 = 1.1021,\quad x_2 = 0.031,\quad x_3 = 385.6,\quad x_4 = 56.430,\quad x_5 = 7\times 1.0$$

5．设 x 的相对误差为 2%，求 x^n 的相对误差.

6．要使计算球体积的相对误差限为 1%，度量半径 R 所允许的相对误差限是多少？

7．设 $Y_0 = 28$，按递推公式 $Y_n = Y_{n-1} - \dfrac{1}{100}\times\sqrt{783}$（$n = 1,2,\cdots$）计算到 Y_{100}，若取 $\sqrt{783}\approx 27.982$（5 位有效数字），试问计算 Y_{100} 将有多大误差？

8．求方程 $x^2 - 56x + 1 = 0$ 的两个根，使它至少具有 4 位有效数字（$\sqrt{783}\approx 27.982$）.

9．通过改变表达式使下列计算结果比较准确：

（1）$\dfrac{1}{1+2x} - \dfrac{1-x}{1+x}$，$|x| \ll 1$；

（2）$\sqrt{x+\dfrac{1}{x}} - \sqrt{x-\dfrac{1}{x}}$，$x \gg 1$；

（3）$\displaystyle\int_x^{x+1}\frac{\mathrm{d}t}{1+t^2}$，$x \gg 1$；

（4）$\ln(x-\sqrt{x^2-1})$，$x \gg 1$；

（5）$\mathrm{e}^x - 1$，$|x| \ll 1$；

（6）$\dfrac{1-\cos x}{\sin x}$，$x \to 0$.

10．计算 $I_n = \mathrm{e}^{-1}\displaystyle\int_0^1 x^n \mathrm{e}^x \mathrm{d}x$（$n = 0,1,2,\cdots$）并估计误差.

第 2 章

非线性方程与方程组的数值解法

2.1 引言

在自然科学和工程技术中，非线性问题是经常出现的，例如，求解曲线与直线交点这样的数学问题，即便我们给出的曲线为简单的 $y = \sin x$，直线方程为 $y = kx + b$（k、b 均为常数），且交点存在，在大多数情况下，仍然无法解析求出非线性方程 $\sin x = kx + b$ 的解 x. 很多实际应用的模型都是非线性问题，以往采用的方法是，简化模型形成线性问题进行求解，解的精确性常常得不到保证. 随着计算技术的进步和计算机的普及，为了得到更符合实际的解，人们已经开始研究非线性问题. 对非线性问题，要使用计算机进行科学计算，往往需要先转换成非线性方程（组），因此对非线性方程（组）的求解问题一直是人们研究的课题之一.

非线性方程的一般形式可记为

$$f(x) = 0 \tag{2.1}$$

式中，$x \in \mathbf{R}$，$f(x) \in C[a,b]$.

一般，非线性方程分为代数方程和超越方程两种. 如果 $f(x)$ 是 n（$n > 1$）次多项式，则称方程（2.1）为代数方程或 n 次多项式方程，否则称为超越方程.

对于方程（2.1），如果实数 x^* 满足 $f(x^*) = 0$，则称 x^* 是该方程的**根**，或称 x^* 是函数 $f(x)$ 的**零点**；若 $f(x)$ 可分解如下：

$$f(x) = (x - x^*)^m g(x)$$

式中，m 为正整数，且 $g(x^*) \neq 0$，称 x^* 为方程（2.1）的 **m 重根**，或称 x^* 为函数 $f(x)$ 的 **m 重零点**；当 $m = 1$ 时，x^* 为**单根**或**单零点**.

定理1（根的存在性） 若 $f(x)$ 在 $[a,b]$ 上连续，且 $f(a)\cdot f(b)<0$，则方程 $f(x)=0$ 在 $[a,b]$ 上至少存在一个实根.

用数值计算方法求解方程（2.1）的根一般分成两个步骤进行.

第一步：根的隔离. 确定根所在的区间，使方程在这个区间内有且仅有一个根，所得区间称为方程根的隔离区间.

第二步：根的精确化. 用一种方法将近似值精确化，使其满足精度要求.

显然，所求隔离区间越小越好. 通常，隔离区间的确定方法如下：

（1）作 $y=f(x)$ 的草图，由 $y=f(x)$ 与横轴交点的大致位置来确定；或者将 $f(x)=0$ 改写成 $f_1(x)=f_2(x)$，根据 $y=f_1(x)$ 和 $y=f_2(x)$ 交点的横坐标来确定根的隔离区间.

（2）逐步搜索：从 a 点出发，选取适当的步长 h，根据定理1，比较 $f(a+ih)$ 与 $f(a+(i+1)h)$ 的符号来确定根的隔离区间.

在具体运用上述方法时，步长的选择是关键. 如果步长 h 过小，且区间长度过大，则会使计算量增大；如果 h 过大，则有可能产生漏根现象. 因此，这种根的隔离法，只适用于求根的初始近似值.

根的逐步精确化方法，包括二分法、迭代法、牛顿法和割线法等，我们将在以下几节中介绍上述方法，并重点学习迭代法的思想.

例1 确定方程 $f(x)=x^3-11.1x^2+38.8x-41.77=0$ 的根所在的区间.

解 设从 $x=0$ 出发，取 $h=1$ 为步长向右进行根的搜索，表2-1用于记录各个区间端点的函数值符号.

表2-1 例1函数值符号

x	0	1	2	3	4	5	6
$f(x)$ 的符号	−	−	−	+	−	−	+

根据定理1，在区间（2,3），(3,4），(5,6）内有实根.

2.2 二分法

若方程（2.1）中的 $f(x)$ 在 $[a,b]$ 上连续，且严格单调，$f(a)\cdot f(b)<0$，则方程（2.1）在 $[a,b]$ 上有且仅有一个根. 此时可以使用二分法求出该单根.

二分法的基本思想是，逐步将含根区间二等分，通过判别区间端点的函数值符号，进一步搜索含根区间，使含根区间长度缩小到充分小，从而求出满足给定精度要求的根的近似值.

考虑含根区间 $[a,b]$. 记 $I_0=[a,b]\equiv[a_0,b_0]$，并取中点 $x_0=\dfrac{1}{2}(a_0+b_0)$. 如果 $f(x_0)=0$，则 x_0 就是方程的根 x^*，即 $x^*=x_0$. 如果 x_0 不是方程的根，则进行根的搜索：若 $f(x_0)\cdot f(a_0)>0$，即 $f(x_0)$ 与 $f(a_0)$ 同号，说明所求的根 x^* 在 x_0 的右侧，这时取 $a_1=x_0$，$b_1=b_0$；否则，方程的

根 x^* 必在 x_0 的左侧，这时取 $a_1 = a_0$，$b_1 = x_0$. 搜索之后，得到新的含根区间 $I_1 = [a_1, b_1]$，其长度仅为原含根区间 I_0 长度的一半.

对压缩的含根区间 I_1 继续进行同样的操作. 取中点 $x_1 = \frac{1}{2}(a_1 + b_1)$，如果 $f(x_1) = 0$，则 x_1 即为方程的根. 若 $f(x_1) \cdot f(a_1) > 0$，则取 $a_2 = x_1$，$b_2 = b_1$；否则，取 $a_2 = a_1$，$b_2 = x_1$，于是得到新的含根区间 $I_2 = [a_2, b_2]$，其长度是区间 I_1 长度的一半.

如此反复二分下去，即可得到一系列含根区间：

$$I_0 \supset I_1 \supset I_2 \supset \cdots \supset I_k \supset \cdots$$

式中，每个区间的长度都是前一个区间长度的一半，当 $k \to \infty$ 时，区间 I_k 的长度趋于 0，即

$$b_k - a_k = \frac{b-a}{2^k} \to 0 \quad (k \to \infty)$$

也就是说，如果二分过程一直进行下去，这些区间最终必定收缩于一点，该点显然就是所求的根 x^*.

二分过程中，所有含根区间的中点

$$x_k = \frac{1}{2}(a_k + b_k),\quad k = 0,1,2,\cdots$$

构成了一个根的近似值的序列 $\{x_k\}_{k=0}^{\infty}$，该序列收敛于根 x^*. 用 x_k 作为根 x^* 的近似值，有误差估计式：

$$|x^* - x_k| \leqslant \frac{b-a}{2^{k+1}} \tag{2.2}$$

二分法的计算步骤如下.

（1）计算 $f(x)$ 在含根区间 $[a,b]$ 端点处的值 $f(a)$ 和 $f(b)$.

（2）计算 $f(x)$ 在区间 $[a,b]$ 中点 $\frac{a+b}{2}$ 处的值 $f\left(\frac{a+b}{2}\right)$.

（3）如果 $f\left(\frac{a+b}{2}\right) = 0$，则 $\frac{a+b}{2}$ 即为所求的根，否则转步骤（4）进行检验：若 $f\left(\frac{a+b}{2}\right) \cdot f(a) < 0$，则用 $\frac{a+b}{2}$ 代替 b，否则用 $\frac{a+b}{2}$ 代替 a.

（4）如果 $\frac{|b-a|}{2} < \varepsilon$（$\varepsilon$ 是事先给定的精度），则取区间中点 $\frac{a+b}{2}$ 作为所求根 x^* 的近似值，计算结束；否则，转步骤（2）继续计算.

例 2　使用二分法求方程 $f(x) = x^3 - x - 1 = 0$ 在区间 $[1,2]$ 内的实根，要求精确到 10^{-2}.

解　易见 $f(1) = -1 < 0$，$f(2) = 5 > 0$，且 $\forall x \in [1,2]$，$f'(x) = 3x^2 - 1 > 0$，因此方程 $f(x) = x^3 - x - 1 = 0$ 在区间 $[1,2]$ 内有且仅有一个实根. 记 $I_0 = [a_0, b_0] = [1,2]$.

计算 I_0 的中点 $x_0 = 1.5$，函数值 $f(x_0) = 0.875 > 0$，因此取 $I_1 = [a_1, b_1] = [1, 1.5]$，由于 $\frac{|b_1 - a_1|}{2} > 10^{-2}$，所以继续二分.

计算 I_1 的中点 $x_1 = 1.25$，函数值 $f(x_1) = -0.296875 < 0$，因此取 $I_2 = [a_2, b_2] = [1.25, 1.5]$，由于 $\frac{|b_2 - a_2|}{2} > 10^{-2}$，所以继续二分.

如此反复二分下去，计算结果见表 2-2. 可以看出，第 6 次二分之后，得到含根区间 $I_6 = [a_6, b_6] = [1.3125, 1.3281]$，此时 $\frac{|b_6 - a_6|}{2} = \frac{|1.3281 - 1.3125|}{2} = 0.0078 < 10^{-2}$，已经达到精度要求. 因此，取 I_6 的中点作为该方程在区间 $[1,2]$ 内的根的近似值，即有 $x^* \approx 1.3203$.

表 2-2　例 2 计算结果

k	a_k	b_k	x_k	$f(x_k)$ 的符号
0	1	2	1.5	+
1	1	1.5	1.25	−
2	1.25	1.5	1.375	+
3	1.25	1.375	1.3125	−
4	1.3125	1.375	1.3438	+
5	1.3125	1.3438	1.3281	+
6	1.3125	1.3281	1.3203	−

误差估计式（2.2）可以在使用计算机进行二分法求根时预先估计二分的次数. 对例 2，由

$$|x^* - x_k| \leqslant \frac{b-a}{2^{k+1}} < 10^{-2}$$

也可以解出 $k = 6$. 这样，计算时无须每步都进行步骤（4）的检验，在进行到该步骤时输出计算结果即为所求.

二分法的优点：算法简单，收敛性总能保证，对 $f(x)$ 要求不高（只要连续即可），程序容易实现. 缺点：只能求单实根，不能求重根和复根，也不能推广到方程组的情形，且收敛速度仅与比值为 1/2 的几何级数相同，不算太快. 因此二分法常用于求根的初始近似值，然后再使用其他方法求根.

2.3 简单迭代法

2.3.1 简单迭代法的构造原理

简单迭代法

迭代法是数值计算算法中一种逐次逼近的算法，其基本思想如下：首先将方程 $f(x) = 0$ 改写成某种等价形式，由等价形式构造相应的迭代公式，然后选取方程的某个初始近似值 x_0 代入公式，反复校正根的近似值，直到满足精度要求为止.

将非线性方程 $f(x) = 0$ 改写为等价形式：

$$x = \varphi(x) \tag{2.3}$$

式中，$\varphi(x)$ 连续，称为**迭代函数**. 给定初始近似值 x_0，构造如下迭代公式：

$$x_{k+1} = \varphi(x_k), \quad k = 0, 1, 2, \cdots \tag{2.4}$$

由迭代公式（2.4）得到解的近似值序列 $\{x_k\}$ 的过程，称为**简单迭代法**. 如果近似值序列 $\{x_k\}$ 有极限

$$\lim_{k\to\infty} x_k = x^*$$

则 x^* 为方程（2.3）的根，此时称**迭代法收敛**；否则称**迭代法发散**. 由于 $x^*=\varphi(x^*)$，故 x^* 是迭代函数的不动点，因此简单迭代法又称为**不动点迭代法**.

迭代法的几何解释：在几何上，方程 $x=\varphi(x)$ 的根 x^* 就是 xOy 平面上曲线 $y=\varphi(x)$ 与直线 $y=x$ 的交点 P^* 的横坐标. 对 x^* 的初始近似值 x_0，在曲线 $y=\varphi(x)$ 上可确定一点 $P_0(x_0,x_1)$，这里 $x_1=\varphi(x_0)$. 过点 P_0 作 x 轴的平行线与直线 $y=x$ 交于点 Q_1，再过点 Q_1 作 y 轴的平行线与曲线 $y=\varphi(x)$ 交于点 $P_1(x_1,x_2)$，这里 $x_2=\varphi(x_1)$. 如此继续，在曲线 $y=\varphi(x)$ 上得到一系列点 $P_1,P_2,\cdots$，这些点的横坐标分别是由迭代公式（2.4）依次求得的迭代值 $x_1,x_2,\cdots$. 如果点列 $\{P_k\}$ 趋近于点 P^*，则相应的迭代值 x_k 收敛于所求的根 x^*，如图 2-1 所示. 但也有相反的情况，如图 2-2 所示，无论 x_0 取何值，迭代总是发散的.

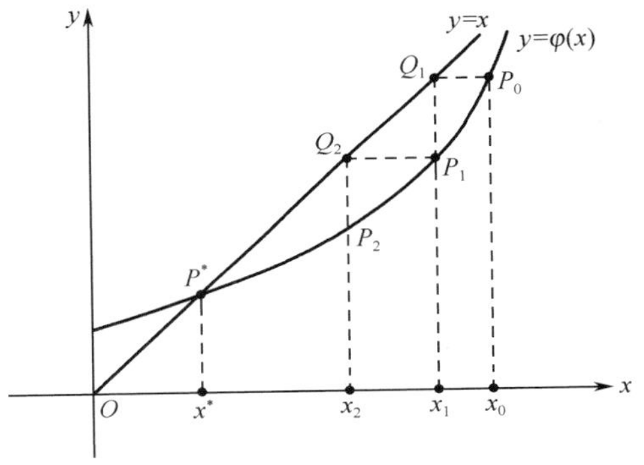

图 2-1

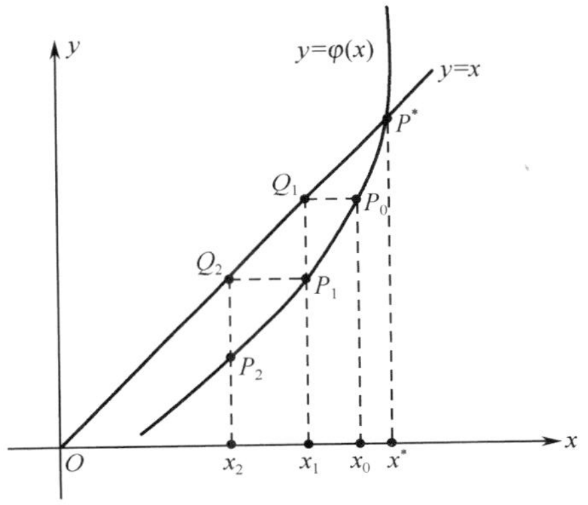

图 2-2

迭代法的计算步骤如下.

（1）准备. 输入初始近似值 x_0、ε（给定的精度）、M（最大迭代次数）和计数变量 k，并令 k=0.

（2）迭代. 按公式 $x_1=\varphi(x_0)$ 迭代一次，得新的近似值.

（3）控制. 若 $|x_1-x_0|\leqslant\varepsilon$，则终止迭代，将 x_1 作为所求的根；若 $k\geqslant M$，则计算失败；若 $|x_1-x_0|>\varepsilon$ 且 $k<M$，则 $x_0=x_1$，转步骤（2）继续计算.

例 3　使用简单迭代法求方程 $f(x)=x-10^x+2=0$ 在 $[0,1]$ 内的根，计算结果保留 4 位有效数字.

解　因为 $f(0)=1>0$，$f(1)=-7<0$，$\forall x\in[0,1]$，$f'(x)=1-10^x\ln 10<0$，所以方程在 $[0,1]$ 内必有一个实根，现将方程改写为如下等价形式：

$$x=\lg(x+2)$$

由此得迭代公式：

$$x_{k+1}=\lg(x_k+2)，\ k=0,1,2,\cdots$$

取初始值 $x_0=1$，逐次算得

$$x_1 = 0.47712，\quad x_2 = 0.39395，\quad x_3 = 0.37911，\quad x_4 = 0.37642，$$
$$x_5 = 0.37592，\quad x_6 = 0.37583，\quad x_7 = 0.37582$$

因为 x_6 和 x_7 已趋于一致，所以取 $x_7 = 0.3758$ 为原方程在 $[0,1]$ 内的根的近似值.

一个方程的迭代形式并不是唯一的，且迭代公式也不总是收敛的. 本例方程也可改写成

$$x = 10^x - 2$$

得到迭代公式：

$$x_{k+1} = 10^{x_k} - 2，\quad k=0,1,2,\cdots$$

仍取 $x_0 = 1$，算得

$$x_1 = 10 - 2 = 8，\quad x_2 = 10^8 - 2 \approx 10^8，\quad x_3 = 10^{10^8} - 2 \cdots\cdots$$

显然，该迭代公式产生的序列不趋向于某个定值，这种不收敛的迭代公式即为发散. 由例 3 可以看出，迭代函数 $\varphi(x)$ 选择不同，相应的迭代序列收敛情况也不一样.

综上所述，用迭代法计算方程 $f(x) = 0$ 的根时，需解决如下问题：

① 如何选择初始近似值 x_0 及迭代函数 $\varphi(x)$ 才能保证迭代公式产生的序列 $\{x_k\}$ 收敛？

② 当序列 $\{x_k\}$ 收敛时，如何估计 k 次近似值的误差，即何时可以使迭代终止？

③ 若两个迭代公式均收敛，则如何取舍？即如何衡量迭代公式收敛速度的快慢？

2.3.2 迭代法的收敛性

迭代法的收敛性

定理 2（收敛性定理） 设迭代函数 $\varphi(x) \in C^1[a,b]$①满足以下两个条件：

（1）当 $x \in [a,b]$ 时，有 $a \leqslant \varphi(x) \leqslant b$；

（2）对任意 $x \in [a,b]$，有 $|\varphi'(x)| \leqslant L < 1$.

则 $x = \varphi(x)$ 在 $[a,b]$ 上有唯一根 x^*，且对任意初始值 $x_0 \in [a,b]$，由迭代公式 $x_{k+1} = \varphi(x_k)$ 得到的迭代序列 $\{x_k\}$ 均收敛于 x^*，并且误差估计为

$$|x_k - x^*| \leqslant \frac{L}{1-L}|x_k - x_{k-1}| \tag{2.5}$$

$$|x_k - x^*| \leqslant \frac{L^k}{1-L}|x_1 - x_0| \tag{2.6}$$

证明 先证明 x^* 存在唯一性. 令 $g(x) = x - \varphi(x)$，由定理 2 条件（1）可得 $g(a) \cdot g(b) \leqslant 0$，故 $g(x) = 0$ 在 $[a,b]$ 内至少有一个根.

又假设 x^* 和 y^* 是 $x = \varphi(x)$ 的两个互异的根，即 $x^* \neq y^*$. 由拉格朗日中值定理有

$$|x^* - y^*| = |\varphi(x^*) - \varphi(y^*)| = |\varphi'(\xi)(x^* - y^*)| \leqslant L|x^* - y^*|，\quad \xi \in (a,b)$$

若此不等式成立，则有 $L \geqslant 1$，这与 $L < 1$ 矛盾. 故 $x = \varphi(x)$ 在 $[a,b]$ 内存在唯一根，记为 x^*.

再证明收敛性. 由 $x_0 \in [a,b]$ 以及定理 2 条件（1）可知 $x_k \in [a,b] (k = 1,2,\cdots)$，利用

$$x^* = \varphi(x^*)，\quad x_{k+1} = \varphi(x_k)$$

可得

$$x_{k+1} - x^* = \varphi(x_k) - \varphi(x^*),\qquad k = 0,1,2,\cdots$$

① $C^1[a,b]$ 表示 $[a,b]$ 上一阶导数连续的函数集合.

由定理 2 条件（2）和拉格朗日中值定理可得

$$|x_{k+1}-x^*|=|\varphi(x_k)-\varphi(x^*)|=|\varphi'(\eta)(x_k-x^*)|\leqslant L|x_k-x^*|, \quad \eta\in(a,b)$$

类推可得

$$|x_k-x^*|\leqslant L^k|x_0-x^*|, \qquad k=1,2,\cdots$$

由 $L<1$ 得 $\lim\limits_{k\to\infty}x_k=x^*$.

最后证明误差估计式（2.5）和式（2.6）. 由定理 2 条件（2）和拉格朗日中值定理有

$$|x_{k+1}-x_k|=|\varphi(x_k)-\varphi(x_{k-1})|\leqslant L|x_k-x_{k-1}| \tag{2.7}$$

一般地，有

$$|x_{k+p}-x_{k+p-1}|\leqslant L^p|x_k-x_{k-1}|$$

于是，对任意正整数 p，有

$$\begin{aligned}|x_{k+p}-x_k|&=|x_{k+p}-x_{k+p-1}+x_{k+p-1}-x_{k+p-2}+x_{k+p-2}-\cdots-x_k|\\&\leqslant|x_{k+p}-x_{k+p-1}|+|x_{k+p-1}-x_{k+p-2}|+\cdots+|x_{k+1}-x_k|\\&\leqslant L^p|x_k-x_{k-1}|+L^{p-1}|x_k-x_{k-1}|+\cdots+L|x_k-x_{k-1}|\\&=(L^p+\cdots+L)|x_k-x_{k-1}|=\frac{L(1-L^p)}{1-L}|x_k-x_{k-1}|\end{aligned}$$

令 $p\to\infty$，得

$$|x^*-x_k|\leqslant\frac{L}{1-L}|x_k-x_{k-1}|$$

再利用式（2.7），对上式反复递推得

$$|x_k-x^*|\leqslant\frac{L^k}{1-L}|x_1-x_0|$$

说明：

（1）由式（2.5）可知，只要 $|x_k-x_{k-1}|$ 充分小，就可以保证 $|x_k-x^*|$ 足够小. 因此，可用 $|x_k-x_{k-1}|<\varepsilon$ （ε 为预先给定精度）作为迭代终止的标准.

（2）由式（2.6）可知，L 值越小，迭代收敛得越快；如果预先给定精度 ε，则由式（2.6）还可以估计迭代次数.

（3）在定理 2 的条件下，将区间 $[a,b]$ 内的任意一点 x_0 作为初始值均能保证该迭代收敛，这种形式的收敛称为大范围收敛.

（4）若将定理 2 条件（2）削弱如下：存在正常数 $L<1$，对任意 $x,y\in[a,b]$ 都有

$$|\varphi(x)-\varphi(y)|\leqslant L|x-y|$$

则定理 2 结论仍然成立.

例 4　使用迭代法求方程 $x^3-3x+1=0$ 在 $[0,0.5]$ 内的根，精确到 10^{-5}.

解　将方程变形为

$$x=\frac{1}{3}(x^3+1)=\varphi(x)$$

迭代公式为

$$x_{k+1}=\frac{1}{3}(x_k^3+1), \quad k=0,1,2,\cdots$$

对 $\forall x\in[0,0.5]$，有 $\varphi(x)\in[0,0.5]$，又有 $\varphi'(x)=x^2$，所以

$$L=\max_{x\in[0,0.5]}|\varphi'(x)|=0.25<1$$

满足定理 2 的收敛条件. 取 $x_0=0.25$，由迭代公式算得

$$x_1=0.3385416, \quad x_2=0.3462668, \quad x_3=0.3471725,$$
$$x_4=0.3472814, \quad x_5=0.3472945, \quad x_6=0.3472961$$

因此，$|x_6-x_5|=0.0000016<10^{-5}$，取近似值为 $x\approx 0.3472961$.

例 5 为求方程 $x^2-2x-3=0$ 在区间 $[2,4]$ 内的一个根，将方程改写成下列等价形式，并建立相应的迭代公式：

（1）$x=\sqrt{2x+3}$，$x_{k+1}=\sqrt{2x_k+3}$，$k=0,1,2,\cdots$；

（2）$x=\frac{1}{2}(x^2-3)$，$x_{k+1}=\frac{1}{2}(x_k^2-3)$，$k=0,1,2,\cdots$.

分析上述每种迭代法的收敛性.

解 （1）$\varphi(x)=\sqrt{2x+3}$，$\forall x\in[2,4]$，$|\varphi'(x)|=\frac{1}{\sqrt{2x+3}}\leqslant\frac{1}{\sqrt{7}}<1$. 另外，当 $x\in[2,4]$ 时，$\varphi(x)\in\left[\sqrt{7},\sqrt{11}\right]\in[2,4]$. 由定理 2，迭代公式 $x_{k+1}=\sqrt{2x_k+3}$ 收敛.

（2）$\varphi(x)=\frac{1}{2}(x^2-3)$，$\forall x\in[2,4]$，$|\varphi'(x)|=|x|>1$，不满足定理 2 的条件，迭代公式可能收敛也可能发散. 例如：

取 $x_0=3$，由迭代公式计算得 $x_1=3$，$x_2=3$，$x_3=3$，……，迭代法收敛，$x^*=3$.

取 $x_0=2.5$，由迭代公式计算得 $x_1=1.625$，$x_2=-0.1796875$，$x_3=-1.483856$，$x_4=-0.399085$，……，迭代法发散.

已经证明，当 $|\varphi'(x)|>1$ 时，只有初始值正好选择到根的精确值时，迭代法才会收敛，否则无论选择怎样的初始值，迭代法均发散.

2.3.3 局部收敛性与收敛阶

局部收敛性与收敛阶

由于非线性方程的复杂性，因此定理 2 的条件很难满足. 在实际应用时，通常只考察其在根 x^* 附近的收敛性，即局部收敛性.

定义 1 设 $x=\varphi(x)$ 有根 x^*，如果存在 x^* 的某个邻域 $S=\{x\,|\,|x-x^*|\leqslant\delta\}$，对任意 $x_0\in S$，迭代公式（2.4）产生的序列 $\{x_k\}\subset S$，且收敛于 x^*，则称迭代法是**局部收敛**的.

定理 3 （**局部收敛性定理**） 设 x^* 为方程 $x=\varphi(x)$ 的根，$\varphi'(x)$ 在 x^* 的某个邻域内连续，且 $|\varphi'(x^*)|<1$，则迭代公式（2.4）在 x^* 邻域局部收敛.

证明　由连续函数的性质，存在 x^* 的某个邻域 $S=\{x \mid |x-x^*|\leqslant\delta\}$，使对于任意 $x\in S$，有 $|\varphi'(x)|\leqslant L<1$. 此外，对于任意 $x\in S$，总有 $\varphi(x)\in S$，这是因为

$$|\varphi(x)-x^*|=|\varphi(x)-\varphi(x^*)|=|\varphi'(\xi)(x-x^*)|\leqslant L|x-x^*|<|x-x^*|\leqslant\delta$$

式中，ξ 在 x 与 x^* 之间. 依据定理 2 即可断定迭代公式（2.4）收敛.

一种迭代法要具有实用价值，不仅要求迭代公式收敛，还要求收敛速度快. 为了衡量简单迭代公式（2.4）收敛速度的快慢，下面给出收敛阶的定义.

定义 2　设迭代公式 $x_{k+1}=\varphi(x_k)$ 收敛于方程 $x=\varphi(x)$ 的根 x^*，如果当 $k\to\infty$ 时迭代误差 $e_k=x_k-x^*$ 满足渐近关系式：

$$\frac{e_{k+1}}{e_k^p}\to C,\qquad \text{常数 } C\neq 0$$

则称该迭代公式是 p **阶收敛**的. 特别地，当 $p=1$ 时，称为**线性收敛**；当 $p=2$ 时，称为**平方收敛**；当 $p>1$ 时，称为**超线性收敛**.

数 p 的大小反映了迭代公式收敛速度的快慢，p 越大，迭代公式收敛速度越快.

定理 4（收敛阶判别定理）　对于迭代公式 $x_{k+1}=\varphi(x_k)$ 及正整数 p，如果 $\varphi^{(p)}(x)$ 在所求根 x^* 的邻域内连续，且

$$\varphi'(x^*)=\varphi''(x^*)=\cdots=\varphi^{(p-1)}(x^*)=0,\quad \varphi^{(p)}(x^*)\neq 0 \tag{2.8}$$

则该迭代公式在点 x^* 邻域内是 p 阶收敛的.

证明　因为 $\varphi'(x^*)=0$，由定理 3 可以判定迭代公式 $x_{k+1}=\varphi(x_k)$ 局部收敛. 将 $\varphi(x_k)$ 在 x^* 处做泰勒展开，有

$$\varphi(x_k)=\varphi(x^*)+\varphi'(x^*)(x_k-x^*)+\cdots+\frac{\varphi^{(p)}(\xi)}{p!}(x_k-x^*)^p,\quad \xi \text{ 在 } x_k \text{ 与 } x^* \text{ 之间}$$

由式（2.8），以及 $x_{k+1}=\varphi(x_k)$ 和 $x^*=\varphi(x^*)$，上式可化简为

$$x_{k+1}-x^*=\frac{\varphi^{(p)}(\xi)}{p!}(x_k-x^*)^p$$

因此，当 $k\to\infty$ 时，有

$$\frac{e_{k+1}}{e_k^p}=\frac{x_{k+1}-x^*}{(x_k-x^*)^p}\to\frac{\varphi^{(p)}(x^*)}{p!} \tag{2.9}$$

这表明迭代公式 $x_{k+1}=\varphi(x_k)$ 为 p 阶收敛的.

由定理 4 可知，迭代公式的收敛速度依赖于迭代函数 $\varphi(x)$ 的选取. 如果当 $x\in[a,b]$ 时 $\varphi'(x)\neq 0$，则迭代公式至多是线性收敛的.

例 6　用迭代法求方程 $x^3-x-1=0$ 的正实根 x^*，当 $|x_k-x_{k-1}|<10^{-5}$ 时，计算终止.

解　方法 1：将原方程改写成

$$x=\sqrt[3]{x+1}$$

得迭代函数 $\varphi(x)=\sqrt[3]{x+1}$，因为 $\varphi'(x)=\dfrac{1}{3(x+1)^{2/3}}$ 在 x^* 的某邻域内连续，且 $|\varphi'(x^*)|\neq 0$，所以，当 x_0 充分接近 x^* 时，迭代公式

$$x_{k+1}=\sqrt[3]{x_k+1}\,,\qquad k=0,1,2,\cdots$$

收敛，但只是线性收敛. 取初始值 $x_0=1$，计算结果见表 2-3. 由于 $|x_8-x_7|<10^{-5}$，故 $x^*\approx 1.324717$.

方法 2：将原方程改写成

$$x=\frac{2x^3+1}{3x^2-1}$$

得迭代函数 $\varphi(x)=\dfrac{2x^3+1}{3x^2-1}$，因为 $\varphi'(x)=\dfrac{6x(x^3-x-1)}{(3x^2-1)^2}$ 在 x^* 的某邻域内连续，且 $|\varphi'(x^*)|=0$，所以，当 x_0 充分接近 x^* 时，迭代公式

$$x_{k+1}=\frac{2x_k^3+1}{3x_k^2-1}\,,\qquad k=0,1,2,\cdots$$

收敛，且至少平方收敛. 取初始值 $x_0=1$，计算结果见表 2-3. 由于 $|x_5-x_4|<10^{-5}$，故 $x^*\approx 1.324718$.

表 2-3　例 6 两种方法的计算结果

迭代次数 k	方法 1 的 x_k	方法 1 的误差 $\|x_k-x_{k-1}\|$	方法 2 的 x_k	方法 2 的误差 $\|x_k-x_{k-1}\|$
0	1		1	
1	1.259921	0.259921	1.5	0.500000
2	1.312294	0.052373	1.347826	0.152174
3	1.322354	0.010060	1.325200	0.022626
4	1.324269	0.001915	1.324718	4.82225×10^{-4}
5	1.324633	3.63880×10^{-4}	1.324718	2.16754×10^{-7}
6	1.324702	6.91233×10^{-5}		
7	1.324715	1.31299×10^{-5}		
8	1.324717	2.49399×10^{-6}		

2.3.4　迭代法的加速技巧

对于收敛的迭代法，只要迭代次数足够多，就可使结果达到任意的精度要求. 但有时迭代法收敛速度缓慢，会使计算量变得很大，这时需要对迭代法进行加速. 甚至对于不收敛的迭代法，当对该迭代法加速时，迭代法也有可能收敛.

（1）埃特金（Aitken）加速法

以线性收敛的迭代法为例，设 $\{x_k\}$ 是一个线性收敛的序列，收敛于 x^*，误差 $e_k=x^*-x_k$，即

$$\lim_{k\to\infty}\frac{e_{k+1}}{e_k}=c\,,\qquad c\neq 0$$

因此当 k 充分大时，有

$$\frac{x^*-x_{k+2}}{x^*-x_{k+1}} \approx \frac{x^*-x_{k+1}}{x^*-x_k} \approx c$$

从而有

$$x^* \approx x_{k+2} - \frac{(x_{k+2}-x_{k+1})^2}{x_{k+2}-2x_{k+1}+x_k} = x_k - \frac{(x_{k+1}-x_k)^2}{x_k-2x_{k+1}+x_{k+2}}$$

由此可取 x_k 的校正值为

$$\widehat{x}_k = x_k - \frac{(x_{k+1}-x_k)^2}{x_k-2x_{k+1}+x_{k+2}}, \quad k=0,1,2,\cdots \tag{2.10}$$

式（2.10）称为埃特金加速法.

可以证明

$$\lim_{k\to\infty}\frac{\widehat{x}_k - x^*}{x_k - x^*} = 0$$

这表明序列 $\{\widehat{x}_k\}$ 的收敛速度比 $\{x_k\}$ 收敛得快.

（2）斯蒂芬森（Steffensen）迭代法

Steffensen 迭代法是埃特金加速法与迭代法的结合，其迭代公式如下：

$$\begin{cases} y_k = \varphi(x_k) \\ z_k = \varphi(y_k) \\ x_{k+1} = x_k - \dfrac{(y_k-x_k)^2}{z_k-2y_k+x_k} \end{cases}, \quad k=0,1,2,\cdots \tag{2.11}$$

式（2.11）实际上是将简单迭代公式（2.4）连续计算两次再与埃特金加速法合并得到的，可写成 Steffensen 简单迭代公式：

$$x_{k+1} = \psi(x_k), \quad k=0,1,2,\cdots \tag{2.12}$$

式中，

$$\psi(x) = x - \frac{(\varphi(x)-x)^2}{\varphi(\varphi(x))-2\varphi(x)+x}$$

对简单迭代公式（2.12）有如下局部收敛性定理.

定理 5　若 x^* 为方程 $x=\psi(x)$ 的根，则 x^* 为方程 $x=\varphi(x)$ 的根；反之，若 x^* 为方程 $x=\varphi(x)$ 的根，且 $\varphi''(x)$ 存在，$\varphi'(x^*)\neq 1$，则 x^* 为方程 $x=\psi(x)$ 的根，且 Steffensen 简单迭代公式（2.12）是平方收敛的.

例 7　用 Steffensen 迭代法求解方程 $x^3-x-1=0$ 在区间[1,1.5]附近的根，精确到 10^{-5}.

解　根据定理 3 可以判定求解原方程的简单迭代公式

$$x_{k+1} = x_k^3 - 1, \quad k=0,1,2,\cdots$$

是发散的.

以迭代公式 $x_{k+1}=x_k^3-1$ 为基础形成 Steffensen 迭代公式：

$$\begin{cases} y_k = x_k^3 - 1 \\ z_k = y_k^3 - 1 \\ x_{k+1} = x_k - \dfrac{(y_k - x_k)^2}{z_k - 2y_k + x_k} \end{cases}, \qquad k = 0,1,2,\cdots$$

取 $x_0 = 1.25$，计算结果见表 2-4. $|x_5 - x_4| < 10^{-5}$，$x^* \approx 1.324718$.

表 2-4　例 7 计算结果

k	0	1	2	3	4	5
x_k	1.25	1.361508	1.330592	1.324884	1.324718	1.324718

上述计算表明，该迭代公式是收敛的. 这说明即使迭代公式 $x_{k+1} = x_k^3 - 1$ 是发散的，但通过 Steffensen 迭代法处理后，迭代公式仍可能收敛. 对于原来已经收敛的阶数较低的简单迭代法，由定理 5 知，它可达到平方收敛.

2.4　牛顿法及其变形方法

2.4.1　牛顿法

1. 牛顿法的构造

牛顿法

如果方程 $f(x)=0$ 是线性方程，则它的根是容易求解的. 牛顿法是一种线性化的近似方法，其基本思想是将非线性方程 $f(x)=0$ 转化为线性方程来迭代求解.

设 $f(x)$ 在 x^* 附近二次连续可微，x_0 是 x^* 附近的一个近似值（假定 $f'(x_0) \neq 0$），将函数 $f(x)$ 在点 x_0 处做一阶泰勒展开，有

$$f(x) \approx f(x_0) + f'(x_0)(x - x_0)$$

则方程 $f(x)=0$ 近似为如下线性方程：

$$f(x_0) + f'(x_0)(x - x_0) = 0$$

其根记为 $x_1 = x_0 - \dfrac{f(x_0)}{f'(x_0)}$，即 x^* 的新近似值. 重复上述过程，将函数 $f(x)$ 在点 x_1 处展开得

$$f(x) \approx f(x_1) + f'(x_1)(x - x_1)$$

则方程 $f(x)=0$ 近似为线性方程：

$$f(x_1) + f'(x_1)(x - x_1) = 0$$

得到新近似解 $x_2 = x_1 - \dfrac{f(x_1)}{f'(x_1)}$. 如此继续下去，得到迭代公式：

$$x_{k+1} = x_k - \frac{f(x_k)}{f'(x_k)}, \qquad k = 0,1,2,\cdots \tag{2.13}$$

这种方法称为**牛顿法**，式（2.13）称为**牛顿迭代公式**.

2．牛顿法的几何解释

如图 2-3 所示，设初始近似值为 x_0，过点 $P_0(x_0, f(x_0))$ 作曲线 $y=f(x)$ 的切线 L_0：$y=f(x_0)+f'(x_0)(x-x_0)$，切线 L_0 与 x 轴交点的横坐标为 $x_1=x_0-\dfrac{f(x_0)}{f'(x_0)}$，则 x_1 为 x^* 的一次近似值．继续过点 $P_1(x_1, f(x_1))$ 作曲线 $y=f(x)$ 的切线 L_1：$y=f(x_1)+f'(x_1)(x-x_1)$，切线 L_1 与 x 轴交点的横坐标为 $x_2=x_1-\dfrac{f(x_1)}{f'(x_1)}$，则 x_2 为 x^* 的二次近似值．重复以上过程，可得 x^* 的近似值序列 $x_{k+1}=x_k-\dfrac{f(x_k)}{f'(x_k)}$（$k=0,1,2,\cdots$）．由此可以得出牛顿法在几何上是用曲线 $y=f(x)$的切线与 x 轴交点坐标来近似该曲线与 x 轴交点坐标的．由于有这种几何背景，因此牛顿法也称为**切线法**．

3．牛顿法的收敛性和收敛阶

牛顿法等价于迭代函数为

$$\varphi(x)=x-\frac{f(x)}{f'(x)}$$

的简单迭代法．由于

$$\varphi'(x)=\frac{f(x)f''(x)}{f'(x)^2}$$

假定 x^* 是方程 $f(x)=0$ 的一个根，即 $f(x^*)=0$，且 $f'(x^*)\neq 0$，则 $\varphi'(x^*)=0$．由定理 4 可知，牛顿法在根 x^* 附近至少局部平方收敛．并且由式(2.9)可得

$$\lim_{k\to\infty}\frac{x_{k+1}-x^*}{(x_k-x^*)^2}=\frac{f''(x^*)}{2f'(x^*)}$$

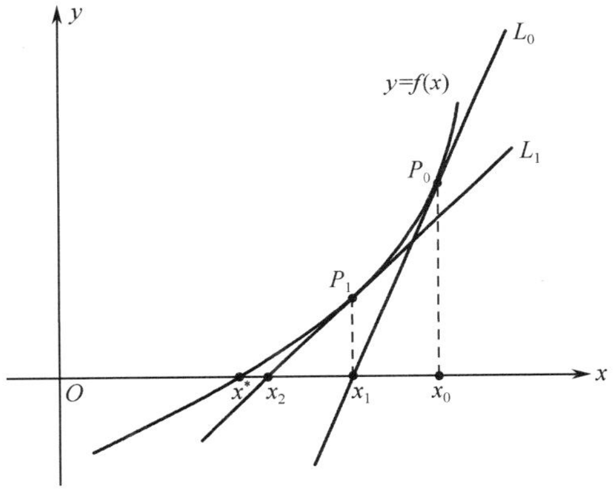

图 2-3

注意，牛顿法是局部收敛的，它对初始值 x_0 的选取比较严格，只有初始值在根 x^* 附近才能保证收敛．因此在实际应用中，常用二分法或逐步搜索法选取初始值．

4．牛顿法的计算步骤

（1）准备．通过二分法或逐步搜索法等手段选取 x_0 作为初始近似值，计算 $f_0=f(x_0)$，$f_0'=f'(x_0)$．

（2）迭代．按公式

$$x_1=x_0-\frac{f_0}{f_0'}$$

迭代一次，得到新的近似值 x_1，计算 $f_1=f(x_1)$，$f_1'=f'(x_1)$．

（3）控制．如果 x_1 满足 $|\delta|<\varepsilon_1$ 或 $|f_1|<\varepsilon_2$，则终止迭代，x_1 作为所求的根；否则转步骤（4）．此处 ε_1 和 ε_2 是允许误差，而

$$\delta=\begin{cases}|x_1-x_0|, & |x_1|<C\\ \dfrac{|x_1-x_0|}{|x_1|}, & |x_1|\geqslant C\end{cases}$$

式中，C 是取绝对误差或相对误差的控制常数，一般可取 $C=1$.

（4）修正. 如果迭代次数达到预先指定次数 N，或者 $f_1'=0$，则方法失败；否则以 (x_1,f_1,f_1') 代替 (x_0,f_0,f_0') 转步骤（2）继续迭代.

5. 牛顿法的应用

例 8 给定方程 $f(x)=x^2+\sin x-1=0$，判别该方程有几个实根，并用牛顿法求出方程所有实根，精确到 10^{-4}.

解 将原方程改写为等价形式 $\sin x=1-x^2$，作函数 $y=\sin x$ 和 $y=1-x^2$ 的曲线如图 2-4 所示，可知方程有两个实根 $x_1^*\in[0,1]$，$x_2^*\in\left[-\dfrac{\pi}{2},-1\right]$.

牛顿法的应用

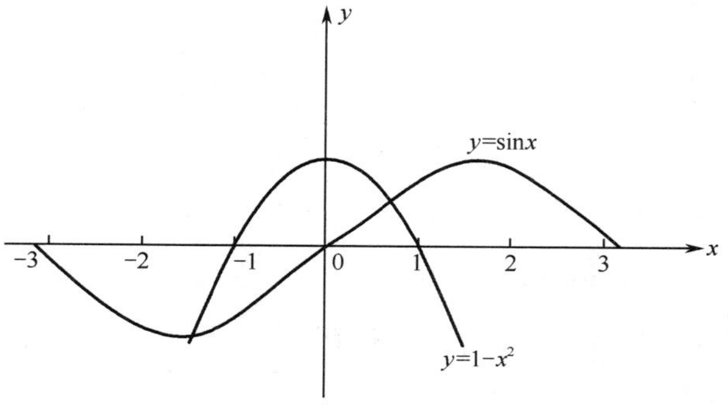

图 2-4

解此方程的牛顿迭代公式为

$$x_{k+1}=x_k-\frac{x_k^2+\sin x_k-1}{2x_k+\cos x_k},\quad k=0,1,2,\cdots$$

取初始值 $x_0=0.5$，计算得 $x_1=0.644108$，$x_2=0.636751$，$x_3=0.636732$，$|x_3-x_2|<10^{-4}$，所以 $x_1^*\approx 0.636732$.

取初始值 $x_0=-1.5$，计算得 $x_1=-1.413799$，$x_2=-1.409634$，$x_3=-1.409624$，$|x_3-x_2|<10^{-4}$，所以 $x_2^*\approx -1.409624$.

例 9 构造计算 $\sqrt{C}$（$C>0$）的牛顿迭代公式，并计算 $\sqrt{115}$ 的近似值，精确到 10^{-5}.

解 由于 $\sqrt{C}$ 是方程 $x^2-C=0$ 的正根，因此取 $f(x)=x^2-C$，$f'(x)=2x$ 代入式（2.13），得到求平方根的牛顿迭代公式：

$$x_{k+1}=\frac{1}{2}\left(x_k+\frac{C}{x_k}\right),\quad k=0,1,2,\cdots$$

由于 $\sqrt{115}\in[10,11]$，故取初始近似值 $x_0=10$，$C=115$ 代入上式，此时迭代公式为

$$x_{k+1}=\frac{1}{2}\left(x_k+\frac{115}{x_k}\right),\quad k=0,1,2,\cdots$$

计算结果见表 2-5，$|x_4-x_3|<10^{-5}$，故 $\sqrt{115}\approx 10.723805$.

表 2-5　例 9 计算结果

k	0	1	2	3	4
x_k	10	10.750000	10.723837	10.723805	10.723805

例 10　不直接用除法运算，使用牛顿法推导出求 $\frac{1}{c}$（$c>1$）的计算公式，并使用该公式近似计算 $\frac{1}{1.2345}$ 的值，精确到 10^{-5}.

解　令 $\frac{1}{x}=c$，取 $f(x)=\frac{1}{x}-c$，$f'(x)=-\frac{1}{x^2}$，则求倒数的牛顿迭代公式为

$$x_{k+1}=x_k-\frac{\frac{1}{x_k}-c}{-\frac{1}{x_k^2}}=2x_k-cx_k^2,\quad k=0,1,2,\cdots$$

取 $x_0=\frac{1.2345}{2}=0.61725$，计算结果见表 2-6. 迭代 4 次便得到精度为 10^{-5} 的结果:

$$\frac{1}{1.2345}\approx 0.810045$$

表 2-6　例 10 的计算结果

k	x_k	$\|x_k-x_{k-1}\|$	k	x_k	$\|x_k-x_{k-1}\|$
0	0.61725		3	0.810036	0.002591
1	0.76419	0.146909	4	0.810045	0.000009
2	0.807445	0.043286	5	0.810045	0.000000

2.4.2　牛顿法的变形

牛顿法的优点是对单根收敛速度快. 缺点：对重根收敛慢；每次迭代都要计算 $f(x_k)$ 和 $f'(x_k)$，计算量大；牛顿法是局部收敛的，初始值 x_0 不易选取. 为了克服这些缺点，可以对牛顿法进行变形.

1．简化牛顿法

为了避免牛顿法中的导数计算，取某常数 $M\neq 0$ 代替牛顿迭代公式（2.13）中的 $f'(x_k)$，得到简化牛顿迭代公式：

$$x_{k+1} = x_k - \frac{f(x_k)}{M}, \quad k = 0,1,2,\cdots \tag{2.14}$$

显然，M 最好取与 $f'(x^*)$ 较为接近的常数，有时 M 取 $f'(x_0)$，此时简化牛顿法线性收敛.

简化牛顿法的几何解释：过曲线 $y = f(x)$ 上点 $P_0(x_0, f(x_0))$ 作斜率为 $M= f'(x_0)$ 的切线，其与 x 轴交点的横坐标 x_1 作为 x^* 的一次近似值，继续过点 $P_1(x_1, f(x_1))$ 作斜率为 $M= f'(x_0)$ 的平行弦，其与 x 轴交点的横坐标 x_2 作为 x^* 的二次近似值，如图 2-5 所示. 重复以上过程，可得 x^* 的近似值序列 $\{x_k\}$. 简化牛顿法用平行弦代替了相应点处的切线，通常也称为**平行弦法**.

牛顿法变形

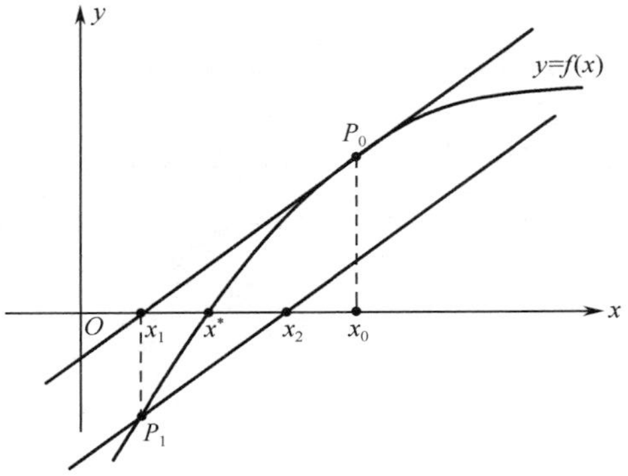

图 2-5

2. 割线法

为避免计算 $f'(x_k)$，由导数定义，有 $f'(x_k) \approx \dfrac{f(x_k) - f(x_{k-1})}{x_k - x_{k-1}}$，代入式（2.13），得迭代公式：

$$x_{k+1} = x_k - \frac{f(x_k)}{f(x_k) - f(x_{k-1})}(x_k - x_{k-1}), \qquad k = 1,2,\cdots \tag{2.15}$$

使用式（2.15）求解非线性方程的方法称为**割线法**（或**弦截法**）.

割线法的几何解释：过曲线 $y = f(x)$ 上点 $P_{k-1}(x_{k-1}, f(x_{k-1}))$ 及 $P_k(x_k, f(x_k))$ 作割线，记割线与 x 轴交点的横坐标为 x_{k+1}，用割线与 x 轴的交点近似切线与 x 轴的交点，如图 2-6 所示.

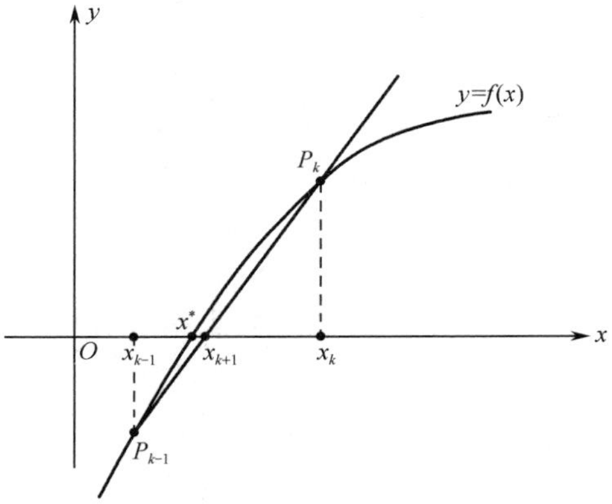

图 2-6

利用割线法计算 x_{k+1} 时要用到前两步的结果 x_{k-1} 和 x_k，这类算法称为**两步迭代法**. 而牛顿法在计算 x_{k+1} 时只用到前一步的值 x_k，这类算法称为**单步方法**. 因此，在使用割线法迭代公式（2.15）时必须先给出两个初始值 x_0 和 x_1.

例 11　用割线法求方程 $x^3-x-1=0$ 在区间（1,2）内的实根，精确到 10^{-5}.

解　取 $f(x)=x^3-x-1$，代入式（2.15）得到割线法迭代公式：

$$x_{k+1}=x_k-\frac{x_k^3-x_k-1}{(x_k^3-x_k)-(x_{k-1}^3-x_{k-1})}(x_k-x_{k-1}),\quad k=1,2,\cdots$$

取 $x_0=1$，$x_1=2$，计算结果见表 2-7. $|x_7-x_6|<10^{-5}$，故 $x^*\approx 1.324718$.

表 2-7　例 11 计算结果

k	x_k	$\lvert x_{k+1}-x_k\rvert$
0	1	
1	2	1
2	1.253112	0.086445
3	1.337206	0.084094
4	1.323850	0.013356
5	1.324708	8.578401×10^{-4}
6	1.324718	1.002882×10^{-5}
7	1.324718	8.109147×10^{-9}

在割线法的计算中，每迭代一步只需计算一个函数值，避免了复杂的导数计算，并且该方法具有超线性的收敛速度，深受广大工程人员所喜爱. 割线法有如下的一般收敛性定理.

定理 6　设 $f(x)$ 在其根 x^* 的邻域 $S=\{x \mid |x-x^*|\leqslant\delta\}$ 内具有二阶连续导数，且对任意 $x\in S$ 有 $f'(x)\neq 0$，初始值 $x_0,x_1\in S$，则当邻域 S 充分小时，割线法按阶 $p=\dfrac{1+\sqrt{5}}{2}$ 收敛于根 x^*.

证明略.

牛顿下山法

3. 牛顿下山法

由牛顿法的局部收敛性可知，初始值 x_0 应选取在根 x^* 附近，但对有些问题，往往很难检验满足条件的初始值 x_0，此时可利用扩大初始值选取范围的方法，将牛顿迭代公式（2.13）修改为

$$x_{k+1}=x_k-\lambda\frac{f(x_k)}{f'(x_k)},\quad k=0,1,2,\cdots \tag{2.16}$$

式中，λ 是一个参数，其选取应使

$$|f(x_{k+1})|<|f(x_k)| \tag{2.17}$$

成立. 这种方法称为**牛顿下山法**，λ 称为**下山因子**，满足 $0<\varepsilon_\lambda\leqslant\lambda\leqslant 1$，$\varepsilon_\lambda$ 为下山因子下界. 为方便，开始时可简单地取 λ=1，然后逐步分半减小，即选取 $\lambda=1,\dfrac{1}{2},\dfrac{1}{2^2},\cdots$，$\lambda\geqslant\varepsilon_\lambda$，直至 $|f(x_{k+1})|<|f(x_k)|$ 成立.

牛顿下山法的计算步骤可归纳如下.

（1）选取初始近似值 x_0，给定精度 ε 和 ε_λ.

（2）取下山因子 $\lambda=1$.

（3）计算 $x_{k+1}=x_k-\lambda\dfrac{f(x_k)}{f'(x_k)}$.

（4）计算 $f(x_{k+1})$，比较 $|f(x_{k+1})|$ 与 $|f(x_k)|$ 的大小，分以下两种情况：

① 若 $|f(x_{k+1})|<|f(x_k)|$，则当 $|x_{k+1}-x_k|<\varepsilon$ 时，取 $x^*=x_{k+1}$，计算过程结束；当 $|x_{k+1}-x_k|\geqslant\varepsilon$ 时，把 x_{k+1} 作为新的 x_k 值，并转步骤（2）.

② 若 $|f(x_{k+1})|\geqslant|f(x_k)|$，则当 $\lambda\leqslant\varepsilon_\lambda$ 时，给 x_{k+1} 加上一个适当选定的小正数 δ，即取 $x_{k+1}+\delta$ 作为新的 x_k 值，并转步骤（3）；当 $\lambda>\varepsilon_\lambda$ 时，以 $\lambda/2$ 代替 λ，并转步骤（3）.

下山因子 λ 的选择是一个逐步探索的过程. 如果在上述过程中找不到使条件 $|f(x_{k+1})|<|f(x_k)|$ 成立的下山因子，则需另选初始值 x_0 重新计算.

牛顿下山法不但放宽了初始值 x_0 的选取范围，而且有时对某个初始值，虽然用牛顿法不收敛，但用牛顿下山法可能收敛.

例 12 用牛顿下山法求方程 $f(x)=x^3-x-1=0$ 在 $x=1.5$ 附近的根，精确到 10^{-5}.

解 取初始值 $x_0=0.6$，若用牛顿法计算 $x_1=x_0-\dfrac{f(x_0)}{f'(x_0)}=17.9$，反而比 $x_0=0.6$ 更偏离根 x^*. 若改用牛顿下山法计算：

$$x_{k+1}=x_k-\lambda\frac{f(x_k)}{f'(x_k)},\qquad k=0,1,2,\cdots$$

仍取 $x_0=0.6$，计算结果见表 2-8，$|x_5-x_4|<10^{-5}$，故 $x^*\approx1.324718$.

表 2-8 例 12 计算结果

k	λ	x_k	$f(x_k)$	$\lvert f(x_{k+1})\rvert<\lvert f(x_k)\rvert$
0	1	0.6	−1.384	
1	1	17.9	5716	否
	1/2	9.25	781	否
	1/4	4.925	114	否
	1/8	2.7625	17.319	否
	1/16	1.68125	2.0709	否
	1/32	1.14063	−0.6566	是
2	1	1.36681	0.1866	是
3	1	1.32628	6.67×10^{-3}	是
4	1	1.324720	8.71×10^{-6}	是
5	1	1.324718	1.82×10^{-7}	是

4．计算重根的牛顿法

牛顿法具有平方收敛的速度针对的是单根．如果不是单根，就达不到平方收敛的速度．为了达到平方收敛的速度，可进行如下修正．

若 x^* 为方程 $f(x)=0$ 的 m 重根（$m\geqslant 2$），则有 $f(x)=(x-x^*)^m g(x)$，其中 m 为正整数，且 $g(x^*)\neq 0$，此时有

$$f(x^*)=f'(x^*)=\cdots=f^{(m-1)}(x^*)=0,\quad f^{(m)}(x^*)\neq 0$$

（1）当重根数 m 已知时，由于 $(f(x))^{\frac{1}{m}}=(x-x^*)(g(x))^{\frac{1}{m}}$，因此 x^* 是方程 $(f(x))^{\frac{1}{m}}=0$ 的单根，对此方程应用牛顿法，有迭代公式：

$$x_{k+1}=x_k-m\frac{f(x_k)}{f'(x_k)},\qquad k=0,1,2,\cdots \tag{2.18}$$

可以验证，该迭代法具有平方收敛的速度．

（2）当重根数 m 未知时，设 $u(x)=\dfrac{f(x)}{f'(x)}=0$，则 x^* 是方程 $u(x)=0$ 的单根．事实上，

$$\begin{aligned}u(x)&=\frac{(x-x^*)^m g(x)}{m(x-x^*)^{m-1}g(x)+(x-x^*)^m g'(x)}\\&=\frac{(x-x^*)g(x)}{mg(x)+(x-x^*)g'(x)}=0\end{aligned}$$

故 x^* 是 $u(x)=0$ 的单根．对方程 $u(x)=0$ 应用牛顿法，有迭代公式：

$$x_{k+1}=x_k-\frac{f'(x_k)f(x_k)}{f'(x_k)^2-f(x_k)f''(x_k)},\qquad k=0,1,2,\cdots \tag{2.19}$$

可以验证，该迭代法仍然具有平方收敛的速度．

例 13　已知 $\sqrt{2}$ 是方程 $x^4-4x^2+4=0$ 的二重根，分别用牛顿法和求重根的牛顿法求其近似根．

解　牛顿迭代公式：

$$x_{k+1}=x_k-\frac{x_k^4-4x_k^2+4}{4x_k^3-8x_k}=x_k-\frac{x_k^2-2}{4x_k},\qquad k=0,1,2,\cdots$$

重根数 $m=2$ 的牛顿迭代公式：

$$x_{k+1}=x_k-2\frac{x_k^2-2}{4x_k},\qquad k=0,1,2,\cdots$$

重根数 m 未知的牛顿迭代公式：

$$x_{k+1}=x_k-\frac{(x_k^{\ 3}-2x_k)(x_k^{\ 4}-4x_k^{\ 2}+4)}{(x_k^{\ 2}-2)(-3x_k^{\ 4}+8x_k^{\ 2}+2x_k-4)},\qquad k=0,1,2,\cdots$$

取初始值 $x_0=1.5$，迭代 4 次，用一般牛顿法得到根的近似值为 1.471350，而用两种求重根的牛顿法得到根的近似值均为 1.414213.

计算过程见表 2-9.

表 2-9　例 13 计算结果

k	牛顿法 x_k	x_k（m 已知）	x_k（m 未知）
0	1.5	1.5	1.5
1	1.458333	1.416666	1.411764
2	1.436607	1.414215	1.414211
3	1.524497	1.414213	1.414213
4	1.471350	1.414213	1.414213

从表 2-9 可以看出，计算重根的两种牛顿法迭代 3 次均达到了10^{-5}精度，明显快于一般牛顿法，重根数已知和未知的收敛速度几乎一致.

2.5　求解多项式方程

很多实际应用问题需要求多项式的全部零点，它等价于求多项式方程（$n>1$）

$$P_n(x)=a_0x^n+a_1x^{n-1}+\cdots+a_{n-1}x+a_n=0 \tag{2.20}$$

的全部根，式中，系数$a_0,a_1,\cdots,a_n$是实数.

前面介绍的任何求解非线性方程的方法均适用于求解多项式方程，但根据多项式方程的特性，可以提供更有效的算法，通常使用牛顿法最好. 本节介绍求解多项式方程（$n>1$）的牛顿法.

定理 7　对任意多项式$c(x)$和$d(x)$，其中$d(x)\neq 0$，存在唯一的多项式$Q(x)$和$r(x)$，满足

$$c(x)=Q(x)d(x)+r(x)$$

且$r(x)$的次数小于$d(x)$的次数. $Q(x)$称为商多项式，$r(x)$称为余多项式.

由定理 7 可知，当$c(x)$的次数为n次，$d(x)$的次数为m次，且$m<n$时，$Q(x)$的次数为$n-m$次，$r(x)$的次数小于m次.

由于牛顿迭代公式（2.13）中涉及函数和函数的导函数运算，因此，对于代数多项式方程，其计算量较大. 多项式的牛顿法基本思想：将牛顿法应用于求解多项式方程（2.20），再利用秦九韶方法求出牛顿迭代公式中的函数值$f(x_k)$和$f'(x_k)$.

将牛顿法应用于多项式方程（2.20），有迭代公式：

$$x_{k+1}=x_k-\frac{P_n(x_k)}{P_n'(x_k)},\quad k=0,1,2,\cdots \tag{2.21}$$

借助秦九韶方法，不直接使用式（2.20）以及其导数表达式，分别建立$P_n(x_k)$和$P_n'(x_k)$与多项式系数的关系，得到$P_n(x_k)$和$P_n'(x_k)$，从而简化式（2.21）的计算.

用$(x-x_k)$除多项式$P_n(x_k)$，设商为

$$Q(x)=b_0x^{n-1}+b_1x^{n-2}+\cdots+b_{n-2}x+b_{n-1} \tag{2.22}$$

余数为b_n，则

$$P_n(x)=Q(x)(x-x_k)+b_n \tag{2.23}$$

将式（2.20）和式（2.22）代入式（2.23），比较等号两边多项式同次项的系数，得到如下递推式：

$$\begin{cases} b_0 = a_0 \\ b_i = a_i + b_{i-1}x_k, \qquad i = 1,2,\cdots,n \end{cases} \tag{2.24}$$

由式（2.23）可得 $P_n(x_k) = b_n$，于是，通过递推式（2.24）计算出 b_n 即可得到 $P_n(x_k)$.

同理，再用 $(x - x_k)$ 除 $Q(x)$，得到商

$$H(x) = c_0 x^{n-2} + c_1 x^{n-3} + \cdots + c_{n-3}x + c_{n-2} \tag{2.25}$$

余数为 c_{n-1}，则

$$Q(x) = H(x)(x - x_k) + c_{n-1} \tag{2.26}$$

将式（2.22）和式（2.25）代入式（2.26），比较系数，得到如下递推式：

$$\begin{cases} c_0 = b_0 \\ c_i = b_i + c_{i-1}x_k, \qquad i = 1,2,\cdots,n-1 \end{cases} \tag{2.27}$$

由式（2.27）可得 $Q(x_k) = c_{n-1}$. 对式（2.20）求导，可得到 $P_n'(x_k) = Q(x_k) = c_{n-1}$，因此，通过递推式（2.27）计算 c_{n-1} 可得到 $P_n'(x_k)$.

综上所述，用牛顿法求解多项式方程的计算步骤归纳如下.

（1）取初始值 x_0，通常可以取 $x_0=0$.

（2）对 $k = 0,1,2,\cdots$，计算：

$$\begin{cases} b_0 = a_0, \ b_i = a_i + b_{i-1}x_k, \ i = 1,2,\cdots,n \\ c_0 = b_0, \ c_j = b_j + c_{j-1}x_k, \ j = 2,3,\cdots,n-1 \\ x_{k+1} = x_k - b_n / c_{n-1} \end{cases}$$

（3）当误差 $|b_n| < \varepsilon$ 或 $|x_{k+1} - x_k| = \left|\dfrac{b_n}{c_{n-1}}\right| < \varepsilon$ 时，迭代终止；否则，转步骤（2）继续迭代.

2.6　非线性方程组的数值解法

考虑方程组：

$$\begin{cases} f_1(x_1, x_2, \cdots, x_n) = 0 \\ f_2(x_1, x_2, \cdots, x_n) = 0 \\ \quad\vdots \\ f_n(x_1, x_2, \cdots, x_n) = 0 \end{cases} \tag{2.28}$$

数值解法

式中，$f_1, f_2, \cdots, f_n$ 均为 $x_1, x_2, \cdots, x_n$ 的多元函数.

与方程组（2.28）等价的向量形式如下：

$$\boldsymbol{F}(\boldsymbol{x}) = \boldsymbol{0} \tag{2.29}$$

式中，$\boldsymbol{x} = (x_1, x_2, \cdots, x_n)^{\mathrm{T}} \in \mathbf{R}^n$，$\boldsymbol{F} = (f_1, f_2, \cdots, f_n)^{\mathrm{T}}$. 当 $n \geqslant 2$，且 $f_1, f_2, \cdots, f_n$ 中至少有一个是自变量 $x_1, x_2, \cdots, x_n$ 的非线性函数时，称方程组（2.28）为**非线性方程组**. 非线性方程组（2.28）的求解比线性方程组和单个方程的求解均复杂，可能无解也可能有一个或多个解.

将求解单变量非线性方程 $f(x)=0$ 的牛顿法推广到求解非线性方程组（2.28）. 设 $\boldsymbol{x}^{(k)}=(x_1^{(k)},x_2^{(k)},\cdots,x_n^{(k)})^{\mathrm{T}}$ 为向量方程（2.29）的一个近似根，将 $\boldsymbol{F}(\boldsymbol{x})$ 的分量函数 $f_i(\boldsymbol{x})(i=1,2,\cdots,n)$ 在 $\boldsymbol{x}^{(k)}$ 处做多元函数泰勒展开，取其线性部分，可近似为

$$\boldsymbol{F}(\boldsymbol{x})\approx\boldsymbol{F}(\boldsymbol{x}^{(k)})+\boldsymbol{F}'(\boldsymbol{x}^{(k)})(\boldsymbol{x}-\boldsymbol{x}^{(k)})$$

令上式右端转化为零，可得线性方程组：

$$\boldsymbol{F}(\boldsymbol{x}^{(k)})+\boldsymbol{F}'(\boldsymbol{x}^{(k)})(\boldsymbol{x}-\boldsymbol{x}^{(k)})=\boldsymbol{0} \tag{2.30}$$

式中，

$$\boldsymbol{F}'(\boldsymbol{x})=\begin{pmatrix}\dfrac{\partial f_1(\boldsymbol{x})}{\partial x_1} & \dfrac{\partial f_1(\boldsymbol{x})}{\partial x_2} & \cdots & \dfrac{\partial f_1(\boldsymbol{x})}{\partial x_n}\\ \dfrac{\partial f_2(\boldsymbol{x})}{\partial x_1} & \dfrac{\partial f_2(\boldsymbol{x})}{\partial x_2} & \cdots & \dfrac{\partial f_2(\boldsymbol{x})}{\partial x_n}\\ \vdots & \vdots & & \vdots\\ \dfrac{\partial f_n(\boldsymbol{x})}{\partial x_1} & \dfrac{\partial f_n(\boldsymbol{x})}{\partial x_2} & \cdots & \dfrac{\partial f_n(\boldsymbol{x})}{\partial x_n}\end{pmatrix}$$

称为 $\boldsymbol{F}(\boldsymbol{x})$ 的 Jacobi 矩阵. 求解线性方程组（2.30），其解记为 $\boldsymbol{x}^{(k+1)}$，则有

$$\boldsymbol{x}^{(k+1)}=\boldsymbol{x}^{(k)}-\boldsymbol{F}'(\boldsymbol{x}^{(k)})^{-1}\boldsymbol{F}(\boldsymbol{x}^{(k)}),\quad k=0,1,2,\cdots \tag{2.31}$$

这就是求解非线性方程组（2.28）的牛顿法. 当 $\boldsymbol{F}'(\boldsymbol{x}^{(k)})$ 可逆时，式（2.30）成立. 当 n 很大时，求 Jacobi 矩阵 $\boldsymbol{F}'(\boldsymbol{x}^{(k)})$ 的逆是很困难的. 在实际计算中，通常将牛顿法的式（2.31）改写为如下形式进行求解：

$$\begin{cases}\boldsymbol{x}^{(k+1)}=\boldsymbol{x}^{(k)}+\Delta\boldsymbol{x}^{(k)}\\ \boldsymbol{F}'(\boldsymbol{x}^{(k)})\Delta\boldsymbol{x}^{(k)}=-\boldsymbol{F}(\boldsymbol{x}^{(k)})\end{cases} \tag{2.32}$$

式中，第二个方程为线性方程组. 牛顿法每迭代一步，先解该线性方程求出向量 $\Delta\boldsymbol{x}^{(k)}$，然后再计算 $\boldsymbol{x}^{(k+1)}$.

例 14　用牛顿法解方程组 $\begin{cases}x^2+y^2=4\\ x^2-y^2=1\end{cases}$，取 $\boldsymbol{x}^{(0)}=(1.6,1.2)^{\mathrm{T}}$. 当 $\|\boldsymbol{x}^{(k+1)}-\boldsymbol{x}^{(k)}\|<10^{-7}$ 时，终止计算.

解　记 $f_1(x,y)=x^2+y^2-4$，$f_2(x,y)=x^2-y^2-1$，则

$$\boldsymbol{F}'(x,y)=\begin{pmatrix}2x & 2y\\ 2x & -2y\end{pmatrix},\quad (\boldsymbol{F}'(x,y))^{-1}=\begin{pmatrix}\dfrac{1}{4x} & \dfrac{1}{4x}\\ \dfrac{1}{4y} & -\dfrac{1}{4y}\end{pmatrix}$$

牛顿法迭代公式为

$$\begin{pmatrix}\boldsymbol{x}^{(k+1)}\\ \boldsymbol{y}^{(k+1)}\end{pmatrix}=\begin{pmatrix}\boldsymbol{x}^{(k)}\\ \boldsymbol{y}^{(k)}\end{pmatrix}-(\boldsymbol{F}'(x,y))^{-1}\begin{pmatrix}f_1(\boldsymbol{x}^{(k)},\boldsymbol{y}^{(k)})\\ f_2(\boldsymbol{x}^{(k)},\boldsymbol{y}^{(k)})\end{pmatrix}$$

代入初始向量 $\boldsymbol{x}^{(0)}=(x^{(0)},y^{(0)})^{\mathrm{T}}=(1.6,1.2)^{\mathrm{T}}$ 得

$$\boldsymbol{x}^{(1)}=(1.581250,1.225000)^{\mathrm{T}}$$

$$x^{(2)} = (1.58113834, 1.224744898)^{\mathrm{T}}$$

$$x^{(3)} = (1.58113830, 1.224744871)^{\mathrm{T}}$$

由于 $\|x^{(3)} - x^{(2)}\| = 0.000000027 < 10^{-7}$，故方程的近似解为

$$x^{*} \approx x^{(3)} = (1.58113830, 1.224744871)^{\mathrm{T}}$$

2.7　应用案例：机械系统非线性弹簧偏差计算

机械系统通常需要对非线性弹簧的偏差进行计算. 在图 2-7 中，质量为 m 的小球放在非线性弹簧上方，距离为 h. 弹簧阻力为

$$F = -(k_1 d + k_2 d^{\frac{3}{2}})$$

根据能量守恒定律有

$$\frac{2k_2 d^{\frac{5}{2}}}{5} + \frac{1}{2}k_1 d^2 - mgd - mgh = 0$$

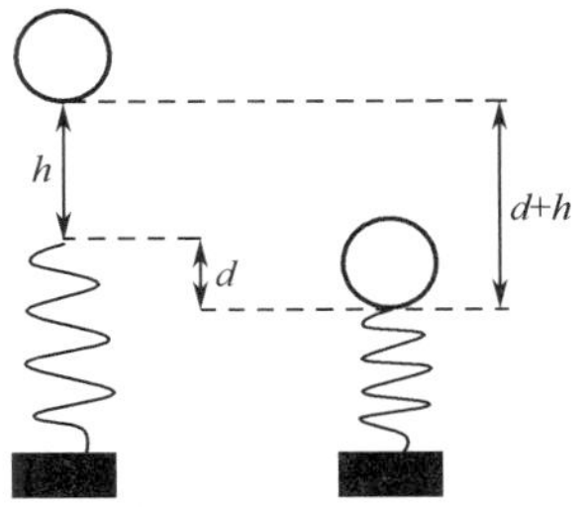

图 2-7

给定以下参数值：$k_1 = 4000\mathrm{g/s^2}$，$k_2 = 40\mathrm{g/(s^2 m^{\frac{1}{2}})}$，$m = 95\mathrm{g}$，$g = 9.81\mathrm{m/s^2}$，$h = 0.43\mathrm{m}$，求解 d 值.

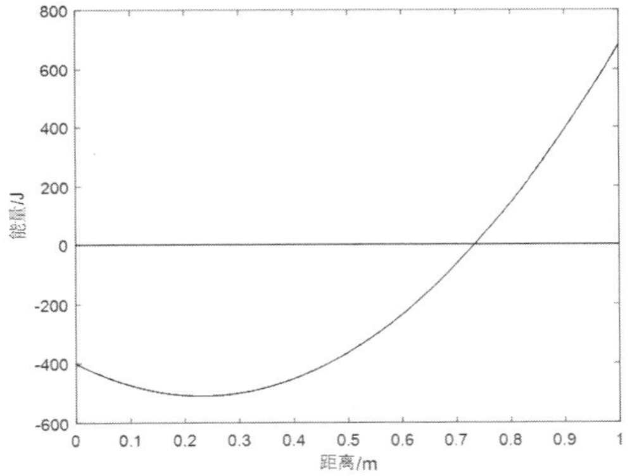

图 2-8

设

$$f(d) = \frac{2k_2 d^{\frac{5}{2}}}{5} + \frac{1}{2}k_1 d^2 - mgd - mgh = 0 \quad (2.33)$$

问题转化为利用迭代法求非线性方程 $f(d) = 0$ 的根 d^{*}. 首先画出 $f(d)$ 的曲线，如图 2-8 所示.

可以观察出，解的初始值在 $[0.7, 0.8]$ 内，统一选取 0.5 作为初始值，分别利用牛顿法、简化牛顿法和割线法三种迭代法进行求解，计算结果见 表 2-10 至表 2-12. 当 $|d_k - d_{k-1}| < 10^{-5}$ 时迭代终止.

表 2-10　牛顿法计算结果

k	牛顿法 d_k	误差 $\lvert d_k - d_{k-1}\rvert < \varepsilon$
1	0.8362481217	0.3362481217
2	0.7426276800	0.0936204417
3	0.7340210403	0.0086066396
4	0.7339470933	7.3947×10^{-5}
5	0.7339470879	5.5000×10^{-9}

表 2-11　简化牛顿法计算结果

k	简化牛顿法 d_k	误差 $\lvert d_k - d_{k-1}\rvert < \varepsilon$
10	0.7045259262	0.0609258624
20	0.7265153050	0.0157773154
30	0.7320085140	0.0041439634
40	0.7334386106	0.0010889475
50	0.7338135482	2.8613×10^{-4}
60	0.7339120056	7.5178×10^{-5}
70	0.7339378706	1.9752×10^{-5}
76	0.7339429544	8.8580×10^{-6}

表 2-12　割线法计算结果

k	割线法 d_k	误差 $\lvert d_k - d_{k-1}\rvert < \varepsilon$
1	0.7079451451	0.1220548549
2	0.7316161476	0.0236710024
3	0.7340093549	0.0023932073
4	0.7339469426	6.2412×10^{-5}
5	0.7339470879	1.4520×10^{-7}

由表 2-10、表 2-11 和表 2-12 可以看出，三种算法都收敛，但是牛顿法、割线法收敛速度相对较快，简化牛顿法收敛速度相对较慢. 其中，割线法的误差为

$$\lvert d_5 - d_4\rvert = 1.4520\times10^{-7} < 10^{-5}$$

此时，方程（2.33）根的近似值为 $d^* \approx 0.7339470879$.

习题 2

1．填空

（1）求方程 $x - f(x) = 0$ 根的牛顿迭代公式为 ______________________.

（2）取 $c(x) =$ ______________，当用迭代公式 $x_{k+1} = x_k + c(x_k)f(x_k)$ 求方程 $f(x) = x^3 + 3x^2 + 3x + 1 = 0$ 的根时，具有平方收敛的速度.

（3）当迭代公式 $x_{k+1} = x_k + c(x_k^2 - 7)$ 至少平方收敛于根 $x^* = \sqrt{7}$ 时，c 的取值是________.

（4）方程 $\sin^2 x - x + 1 = 0$ 的有根区间为________________ .

2．什么是割线法？试从收敛阶数及每步迭代计算量两方面比较其与牛顿法的差别.

3．寻找长度为 1 且包含如下方程根的区间：

（1）$x^5 + x = 1$；　　（2）$\sin x = 6x + 5$；　　（3）$\ln x + x^2 = 3$.

4．考虑方程 $x^4 = x^3 + 10$：

（1）寻找长度为 1 的区间 $[a,b]$，其中包含方程的根；

（2）从区间 $[a,b]$ 开始，用二分法求方程的根，至少需要二分多少次才能保证误差不超过 10^{-10}？

5．比较求 $e^x + 10x - 2 = 0$ 的根保留到 3 位小数所需的计算量：

（1）用二分法求解 $[0,1]$ 内的根；

（2）用迭代公式 $x_{k+1} = \dfrac{2 - e^{x_k}}{10}$ 求解，取初始值 $x_0 = 0$.

6．为求方程 $f(x) = x^3 - x^2 - 1 = 0$ 在 $[1.3,1.6]$ 内的根，可将方程改写成下列等价形式，并建立相应的迭代公式：

（1）$x = 1 + \dfrac{1}{x^2}$，迭代公式为 $x_{k+1} = 1 + \dfrac{1}{x_k^2}$；

（2）$x = \sqrt[3]{1 + x^2}$，迭代公式为 $x_{k+1} = \sqrt[3]{1 + x_k^2}$；

（3） $x=\dfrac{1}{\sqrt{x-1}}$，迭代公式为 $x_{k+1}=\dfrac{1}{\sqrt{x_k-1}}$.

试分析每种迭代公式的敛散性，选一种收敛的迭代形式，求 $x_0=1.5$ 附近的根（精确到 10^{-5}）.

7. 用简单迭代法求非线性方程 $\sin x-x^2+2=0$ 的正根，要求精确到 4 位有效数字，并验证迭代法的收敛性.

8. 给定方程 $\ln x-x^2+4=0$，分析该方程存在的根，并用迭代法求出最大根，精确到 10^{-3}.

9. 已知方程 $x^3+2x-1=0$ 在 $[0,1]$ 内有唯一实根 x^*. 证明：对任意初始值 $x_0\in[0,1]$，迭代公式 $x_{k+1}=\dfrac{2x_k^3+1}{3x_k^2+2}$（$k=0,1,2,\cdots$）均收敛于 x^*，并分析该迭代公式的收敛阶数.

10. 设有方程 $f(x)=0$，其中 $f'(x)$ 存在，且对一切 x 满足 $0<m\leqslant f'(x)\leqslant M$，构造迭代公式 $x_{k+1}=x_k-\lambda f(x_k)$（$k=0,1,2,\cdots$）. 试证明：当 λ 满足 $0<\lambda<\dfrac{2}{M}$ 时，上述迭代公式收敛.

11. 设 $\varphi(x)=x-p(x)f(x)-q(x)f^2(x)$，试确定函数 $p(x)$ 和 $q(x)$，使求解 $f(x)=0$ 且以 $\varphi(x)$ 为迭代函数的迭代法至少三阶收敛.

12. 不用开方和除法运算，求 $\dfrac{1}{\sqrt{a}}$（$a>0$）的计算公式（提示：用牛顿法）.

13. 对于给定正数 C，应用牛顿法求二次方程 $x^2-C=0$ 的算术根. 证明：这种迭代对于任意初始值 $x_0>0$ 均收敛.

14. 对于给定的正数 C，应用牛顿法于方程 $\dfrac{1}{x}-C=0$，可导出求 $\dfrac{1}{C}$ 而不用除法运算的迭代公式 $x_{k+1}=x_k(2-Cx_k)$，试证明：当初始值 x_0 满足 $0<x_0<\dfrac{2}{C}$ 时，迭代法是收敛的.

15. 已知方程 $xe^x-1=0$ 在 0.5 附近有一个实根 x^*：

（1）取初始值 $x_0=0.5$，用牛顿法求 x^*（只迭代两次）；

（2）取初始值 $x_0=0.5$，$x_1=0.6$，用割线法求 x^*（只迭代两次）.

16. 取初始值 $x_0=1$，用牛顿法求下列方程的根，计算迭代两步所得的结果.

（1） $x^3+x^2-1=0$；　　（2） $x^2+\dfrac{1}{x+1}-3x=0$.

17. 取初始值 $x_0=1$，$x_1=2$，用割线法求下列方程的根，计算迭代两步所得的结果.

（1） $x^3=2x+2$；　　（2） $e^x+x=7$；　　（3） $e^x+\sin x=4$.

18. 给出求解下列非线性方程组的牛顿迭代公式.

（1） $\begin{cases}x_1^2+x_2^2=1\\ x_1^2-x_2=0\end{cases}$；　　（2） $\begin{cases}x_1^2+x_1x_2^3=9\\ 3x_1^2x_2-x_2^3=4\end{cases}$；

（3） $\begin{cases}x_1+x_2-2x_1x_2=0\\ x_1^2+x_2^2-2x_1+2x_2=-1\end{cases}$；　　（4） $\begin{cases}x_1^3-x_2^2=0\\ x_1+x_1^2x_2=2\end{cases}$.

应用题

1.在设计全地形车时，需要考虑当它试图越过障碍物时失败的情况：一种失败称为搁阻失败（Hang-up Failure），是指当车辆试图越过障碍物时，车辆底部触地；另一种失败称为前部受阻失败（Nose-in Failure），是指当车辆下到沟底时，车辆前部触地.

图 2-9 表示了车辆前部受阻失败的情形，当不发生搁阻失败的障碍物最大角度为 β 时，车辆能够通过的最大角度 α 满足以下方程：

$$A\sin\alpha\cos\alpha + B\sin^2\alpha - C\cos\alpha - E\sin\alpha = 0$$

式中，

$$A = l\sin\beta_1,\quad B = l\cos\beta_1,\quad C = (h + D/2)\sin\beta_1 - (D/2)\tan\beta_1,$$
$$E = (h + D/2)\cos\beta_1 - D/2$$

（1）当 $l = 89$ in[①]，$h = 49$ in，$D = 55$ in 和 $\beta_1 = 11.5^\circ$ 时，角度 α 大约是 33°. 验证这个结果.

（2）当 $l = 89$ in，$h = 49$ in，$D = 30$ in 和 $\beta_1 = 11.5^\circ$ 时，求 α.

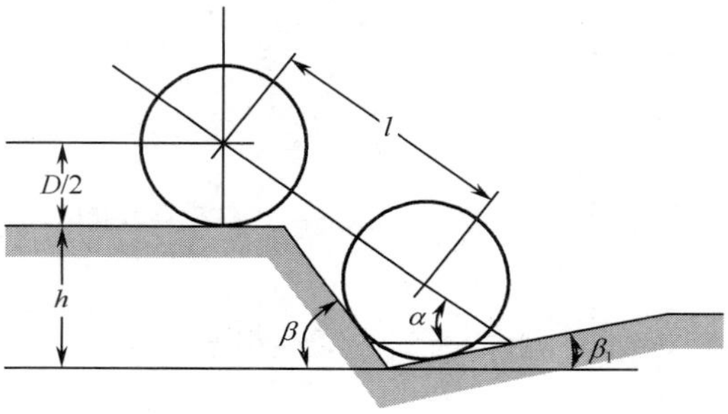

图 2-9

2. 球体浸水深度问题：球体的半径为 r，密度为 ρ，当球以深度 d 浸入水中时，所排开水的质量 M_w 为

$$M_w = \int_0^d \pi(r^2 - (x - r)^2)\mathrm{d}x = \frac{\pi d^2(3r - d)}{3} \tag{2.33}$$

而球体的质量为

$$M_b = \frac{4\pi r^3 \rho}{3} \tag{2.34}$$

根据阿基米德定律有

$$M_b = M_w \tag{2.35}$$

由式（2.33）、式（2.34）和式（2.35）联立得

$$\frac{\pi(d^3 - 3d^2 r + 4r^3\rho)}{3} = 0$$

当 r =10，ρ =0.638 时，方程为

$$\frac{\pi(2552 - 30d^2 + d^3)}{3} = 0 \tag{2.36}$$

① 1in=2.54cm.

求球体的浸水深度 d 为多少？此时这个物理学中的问题变为求一个 3 次非线性方程 $d^3-30d^2+2552=0$ 的根.

（1）根据题意可知 $d\in[0,20]$，用简单迭代法求解方程（2.36），证明所构造迭代公式的收敛性；

(2)适当选取初始值 d_0，用(1)构造的迭代公式进行求解，迭代终止标准为 $|d_{k+1}-d_k|<\varepsilon=10^{-10}$.

上机实验

1．用二分法求下述方程的近似根，要求精确到 10^{-5}.

（1）$3x-\mathrm{e}^x=0$，$1\leqslant x\leqslant 2$；

（2）$2x+3\cos x-\mathrm{e}^x=0$，$0\leqslant x\leqslant 1$；

（3）$x^2-4x+4-\ln x=0$，$1\leqslant x\leqslant 2$ 和 $2\leqslant x\leqslant 4$；

（4）$x+1-2\sin \pi x=0$，$0\leqslant x\leqslant 0.5$ 和 $0.5\leqslant x\leqslant 1$.

2．用迭代法求 $\sqrt{3}$ 和 $\sqrt[3]{25}$ 的近似值，要求精确到 10^{-4}.

3．对于下述方程，确定其含根区间，并构造迭代公式，利用简单迭代法求方程的近似根，要求精确到 10^{-5}.

（1）$2-\sin x-x=0$；　　（2）$x^3-2x-5=0$；

（3）$3x^2-\mathrm{e}^x=0$；　　（4）$x-\cos x=0$.

4．分别用牛顿法和割线法求下述方程的近似根，要求精确到 10^{-5}.

（1）$\mathrm{e}^x+2^{-x}+2\cos x-6=0$，$1\leqslant x\leqslant 2$；

（2）$\ln(x-1)+\cos(x-1)=0$，$1.3\leqslant x\leqslant 2$；

（3）$2x\cos 2x-(x-2)^2=0$，$2\leqslant x\leqslant 3$ 和 $3\leqslant x\leqslant 4$；

（4）$(x-2)^2-\ln x=0$，$1\leqslant x\leqslant 2$ 和 $\mathrm{e}\leqslant x\leqslant 4$.

5．对于下述方程，确定其含根区间，并用 Steffensen 迭代法求方程的近似根，要求精确到 10^{-5}.

（1）$x=\dfrac{2-\mathrm{e}^x+x^2}{3}$；　　（2）$x=0.5(\sin x+\cos x)$；

（3）$x=\sqrt{\dfrac{\mathrm{e}^x}{3}}$；　　（4）$x=5^{-x}$.

6．用牛顿法求解非线性方程组：

$$\begin{cases}x+2y=3\\2x^2+y^2=5\end{cases},\quad \text{初始向量 } \boldsymbol{x}^{(0)}=(1.5,1.0)^{\mathrm{T}}$$

当 $\|\boldsymbol{x}^{(k+1)}-\boldsymbol{x}^{(k)}\|_\infty<10^{-3}$ 时，终止计算.

第 3 章 解线性方程组的直接法

3.1 引言

生产实践和科学实验中的许多问题，例如，在船体数学放样中建立三次样条函数，用有限元法求解微分方程，用最小二乘法获得数据的拟合曲线等，都涉及求解线性方程组. 简单的手工计算已经无法满足实际需求，必须借助计算机等辅助工具，才能实现复杂计算. 因此，研究适合计算机使用的求解方法成为计算数学和工程应用的重要课题.

有 n 元线性方程组：

$$\begin{cases} a_{11}x_1 + a_{12}x_2 + \cdots + a_{1n}x_n = b_1 \\ a_{21}x_1 + a_{22}x_2 + \cdots + a_{2n}x_n = b_2 \\ \vdots \\ a_{n1}x_1 + a_{n2}x_2 + \cdots + a_{nn}x_n = b_n \end{cases} \tag{3.1}$$

式中，a_{ij} 和 b_i（$i, j = 1,2,\cdots,n$）为常数，x_i（$i=1,2,\cdots,n$）为待求的未知量. 若写成矩阵形式，则为 $\boldsymbol{Ax} = \boldsymbol{b}$，且

$$\boldsymbol{A} = \begin{pmatrix} a_{11} & a_{12} & \cdots & a_{1n} \\ a_{21} & a_{22} & \cdots & a_{2n} \\ \vdots & \vdots & \ddots & \vdots \\ a_{n1} & a_{n2} & \cdots & a_{nn} \end{pmatrix}, \quad \boldsymbol{x} = \begin{pmatrix} x_1 \\ x_2 \\ \vdots \\ x_n \end{pmatrix}, \quad \boldsymbol{b} = \begin{pmatrix} b_1 \\ b_2 \\ \vdots \\ b_n \end{pmatrix}$$

式（3.1）对应的增广矩阵形式为

$$\overline{\boldsymbol{A}} = (\boldsymbol{A}, \boldsymbol{b}) = \begin{pmatrix} a_{11} & a_{12} & \cdots & a_{1n} & b_1 \\ a_{21} & a_{22} & \cdots & a_{2n} & b_2 \\ \vdots & \vdots & \ddots & \vdots & \vdots \\ a_{n1} & a_{n2} & \cdots & a_{nn} & b_n \end{pmatrix} \tag{3.2}$$

本章及第 4 章均设定系数矩阵 $\boldsymbol{A}$ 为非奇异矩阵，由克莱姆（Cramer）法则可知，方程组（3.1）存在唯一解：

$$x_i = \frac{\det(\boldsymbol{A}_i)}{\det(\boldsymbol{A})}, \quad i = 1, 2, \cdots, n$$

式中，$\boldsymbol{A}_i$ 是系数矩阵 $\boldsymbol{A}$ 中第 i 列元素换为右端常数向量 $\boldsymbol{b}$ 后得到的矩阵. 用克莱姆法则求解方程组（3.1）时要进行 $n!(n-1)+n$ 次乘/除法运算. 当 n 较大时，计算量将会达到惊人的程度. 若 n=20，大约需要进行 21!次乘/除法运算，因而此方法难以使用，必须研究其他数值方法.

线性方程组的数值解法一般分为两类.

（1）直接法

直接法又称精确法，是指在假设没有舍入误差的条件下，经过有限步算术运算求得方程组精确解的一类方法. 但由于实际计算时舍入误差是不可避免的，因此直接法也只能得到近似解. 目前较常用的直接法是高斯消去法及三角分解法.

（2）迭代法

迭代法又称间接法，是指先从一个给定的初始值开始，然后用某种极限过程去逼近方程组精确解的一类方法. 这类方法编程较容易，但要考虑迭代公式的收敛性、收敛速度等问题. 由于实际计算时只能进行有限步的计算，因此得到的也是近似解. 当线性方程组的系数矩阵阶数高、零元素比较多的时候（系数矩阵为高阶稀疏矩阵），一般应优先考虑迭代法. 目前常用的迭代法有雅可比迭代法、高斯-赛德尔迭代法、超松弛迭代法和梯度法.

本章仅介绍解线性方程组的直接法，内容包括高斯消去法、列主元高斯消去法、直接三角分解法和列主元三角分解法. 第 4 章将介绍解线性方程组的迭代法.

3.2　高斯消去法

3.2.1　高斯消去法的基本思想

高斯（Gauss）消去法的基本思想是通过消元把线性方程组化为等价的上三角方程组，再进行求解. 高斯消去法一般由“消元过程”和“回代过程”两部分组成. 消元过程就是按确定的计算过程对方程组的增广矩阵进行初等行变换，将原方程组化为与之等价的上三角方程组；回代过程就是对得到的上三角方程组求解的过程.

下面先介绍一个简单实例，然后再推广到一般 n 元方程组，以说明高斯消去法的基本思路.

例 1　使用高斯消去法求解下列方程组:

$$\begin{cases} 7x_1 + 8x_2 + 11x_3 = -3 \\ 5x_1 + x_2 - 3x_3 = -4 \\ x_1 + 2x_2 + 3x_3 = 1 \end{cases} \tag{3.3}$$

解　消元过程的第 1 步：保持线性方程组（3.3）第 1 个方程不动，消去第 2、3 个方程中的 x_1 项，即将第 2、3 个方程中 x_1 项的系数除以第 1 个方程中 x_1 项的系数，得到比例系数 m_{21} 和 m_{31}：

$$m_{21} = \frac{5}{7}, \quad m_{31} = \frac{1}{7}$$

用第 2、3 个方程分别减去比例系数 m_{21}、m_{31} 乘以第 1 个方程后得到的方程中消去了 x_1 项，得到等价方程组：

$$\begin{cases} 7x_1+8x_2+11x_3=-3 \\ -\dfrac{33}{7}x_2-\dfrac{76}{7}x_3=-\dfrac{13}{7} \\ \dfrac{6}{7}x_2+\dfrac{10}{7}x_3=\dfrac{10}{7} \end{cases} \tag{3.4}$$

消元过程的第 2 步：在得到的等价方程组（3.4）中，保持第 1、2 个方程不动，消去第 3 个方程中的 x_2 项，即将第 3 个方程中 x_2 项的系数除以第 2 个方程中 x_2 项的系数，得到比例系数：

$$m_{32}=\frac{6/7}{(-33/7)}=-\frac{6}{33}$$

用第 3 个方程减去其比例系数 m_{32} 乘以第 2 个方程得到的方程中消去了 x_2 项，得到等价方程组：

$$\begin{cases} 7x_1+8x_2+11x_3=-3 \\ -\dfrac{33}{7}x_2-\dfrac{76}{7}x_3=-\dfrac{13}{7} \\ -\dfrac{6}{11}x_3=\dfrac{12}{11} \end{cases} \tag{3.5}$$

消元过程就是将原方程组化为上三角方程组（3.5）的过程，其系数矩阵是上三角矩阵. 回代过程就是将上三角方程组自下而上求解的过程，从而得出

$$(x_1,x_2,x_3)^{\mathrm{T}}=(-3,5,-2)^{\mathrm{T}}$$

以上的消元过程相当于对增广矩阵进行下列初等行变换：

$$\begin{pmatrix} 7 & 8 & 11 & -3 \\ 5 & 1 & -3 & -4 \\ 1 & 2 & 3 & 1 \end{pmatrix} \xrightarrow[r_3-\frac{1}{7}r_1]{r_2-\frac{5}{7}r_1} \begin{pmatrix} 7 & 8 & 11 & -3 \\ & -\dfrac{33}{7} & -\dfrac{76}{7} & -\dfrac{13}{7} \\ & \dfrac{6}{7} & \dfrac{10}{7} & \dfrac{10}{7} \end{pmatrix} \xrightarrow{r_3+\frac{6}{33}r_2} \begin{pmatrix} 7 & 8 & 11 & -3 \\ & -\dfrac{33}{7} & -\dfrac{76}{7} & -\dfrac{13}{7} \\ & & -\dfrac{6}{11} & \dfrac{12}{11} \end{pmatrix}$$

式中，r_k 表示矩阵的第 k（k=1,2,3）行，矩阵中空白处为 0（以下相同）.

3.2.2 *n* 元线性方程组的高斯消去法

记 $\boldsymbol{A}\boldsymbol{x}=\boldsymbol{b}$ 为 $\boldsymbol{A}^{(1)}\boldsymbol{x}=\boldsymbol{b}^{(1)}$，其中 $\boldsymbol{A}^{(1)}$ 和 $\boldsymbol{b}^{(1)}$ 的元素分别记为 $a_{ij}^{(1)}$ 和 $b_i^{(1)}$（$i,j=1,2,\cdots,n$），系数上标(1)代表第 1 次消元前的初始状态：

高斯消去法

$$\begin{pmatrix} a_{11}^{(1)} & a_{12}^{(1)} & \cdots & a_{1n}^{(1)} \\ a_{21}^{(1)} & a_{22}^{(1)} & \cdots & a_{2n}^{(1)} \\ \vdots & \vdots & \ddots & \vdots \\ a_{n1}^{(1)} & a_{n2}^{(1)} & \cdots & a_{nn}^{(1)} \end{pmatrix} \begin{pmatrix} x_1 \\ x_2 \\ \vdots \\ x_n \end{pmatrix} = \begin{pmatrix} b_1^{(1)} \\ b_2^{(1)} \\ \vdots \\ b_n^{(1)} \end{pmatrix}$$

对应的增广矩阵为

$$(\boldsymbol{A}^{(1)},\boldsymbol{b}^{(1)})=\begin{pmatrix} a_{11}^{(1)} & a_{12}^{(1)} & \cdots & a_{1n}^{(1)} & b_1^{(1)} \\ a_{21}^{(1)} & a_{22}^{(1)} & \cdots & a_{2n}^{(1)} & b_2^{(1)} \\ \vdots & \vdots & \ddots & \vdots & \vdots \\ a_{n1}^{(1)} & a_{n2}^{(1)} & \cdots & a_{nn}^{(1)} & b_n^{(1)} \end{pmatrix}$$

1．消去过程

第 1 次消元时，设 $a_{11}^{(1)}\neq 0$，计算比例系数：

$$m_{i1}=\frac{a_{i1}^{(1)}}{a_{11}^{(1)}},\qquad i=2,3,\cdots,n$$

然后用 $-m_{i1}$ 乘以增广矩阵 $(\boldsymbol{A}^{(1)},\boldsymbol{b}^{(1)})$ 的第 1 行再加到第 i（$i=2,3,\cdots,n$）行上，消去 $a_{11}^{(1)}$ 下面的元素 $a_{i1}^{(1)}$，得到新的增广矩阵：

$$(\boldsymbol{A}^{(2)},\boldsymbol{b}^{(2)})=\begin{pmatrix} a_{11}^{(1)} & a_{12}^{(1)} & \cdots & a_{1n}^{(1)} & b_1^{(1)} \\ & a_{22}^{(2)} & \cdots & a_{2n}^{(2)} & b_2^{(2)} \\ & \vdots & \ddots & \vdots & \vdots \\ & a_{n2}^{(2)} & \cdots & a_{nn}^{(2)} & b_n^{(2)} \end{pmatrix}$$

式中，

$$\begin{cases} a_{ij}^{(2)}=a_{ij}^{(1)}-m_{i1}a_{1j}^{(1)} \\ b_i^{(2)}=b_i^{(1)}-m_{i1}b_1^{(1)} \end{cases},\qquad i,j=2,3,\cdots,n$$

当第 k 次消元（$2\leqslant k\leqslant n-1$）时，第 $k-1$ 次消元已经完成，即有

$$(\boldsymbol{A}^{(k)},\boldsymbol{b}^{(k)})=\begin{pmatrix} a_{11}^{(1)} & a_{12}^{(1)} & \cdots & a_{1k}^{(1)} & \cdots & a_{1n}^{(1)} & b_1^{(1)} \\ & a_{22}^{(2)} & \cdots & a_{2k}^{(2)} & \cdots & a_{2n}^{(2)} & b_2^{(2)} \\ & & \ddots & \vdots & \ddots & \vdots & \vdots \\ & & & a_{kk}^{(k)} & \cdots & a_{kn}^{(k)} & b_k^{(k)} \\ & & & \vdots & \ddots & \vdots & \vdots \\ & & & a_{nk}^{(k)} & \cdots & a_{nn}^{(k)} & b_n^{(k)} \end{pmatrix}$$

设 $a_{kk}^{(k)}\neq 0$，计算比例系数：

$$m_{ik}=\frac{a_{ik}^{(k)}}{a_{kk}^{(k)}},\qquad i=k+1,\cdots,n$$

然后用 $-m_{ik}$ 乘以 $(\boldsymbol{A}^{(k)},\boldsymbol{b}^{(k)})$ 的第 k 行再加到第 i（$i=k+1,\cdots,n$）行上，消去 $a_{kk}^{(k)}$ 下面的元素 $a_{ik}^{(k)}$，得到增广矩阵：

$$(\boldsymbol{A}^{(k+1)},\boldsymbol{b}^{(k+1)})=\begin{pmatrix} a_{11}^{(1)} & a_{12}^{(1)} & \cdots & a_{1k}^{(1)} & a_{1k+1}^{(1)} & \cdots & a_{1n}^{(1)} & b_1^{(1)} \\ & a_{22}^{(2)} & \cdots & a_{2k}^{(2)} & a_{2k+1}^{(2)} & \cdots & a_{2n}^{(2)} & b_2^{(2)} \\ & & \ddots & \vdots & \vdots & \ddots & \vdots & \vdots \\ & & & a_{kk}^{(k)} & a_{kk+1}^{(k)} & \cdots & a_{kn}^{(k)} & b_k^{(k)} \\ & & & & a_{k+1k+1}^{(k+1)} & \cdots & a_{k+1n}^{(k+1)} & b_{k+1}^{(k+1)} \\ & & & & \vdots & \ddots & \vdots & \vdots \\ & & & & a_{nk+1}^{(k+1)} & \cdots & a_{nn}^{(k+1)} & b_n^{(k+1)} \end{pmatrix}$$

式中，

$$\begin{cases} a_{ij}^{(k+1)} = a_{ij}^{(k)} - m_{ik} a_{kj}^{(k)} \\ b_i^{(k+1)} = b_i^{(k)} - m_{ik} b_k^{(k)} \end{cases}, \qquad i,j = k+1,\cdots,n$$

只要 $a_{kk}^{(k)} \neq 0$，就可继续进行消元，经过 $n-1$ 次消元后，消元过程结束，得到

$$(\boldsymbol{A}^{(n)}, \boldsymbol{b}^{(n)}) = \begin{pmatrix} a_{11}^{(1)} & a_{12}^{(1)} & \cdots & a_{1n}^{(1)} & b_1^{(1)} \\ & a_{22}^{(2)} & \cdots & a_{2n}^{(2)} & b_2^{(2)} \\ & & \ddots & \vdots & \vdots \\ & & & a_{nn}^{(n)} & b_n^{(n)} \end{pmatrix}$$

与增广矩阵 $(\boldsymbol{A}^{(n)}, \boldsymbol{b}^{(n)})$ 对应的是一个与原线性方程组（3.1）等价的上三角方程组：

$$\boldsymbol{A}^{(n)} \boldsymbol{x} = \boldsymbol{b}^{(n)} \tag{3.6}$$

这种经过 $n-1$ 次消元后将线性方程组（3.1）化为上三角方程组的计算过程即为消元过程.

2. 回代过程

消元过程结束后，只要 $a_{kk}^{(k)} \neq 0$，对上三角方程组（3.6）就可以自下而上逐步回代，依次求得 $x_n, x_{n-1}, \cdots, x_1$，回代公式如下：

$$\begin{cases} x_n = \dfrac{b_n^{(n)}}{a_{nn}^{(n)}} \\ x_k = \dfrac{b_k^{(k)} - \sum\limits_{j=k+1}^{n} a_{kj}^{(k)} x_j}{a_{kk}^{(k)}}, \qquad k = n-1,\cdots,2,1 \end{cases} \tag{3.7}$$

$a_{kk}^{(k)}$（$k=1,2,\cdots,n$）称为各次消元的**主元**，m_{ik}（$i=k+1,k+2,\cdots,n$）称为各次消元的**比例系数**，主元所在的行称为**主行**.

以上消元和回代过程总的乘/除法运算次数为 $\dfrac{n^3}{3} + n^2 - \dfrac{n}{3} \approx \dfrac{n^3}{3}$ 次. 当 n 很大时，高斯消去法的计算量为 $\dfrac{n^3}{3}$ 数量级，与克莱姆法则相比，高斯消去法的计算量大为减少. 若用高斯消去法计算 $n=20$ 的线性方程组，只需要 3060 次乘/除法运算即可完成.

总结上述过程，得到高斯消去法的计算步骤如下.

（1）输入方程组的阶数 n、系数矩阵 $\boldsymbol{A}$ 和右端常数向量 $\boldsymbol{b}$.

（2）消元过程：设 $a_{kk}^{(k)} \neq 0$，对 $k=1,2,\cdots,n-1$ 计算

$$\begin{cases} m_{ik} = \dfrac{a_{ik}^{(k)}}{a_{kk}^{(k)}} \\ a_{ij}^{(k+1)} = a_{ij}^{(k)} - m_{ik} a_{kj}^{(k)}, \qquad i,j = k+1,k+2,\cdots,n \\ b_i^{(k+1)} = b_i^{(k)} - m_{ik} b_k^{(k)} \end{cases} \tag{3.8}$$

（3）回代过程：使用式（3.7）进行回代求解.

（4）输出方程组的解.

在使用高斯消去法时，如果遇到主元为0的情况，例如，$a_{11}^{(1)}=0$，由于 $\boldsymbol{A}$ 为非奇异矩阵，所以 $\boldsymbol{A}$ 的第 1 列一定有元素不等于 0，例如，$a_{i_1 1}^{(1)}\neq 0$，于是可交换两行元素（$r_1 \leftrightarrow r_{i_1}$），将 $a_{i_1 1}^{(1)}$ 调到（1,1）位置，然后进行消去计算；这时 $\boldsymbol{A}^{(2)}$ 右下角矩阵（$n-1$ 阶方阵）仍为非奇异矩阵. 继续这个过程，高斯消去法照样可以进行下去.

下述定理可以保证在高斯消去法过程中，不需要进行交换两行的初等变换，就有 $a_{kk}^{(k)}\neq 0$（$k=1,2,\cdots,n$）.

定理 1　约化的主元 $a_{ii}^{(i)}\neq 0$（$i=1,2,\cdots,k$）的充要条件是矩阵 $\boldsymbol{A}$ 的顺序主子式均不为 0，即

$$\boldsymbol{D}_1=a_{11}\neq 0,\quad \boldsymbol{D}_i=\begin{vmatrix} a_{11} & \cdots & a_{1i} \\ \vdots & & \vdots \\ a_{i1} & \cdots & a_{ii}\end{vmatrix}\neq 0,\qquad i=2,3,\cdots,k$$

证明　首先利用归纳法证明充分性. 显然，当 $k=1$ 时，结论成立. 假设结论对 $k-1$ 成立，证明对 k 亦成立. 设 $\boldsymbol{D}_i\neq \boldsymbol{0}$（$i=1,2,\cdots,k$），于是由归纳法假设有 $a_{ii}^{(i)}\neq 0$（$i=1,2,\cdots,k-1$），可用高斯消去法将 $\boldsymbol{A}^{(1)}$ 约化到 $\boldsymbol{A}^{(k)}$，即

$$\boldsymbol{A}^{(1)}\rightarrow \boldsymbol{A}^{(k)}=\begin{pmatrix} a_{11}^{(1)} & a_{12}^{(1)} & \cdots & \cdots & \cdots & a_{1n}^{(1)} \\ & a_{22}^{(2)} & \cdots & a_{2k}^{(2)} & \cdots & a_{2n}^{(2)} \\ & & \ddots & \vdots & \ddots & \vdots \\ & & & a_{kk}^{(k)} & \cdots & a_{kn}^{(k)} \\ & & & \vdots & \ddots & \vdots \\ & & & a_{nk}^{(k)} & \cdots & a_{nn}^{(k)} \end{pmatrix}$$

且有

$$\begin{cases} \boldsymbol{D}_2=\begin{vmatrix} a_{11}^{(1)} & a_{12}^{(1)} \\ 0 & a_{22}^{(2)}\end{vmatrix}=a_{11}^{(1)}a_{22}^{(2)} \\ \vdots \\ \boldsymbol{D}_k=\begin{vmatrix} a_{11}^{(1)} & \cdots & a_{1k}^{(1)} \\ & & \vdots \\ & & a_{kk}^{(k)}\end{vmatrix}=a_{11}^{(1)}a_{22}^{(2)}\cdots a_{kk}^{(k)} \end{cases}\tag{3.9}$$

设 $\boldsymbol{D}_i\neq \boldsymbol{0}$（$i=1,2,\cdots,k$），利用式（3.9），则有 $a_{kk}^{(k)}\neq 0$，定理 1 充分性对 k 亦成立.

必要性显然成立. 由假设 $a_{ii}^{(i)}\neq 0$（$i=1,2,\cdots,k$），利用式(3.9)亦可推出 $\boldsymbol{D}_i\neq \boldsymbol{0}$（$i=1,2,\cdots,k$）.

例 2　用高斯消去法求解线性方程组:

$$\begin{cases} 12x_1-3x_2+3x_3=15 \\ 18x_1-3x_2+x_3=15 \\ -x_1+2x_2+x_3=6 \end{cases}$$

解　利用高斯消去法容易计算:

$$\begin{pmatrix} 12 & -3 & 3 & 15 \\ 18 & -3 & 1 & 15 \\ -1 & 2 & 1 & 6 \end{pmatrix} \to \begin{pmatrix} 12 & -3 & 3 & 15 \\ 0 & \frac{3}{2} & -\frac{7}{2} & -\frac{15}{2} \\ 0 & \frac{7}{4} & \frac{5}{4} & \frac{29}{4} \end{pmatrix} \to \begin{pmatrix} 12 & -3 & 3 & 15 \\ 0 & \frac{3}{2} & -\frac{7}{2} & -\frac{15}{2} \\ 0 & 0 & \frac{16}{3} & 16 \end{pmatrix}$$

于是得到与原线性方程组同解的上三角方程组:

$$\begin{cases} 12x_1 - 3x_2 + 3x_3 = 15 \\ \frac{3}{2}x_2 - \frac{7}{2}x_3 = -\frac{15}{2} \\ \frac{16}{3}x_3 = 16 \end{cases}$$

通过回代公式（3.7）得到原线性方程组的解为

$$(x_1, x_2, x_3)^{\mathrm{T}} = (1, 2, 3)^{\mathrm{T}}$$

3.3 列主元高斯消去法

3.3.1 列主元高斯消去法的思想

前面介绍的高斯消去法，一直是在假设 $a_{kk}^{(k)} \neq 0$ 的情况下进行的，并且按照方程组中各方程给定的顺序进行. 当主元 $a_{kk}^{(k)} = 0$ 时，消元过程就无法进行. 即使 $a_{kk}^{(k)} \neq 0$，但当其绝对值很小时，用它作为除数会导致其他元素的数量级激增和舍入误差扩大，严重影响计算结果的精度.

下面的例子表明，当主元接近0时，在计算机上实际计算出的解可能具有很大的误差.

考虑求解方程组:

$$\begin{cases} 0.003000x_1 + 59.14x_2 = 59.17 \\ 5.291x_1 - 6.130x_2 = 46.78 \end{cases} \tag{3.10}$$

列主元高斯消去法

其精确解是 $x_1^* = 10.00$，$x_2^* = 1.000$.

假设用4位有效数字进行计算，若按高斯消去法，取 $a_{11}^{(1)} = 0.003000$ 为主元，方程组（3.10）经第1次消元后，得到

$$\begin{cases} 0.003000x_1 + 59.14x_2 = 59.17 \\ -1.043 \times 10^5 x_2 = -1.044 \times 10^5 \end{cases}$$

回代得

$$x_2 \approx 1.001,\ x_1 \approx -10.00$$

分析计算结果可知，数值解 $x_2 \approx 1.001$ 是精确解 $x_2^* = 1.000$ 的一个较好的近似，仅存在微小的误差 $e = 0.001$. 但是，若选择小的主元 $a_{11}^{(1)} = 0.003000$，则在回代求解 x_1 的过程中:

$$x_1 \approx \frac{59.17 - 59.14 \times (1.000 + e)}{0.003000} = \frac{59.17 - 59.14 \times 1.000}{0.003000} - \frac{59.14}{0.003000} \times e = -10.00$$

误差 e 被放大很多，结果使得计算所得的数值解 x_1 失真.

若用行交换的方法，选 $a_{21}=5.291$ 为主元，经过第 1 次消元后，方程组（3.10）近似为

$$\begin{cases} 5.291x_1-6.130x_2=46.78 \\ \qquad\qquad 59.14x_2=59.14 \end{cases}$$

回代得

$$x_2\approx 1.000,\quad x_1\approx 10.00$$

这个例子表明，在采用高斯消去法解方程组时，在按列消元过程的每一步中，都应在可能的范围内选择绝对值较大的元素作为主元，再使用高斯消去法，这就是列主元高斯消去法的基本思想.

3.3.2　列主元高斯消去法的操作步骤

设线性方程组（3.1）的增广矩阵为

$$(\boldsymbol{A},\boldsymbol{b})=(\boldsymbol{A}^{(1)},\boldsymbol{b}^{(1)})=\begin{pmatrix} a_{11}^{(1)} & a_{12}^{(1)} & \cdots & a_{1n}^{(1)} & b_1^{(1)} \\ a_{21}^{(1)} & a_{22}^{(1)} & \cdots & a_{2n}^{(1)} & b_2^{(1)} \\ \vdots & \vdots & \ddots & \vdots & \vdots \\ a_{n1}^{(1)} & a_{n2}^{(1)} & \cdots & a_{nn}^{(1)} & b_n^{(1)} \end{pmatrix}$$

第 1 次选主元消去时，先在增广矩阵 $(\boldsymbol{A}^{(1)},\boldsymbol{b}^{(1)})$ 第 1 列中选取绝对值最大的元素 $\max\limits_{1\leqslant i\leqslant n}\{|a_{i1}|\}=|a_{m1}|$，并且交换 $(\boldsymbol{A}^{(1)},\boldsymbol{b}^{(1)})$ 的第 1 行与第 m 行（最大元素所在的行）中的所有元素，再使用式（3.8）进行消元计算得到

$$(\boldsymbol{A}^{(2)},\boldsymbol{b}^{(2)})=\begin{pmatrix} a_{11}^{(1)} & a_{12}^{(1)} & \cdots & a_{1n}^{(1)} & b_1^{(1)} \\ & a_{22}^{(2)} & \cdots & a_{2n}^{(2)} & b_2^{(2)} \\ & \vdots & \ddots & \vdots & \vdots \\ & a_{n2}^{(2)} & \cdots & a_{nn}^{(2)} & b_n^{(2)} \end{pmatrix}$$

第 k（$k=1,2,\cdots,n-1$）次选主元消去时，设已完成第 k−1 次选主元消去，$(\boldsymbol{A}^{(1)},\boldsymbol{b}^{(1)})$ 已约化为

$$(\boldsymbol{A}^{(k)},\boldsymbol{b}^{(k)})=\begin{pmatrix} a_{11}^{(1)} & a_{12}^{(1)} & \cdots & a_{1k}^{(1)} & \cdots & a_{1n}^{(1)} & b_1^{(1)} \\ & a_{22}^{(2)} & \cdots & a_{2k}^{(2)} & \cdots & a_{2n}^{(2)} & b_2^{(2)} \\ & & \ddots & \vdots & \ddots & \vdots & \vdots \\ & & & a_{kk}^{(k)} & \cdots & a_{kn}^{(k)} & b_k^{(k)} \\ & & & \vdots & \ddots & \vdots & \vdots \\ & & & a_{nk}^{(k)} & \cdots & a_{nn}^{(k)} & b_n^{(k)} \end{pmatrix}$$

先选出增广矩阵 $(\boldsymbol{A}^{(k)},\boldsymbol{b}^{(k)})$ 第 k 列中绝对值最大的元素 $\max\limits_{k\leqslant i\leqslant n}\{|a_{ik}^{(k)}|\}=|a_{mk}^{(k)}|$，将第 k 行和第 m 行交换后，再使用式（3.8）进行第 k 次消元得到 $(\boldsymbol{A}^{(k+1)},\boldsymbol{b}^{(k+1)})$.

重复上述过程，最多经过 $n-1$ 次选列主元消去操作可将方程组（3.1）化为等价的上三角方程组：

$$\boldsymbol{A}^{(n)}\boldsymbol{x}=\boldsymbol{b}^{(n)}$$

再使用式（3.7）回代求出方程组的解.

以上就是列主元高斯消去法的操作步骤. 由于 $\det(\boldsymbol{A})\neq 0$，可证明 $|a_{kk}^{(k)}|,|a_{k+1,k}^{(k)}|,\cdots,|a_{nk}^{(k)}|$ 中至少有一个元素不为 0. 这从理论上保证了列主元高斯消去法的可行性. 与高斯消去法相比，列主元高斯消去法只是增加了选主元和交换两个方程的过程. 列主元高斯消去法的运算量除选主元及行交换外，与高斯消去法的运算量是相同的.

例 3 用列主元高斯消去法求解例 2 中的线性方程组.

解 选列主元的消元过程如下:

$$\begin{pmatrix} 12 & -3 & 3 & 15 \\ 18 & -3 & 1 & 15 \\ -1 & 2 & 1 & 6 \end{pmatrix} \xrightarrow{r_2\leftrightarrow r_1} \begin{pmatrix} 18 & -3 & 1 & 15 \\ 12 & -3 & 3 & 15 \\ -1 & 2 & 1 & 6 \end{pmatrix} \xrightarrow[r_2+\left(-\frac{2}{3}\right)r_1]{r_3+\frac{1}{18}r_1} \begin{pmatrix} 18 & -3 & 1 & 15 \\ 0 & -1 & \frac{7}{3} & 5 \\ 0 & \frac{11}{6} & \frac{19}{18} & \frac{41}{6} \end{pmatrix}$$

$$\xrightarrow{r_2\leftrightarrow r_3} \begin{pmatrix} 18 & -3 & 1 & 15 \\ 0 & \frac{11}{6} & \frac{19}{18} & \frac{41}{6} \\ 0 & -1 & \frac{7}{3} & 5 \end{pmatrix} \xrightarrow{r_3+\frac{6}{11}r_2} \begin{pmatrix} 18 & -3 & 1 & 15 \\ 0 & \frac{11}{6} & \frac{19}{18} & \frac{41}{6} \\ 0 & 0 & \frac{32}{11} & \frac{96}{11} \end{pmatrix}$$

可得到与原方程组同解的三角方程组:

$$\begin{cases} 18x_1-3x_2+x_3=15 \\ \dfrac{11}{6}x_2+\dfrac{19}{18}x_3=\dfrac{41}{6} \\ \dfrac{32}{11}x_3=\dfrac{96}{11} \end{cases}$$

通过回代过程得

$$(x_1,x_2,x_3)^{\mathrm{T}}=(1,2,3)^{\mathrm{T}}$$

从例 2 和例 3 的计算过程可以清楚地看到，列主元高斯消去法通过在高斯消去法每次消元之前按列选取绝对值最大的元素作为主元，有效地克服了高斯消去法所出现的主元为 0 时无法进行的缺陷. 只要线性方程组的系数行列式 $\det(\boldsymbol{A})\neq 0$，列主元高斯消去法都可以求得方程组的唯一解.

3.4 直接三角分解法及列主元三角分解法

一个方阵可分解成两个以上矩阵的乘积，当给定一些约束后，这些分解将是唯一的. 对矩阵进行三角分解实际上是将矩阵分解成两个三角矩阵的乘积，这样对任意方程组的求解问题就转化为两个三角方程组的求解问题，方便计算. 下面讨论矩阵的分解方法.

3.4.1　矩阵的三角分解

对高斯消去法的消去过程进行矩阵分析. 高斯消去过程是对线性方程组的增广矩阵实施初等行变换，相当于用相应的初等矩阵左乘增广矩阵. 对 $\boldsymbol{A}^{(1)}\boldsymbol{x}=\boldsymbol{b}^{(1)}$ 实施第 1 次消元后化为 $\boldsymbol{A}^{(2)}\boldsymbol{x}=\boldsymbol{b}^{(2)}$，则存在 $\boldsymbol{L}_1$ 使得

$$\boldsymbol{L}_1\boldsymbol{A}^{(1)}=\boldsymbol{A}^{(2)},\quad \boldsymbol{L}_1\boldsymbol{b}^{(1)}=\boldsymbol{b}^{(2)}$$

矩阵的三角分解

式中，

$$\boldsymbol{L}_1=\begin{pmatrix}1 & & & \\ -m_{21} & 1 & & \\ \vdots & & \ddots & \\ -m_{n1} & \cdots & & 1\end{pmatrix},\quad \boldsymbol{A}^{(1)}=\boldsymbol{A}$$

一般地，第 k 次消元后化为 $\boldsymbol{A}^{(k+1)}\boldsymbol{x}=\boldsymbol{b}^{(k+1)}$，则有

$$\boldsymbol{L}_k\boldsymbol{A}^{(k)}=\boldsymbol{A}^{(k+1)},\quad \boldsymbol{L}_k\boldsymbol{b}^{(k)}=\boldsymbol{b}^{(k+1)}$$

式中，

$$\boldsymbol{L}_k=\begin{pmatrix}1 & & & & & \\ & \ddots & & & & \\ & & 1 & & & \\ & & -m_{k+1,k} & 1 & & \\ & & \vdots & & \ddots & \\ & & -m_{nk} & & & 1\end{pmatrix}$$

重复这一过程，最后得到

$$\boldsymbol{L}_{n-1}\cdots\boldsymbol{L}_2\boldsymbol{L}_1\boldsymbol{A}^{(1)}=\boldsymbol{A}^{(n)},\quad \boldsymbol{L}_{n-1}\cdots\boldsymbol{L}_2\boldsymbol{L}_1\boldsymbol{b}^{(1)}=\boldsymbol{b}^{(n)}$$

将上三角矩阵 $\boldsymbol{A}^{(n)}$ 记为 $\boldsymbol{U}$，由上式得

$$\boldsymbol{A}=\boldsymbol{L}_1^{-1}\boldsymbol{L}_2^{-1}\cdots\boldsymbol{L}_{n-1}^{-1}\boldsymbol{U}=\boldsymbol{L}\boldsymbol{U}$$

式中，

$$\boldsymbol{L}=\boldsymbol{L}_1^{-1}\boldsymbol{L}_2^{-1}\cdots\boldsymbol{L}_{n-1}^{-1}=\begin{pmatrix}1 & & & & \\ m_{21} & 1 & & & \\ m_{31} & m_{32} & 1 & & \\ \vdots & \vdots & \vdots & \ddots & \\ m_{n1} & m_{n2} & m_{n3} & \cdots & 1\end{pmatrix}$$

为单位下三角矩阵. 上述推导表明，高斯消去法的实质是一种将矩阵 $\boldsymbol{A}$ 分解为两个三角矩阵的乘积的因式分解方法.

定义 1　对于 n 阶矩阵：

$$\boldsymbol{A}=\begin{pmatrix}a_{11} & a_{12} & \cdots & a_{1n}\\ a_{21} & a_{22} & \cdots & a_{2n}\\ \vdots & \vdots & \ddots & \vdots\\ a_{n1} & a_{n2} & \cdots & a_{nn}\end{pmatrix}$$

若存在 n 阶下三角方阵 $\boldsymbol{L}$ 和上三角方阵 $\boldsymbol{U}$，使得 $\boldsymbol{A}=\boldsymbol{LU}$，则称方阵 $\boldsymbol{A}$ 有**三角分解**或 **$\boldsymbol{LU}$ 分解**. 特别地，若 $\boldsymbol{L}$ 为单位下三角矩阵，则称它为 **Doolittle 分解**. 若 $\boldsymbol{U}$ 为单位上三角矩阵，则称它为 **Crout 分解**. 本书只介绍 Doolittle 三角分解.

定理 2（存在唯一性定理） 设 $\boldsymbol{A}$ 为 n 阶方阵，若 $\boldsymbol{A}$ 的所有顺序主子式 $\boldsymbol{D}_k \neq \boldsymbol{0}$（$k=1,2,\cdots,n$），则 $\boldsymbol{A}$ 可以分解为一个单位下三角矩阵 $\boldsymbol{L}$ 和一个上三角矩阵 $\boldsymbol{U}$ 的乘积，且这种分解是唯一的.

证明 根据上面对高斯消去法的矩阵分析，$\boldsymbol{A}=\boldsymbol{LU}$ 的存在性已经得到证明，下面证明分解的唯一性，设

$$\boldsymbol{A}=\boldsymbol{LU}=\tilde{\boldsymbol{L}}\tilde{\boldsymbol{U}}$$

式中，$\boldsymbol{L}$ 和 $\tilde{\boldsymbol{L}}$ 为单位下三角矩阵，$\boldsymbol{U}$ 和 $\tilde{\boldsymbol{U}}$ 为上三角矩阵，由于 $\boldsymbol{A}$ 是可逆的，故

$$\tilde{\boldsymbol{L}}^{-1}\boldsymbol{L}=\tilde{\boldsymbol{U}}\boldsymbol{U}^{-1}$$

上式等号右边为上三角矩阵，左边为单位下三角矩阵，因此，上式等号两边都必须等于单位矩阵，于是

$$\tilde{\boldsymbol{L}}=\boldsymbol{L}，\quad \tilde{\boldsymbol{U}}=\boldsymbol{U}$$

3.4.2　直接三角分解法

1. 直接三角分解法原理

如果把非奇异矩阵 $\boldsymbol{A}$ 分解成一个单位下三角矩阵 $\boldsymbol{L}$ 和一个上三角矩阵 $\boldsymbol{U}$ 的乘积：

$$\boldsymbol{A}=\boldsymbol{LU}$$

则写成矩阵元素的形式，即 $\boldsymbol{LU}$ 分解式：

直接三角分解法

$$\begin{pmatrix} a_{11} & a_{12} & \cdots & a_{1n} \\ a_{21} & a_{22} & \cdots & a_{2n} \\ \vdots & \vdots & \ddots & \vdots \\ a_{n1} & a_{n2} & \cdots & a_{nn} \end{pmatrix}=\begin{pmatrix} 1 & & & \\ l_{21} & 1 & & \\ \vdots & \vdots & \ddots & \\ l_{n1} & l_{n2} & \cdots & 1 \end{pmatrix}\begin{pmatrix} u_{11} & u_{12} & \cdots & u_{1n} \\ & u_{22} & \cdots & u_{2n} \\ & & \ddots & \vdots \\ & & & u_{nn} \end{pmatrix}$$

式中，矩阵 $\boldsymbol{L}$ 与 $\boldsymbol{U}$ 的元素待定. 根据矩阵乘法法则，对 $\boldsymbol{LU}$ 分解式分析如下.

首先比较等式两边第 1 行元素，可得 $\boldsymbol{U}$ 的第 1 行元素：

$$u_{1j}=a_{1j},\quad j=1,2,\cdots,n$$

然后考察等式两边第 1 列元素，有

$$a_{i1}=l_{i1}u_{11},\quad i=1,2,\cdots,n$$

可得 $\boldsymbol{L}$ 的第 1 列元素：

$$l_{i1}=\frac{a_{i1}}{u_{11}},\quad i=2,3,\cdots,n$$

接着比较等式两边，可得 $\boldsymbol{A}$ 的元素 a_{kj} 等于 $\boldsymbol{L}$ 的第 k 行与 $\boldsymbol{U}$ 的第 j 列对应元素乘积之和，因此有

$$a_{kj}=\sum_{m=1}^{n}l_{km}u_{mj}=\sum_{m=1}^{k-1}l_{km}u_{mj}+u_{kj},\quad j=k,k+1,\cdots,n$$

转换后得 $\boldsymbol{U}$ 的第 k 行元素：

$$u_{kj}=a_{kj}-\sum_{m=1}^{k-1}l_{km}u_{mj},\quad j=k,k+1,\cdots,n \tag{3.11}$$

同理，由

$$a_{ik}=\sum_{m=1}^{n}l_{im}u_{mk}=\sum_{m=1}^{k-1}l_{im}u_{mk}+l_{ik}u_{kk},\qquad i=k+1,k+2,\cdots,n$$

可得 $\boldsymbol{L}$ 的第 k 列元素：

$$l_{ik}=\frac{a_{ik}-\sum\limits_{q=1}^{k-1}l_{im}u_{mk}}{u_{kk}},\qquad i=k+1,k+2,\cdots,n \tag{3.12}$$

最后交替使用式（3.11）和式（3.12），可以逐步求出 $\boldsymbol{U}$ 与 $\boldsymbol{L}$ 的元素.

直接三角分解法就是将线性方程组：

$$\boldsymbol{Ax}=\boldsymbol{b}$$

转换成

$$\boldsymbol{LUx}=\boldsymbol{b}$$

令 $\boldsymbol{Ux}=\boldsymbol{y}$，则 $\boldsymbol{Ly}=\boldsymbol{b}$，即

$$\begin{pmatrix}u_{11} & u_{12} & \cdots & u_{1n}\\ & u_{22} & \cdots & u_{2n}\\ & & \ddots & \vdots\\ & & & u_{nn}\end{pmatrix}\begin{pmatrix}x_1\\x_2\\\vdots\\x_n\end{pmatrix}=\begin{pmatrix}y_1\\y_2\\\vdots\\y_n\end{pmatrix}$$

$$\begin{pmatrix}1 & & & \\ l_{21} & 1 & & \\ \vdots & \vdots & \ddots & \\ l_{n1} & l_{n2} & \cdots & 1\end{pmatrix}\begin{pmatrix}y_1\\y_2\\\vdots\\y_n\end{pmatrix}=\begin{pmatrix}b_1\\b_2\\\vdots\\b_n\end{pmatrix}$$

故有

$$\begin{cases}y_1=b_1\\ y_i=b_i-\sum\limits_{k=1}^{i-1}l_{ik}y_k, \qquad i=2,3,\cdots,n\end{cases} \tag{3.13}$$

和

$$\begin{cases}x_n=y_n/u_{nn}\\ x_i=\dfrac{y_i-\sum\limits_{j=i+1}^{n}u_{ij}x_j}{u_{ii}}, \quad i=n-1,n-2,\cdots,1\end{cases} \tag{3.14}$$

说明如下.

（1）计算 u_{kj} 与 l_{ik} 的过程是先行后列交替进行的，即依次先计算出 u_{1j} $(j=1,2,\cdots,n)$，再计算出 l_{i1} $(i=2,3,\cdots,n)$；先计算出 u_{2j} $(j=2,3,\cdots,n)$，再计算出 l_{i2} $(i=3,4,\cdots,n)$；其余类推，即可计算出 $\boldsymbol{L}$、$\boldsymbol{U}$ 的各元素.

（2）直接三角分解法大约需要进行 $n^3/3$ 次乘/除法运算，和高斯消去法的计算量基本相同.

（3）此方法也可用来在计算机上计算矩阵 $\boldsymbol{A}$ 的行列式. 因为有

$$|\boldsymbol{A}|=|\boldsymbol{L}|\cdot|\boldsymbol{U}|=u_{11}u_{22}\cdots u_{nn}$$

例 4　用直接三角分解法求解方程组：

$$\begin{pmatrix}1 & 2 & 3 & 4\\1 & 4 & 9 & 16\\1 & 8 & 27 & 64\\1 & 16 & 81 & 256\end{pmatrix}\begin{pmatrix}x_1\\x_2\\x_3\\x_4\end{pmatrix}=\begin{pmatrix}10\\30\\100\\354\end{pmatrix}$$

解　对系数矩阵进行 $\boldsymbol{LU}$ 分解，可得

$$u_{11}=1,\quad u_{12}=2,\quad u_{13}=3,\quad u_{14}=4$$
$$l_{11}=1,\quad l_{21}=1,\quad l_{31}=1,\quad l_{41}=1$$

由式（3.11）和式（3.12）得

$$u_{22}=a_{22}-l_{21}u_{12}=4-1\times2=2$$
$$u_{23}=a_{23}-l_{21}u_{13}=9-1\times3=6$$
$$u_{24}=a_{24}-l_{41}u_{14}=16-4=12$$
$$l_{22}=1$$
$$l_{32}=(a_{32}-l_{31}u_{12})/u_{22}=(8-1\times2)/2=3$$
$$l_{42}=(a_{42}-l_{41}u_{12})/u_{22}=(16-1\times2)/2=7$$
$$u_{33}=a_{33}-l_{31}u_{13}-l_{32}u_{23}=27-1\times3-3\times6=6$$
$$u_{34}=a_{34}-l_{31}u_{14}-l_{32}u_{24}=64-1\times4-3\times12=24$$
$$l_{33}=1$$
$$l_{43}=(a_{43}-l_{41}u_{13}-l_{42}u_{23})/u_{33}=(81-1\times3-7\times6)/6=6$$
$$u_{44}=a_{44}-l_{41}u_{14}-l_{42}u_{24}-l_{43}u_{34}=256-1\times4-7\times12-6\times24=24$$

即

$$\begin{pmatrix}1 & 2 & 3 & 4\\1 & 4 & 9 & 16\\1 & 8 & 27 & 64\\1 & 16 & 81 & 256\end{pmatrix}=\begin{pmatrix}1 & & & \\1 & 1 & & \\1 & 3 & 1 & \\1 & 7 & 6 & 1\end{pmatrix}\begin{pmatrix}1 & 2 & 3 & 4\\ & 2 & 6 & 12\\ & & 6 & 24\\ & & & 24\end{pmatrix}$$

由 $\boldsymbol{Ly}=\boldsymbol{b}$，有

$$\begin{pmatrix}1 & & & \\1 & 1 & & \\1 & 3 & 1 & \\1 & 7 & 6 & 1\end{pmatrix}\begin{pmatrix}y_1\\y_2\\y_3\\y_4\end{pmatrix}=\begin{pmatrix}10\\30\\100\\354\end{pmatrix}$$

解得

$$(y_1,y_2,y_3,y_4)^{\mathrm{T}}=(10,20,30,24)^{\mathrm{T}}$$

由 $\boldsymbol{Ux}=\boldsymbol{y}$，有

$$\begin{pmatrix}1 & 2 & 3 & 4\\ & 2 & 6 & 12\\ & & 6 & 24\\ & & & 24\end{pmatrix}\begin{pmatrix}x_1\\x_2\\x_3\\x_4\end{pmatrix}=\begin{pmatrix}10\\20\\30\\24\end{pmatrix}$$

解得

$$(x_1, x_2, x_3, x_4)^{\mathrm{T}} = (1,1,1,1)^{\mathrm{T}}$$

2. 算法步骤

（1）首先进行 $\boldsymbol{LU}$ 分解，计算 $\boldsymbol{U}$ 的第 1 行和 $\boldsymbol{L}$ 的第 1 列：

$$\begin{cases} u_{1j} = a_{1j}, & j = 1,2,\cdots,n \\ l_{i1} = a_{i1} / u_{11}, & i = 2,3,\cdots,n \end{cases}$$

（2）对 k=2,3,…,n，计算 $\boldsymbol{U}$ 的第 k 行和 $\boldsymbol{L}$ 的第 k 列：

$$\begin{cases} u_{kj} = a_{kj} - \sum\limits_{m=1}^{k-1} l_{km} u_{mj}, & j = k, k+1, \cdots, n \\ l_{ik} = \dfrac{a_{ik} - \sum\limits_{m=1}^{k-1} l_{im} u_{mk}}{u_{kk}}, & i = k+1, k+2, \cdots, n \end{cases}$$

（3）计算 $\boldsymbol{y}$，使用式（3.13）求解 $\boldsymbol{Ly} = \boldsymbol{b}$.

（4）求解 $\boldsymbol{x}$，使用式（3.14）求解 $\boldsymbol{Ux} = \boldsymbol{y}$.

在使用计算机实现时，当 u_{kj} 和 l_{ik} 计算好后，在后面的计算中就用不到 a_{kj} 和 a_{ik} 了，为节省计算机的存储空间，可以将计算好 $\boldsymbol{L}$、$\boldsymbol{U}$ 的元素就存放在 $\boldsymbol{A}$ 的相应位置. 这样，就可以将 $\boldsymbol{L}$、$\boldsymbol{U}$ 的元素写在一起，形成**紧凑格式**. 由于式（3.13）的第 2 个式子与式（3.11）相似，因此对于右端向量 $\boldsymbol{b}$ 也可不必经过中间过程而按紧凑格式的方法直接得出，因此将 $\boldsymbol{b}$ 作为增广矩阵 $(\boldsymbol{A},\boldsymbol{b})$ 的最后一列，对 $\boldsymbol{A}$ 进行 $\boldsymbol{LU}$ 分解，对 $\boldsymbol{b}$ 也进行相应运算，每次运算结果仍放到最后一列，则分解后的最后一列记为 $\boldsymbol{y}$. 综上，利用计算机实现 $\boldsymbol{LU}$ 分解法的 $\boldsymbol{L}$、$\boldsymbol{U}$ 和 $\boldsymbol{y}$ 存储的紧凑格式如下：

$$(\boldsymbol{A},\boldsymbol{b}) = \begin{pmatrix} a_{11} & a_{12} & \cdots & a_{1n} & b_1 \\ a_{21} & a_{22} & \cdots & a_{2n} & b_2 \\ \vdots & \vdots & \ddots & \vdots & \vdots \\ a_{n1} & a_{n2} & \cdots & a_{nn} & b_n \end{pmatrix} \to \begin{pmatrix} u_{11} & u_{12} & \cdots & u_{1n} & y_1 \\ l_{21} & u_{22} & \cdots & u_{2n} & y_2 \\ \vdots & \vdots & \ddots & \vdots & \vdots \\ l_{n1} & l_{n2} & \cdots & u_{nn} & y_n \end{pmatrix}$$

紧凑格式极大地节省了计算机的存储空间.

3.4.3 列主元三角分解法

从 $\boldsymbol{LU}$ 分解式可以看出，当 $u_{kk} = 0$ 时，计算将中断，或者当 u_{kk} 绝对值很小时，按 $\boldsymbol{LU}$ 分解式计算可能引起舍入误差的累积，因此可采用与列主元高斯消去法类似的方法，将直接三角分解法修改为选主元的三角分解法.

1. 列主元三角分解法算法原理

列主元三角分解法仅在直接三角分解法的计算过程中增加按列选主元的过程.

设第 $k-1$ 步分解已完成，这时增广矩阵化为

$$
(\boldsymbol{A}^{(k)},\boldsymbol{b}^{(k)}) \to \begin{pmatrix} u_{11} & u_{12} & \cdots & u_{1,k-1} & u_{1k} & \cdots & u_{1n} & y_1 \\ l_{21} & u_{22} & \cdots & u_{2,k-1} & u_{2k} & \cdots & u_{2n} & y_2 \\ \vdots & \vdots & \ddots & \vdots & \vdots & \ddots & \vdots & \vdots \\ l_{k-1,1} & l_{k-1,2} & \cdots & u_{k-1,k-1} & u_{k-1,k} & \cdots & u_{k-1,n} & y_{k-1} \\ l_{k1} & l_{k2} & \cdots & l_{k,k-1} & a_{kk} & \cdots & a_{kn} & b_k \\ \vdots & \vdots & \ddots & \vdots & \vdots & \ddots & \vdots & \vdots \\ l_{n1} & l_{n2} & \cdots & l_{n,k-1} & a_{nk} & \cdots & a_{nn} & b_n \end{pmatrix}
$$

进行第 k 步分解需要用到式（3.11）和式（3.12），为了避免用小的数 u_{kk} 作为除数，引进一个辅助量：

$$
s_i = a_{ik} - \sum_{m=1}^{k-1} l_{im}u_{mk}, \quad i = k, k+1, \cdots, n
$$

比较一下各 $|s_i|$（$i = k, k+1, \cdots, n$）的大小. 若 $\max\limits_{k\leqslant i\leqslant n}|s_i| = |s_{i_k}|$（如果有几个元素同为最大值，则约定取第 1 个出现的），则取这个最大值 s_{i_k} 作为 u_{kk} 进行计算. 将 $(\boldsymbol{A}^{(k)},\boldsymbol{b}^{(k)})$ 的第 i_k 行与第 k 行元素互换，且元素的下标也要进行相应改变，即将 (i,j) 位置的新元素仍记为 l_{ij} 或 a_{ij}，于是有

$$
u_{kk} = s_k
$$

式中，s_k 为交换前的 s_{i_k}. 然后，由

$$
l_{ik} = \frac{s_i}{s_k}, \quad i = k+1, k+2, \cdots, n
$$

再进行第 k 步分解.

例 5 用列主元三角分解法求解方程组：

$$
\begin{cases} x_1 + 2x_2 + 3x_3 = 14 \\ 3x_1 + x_2 + 5x_3 = 20 \\ 2x_1 + 5x_2 + 2x_3 = 18 \end{cases}
$$

解 增广矩阵为

$$
\overline{\boldsymbol{A}} = \begin{pmatrix} 1 & 2 & 3 & 14 \\ 3 & 1 & 5 & 20 \\ 2 & 5 & 2 & 18 \end{pmatrix}
$$

此时，$s_1 = 1$，$s_2 = 3$，$s_3 = 2$，故需将第 1 行与第 2 行互换，然后再进行第 1 步分解：

$$
\overline{\boldsymbol{A}} \xrightarrow{r_1 \leftrightarrow r_2} \begin{pmatrix} 3 & 1 & 5 & 20 \\ 1 & 2 & 3 & 14 \\ 2 & 5 & 2 & 18 \end{pmatrix} \to \begin{pmatrix} 3 & 1 & 5 & 20 \\ 1/3 & 2 & 3 & 14 \\ 2/3 & 5 & 2 & 18 \end{pmatrix}
$$

此时，$s_2 = a_{22} - l_{21}u_{12} = 2 - \dfrac{1}{3}\times 1 = \dfrac{5}{3}$，$s_3 = a_{32} - l_{31}u_{12} = 5 - \dfrac{2}{3}\times 1 = \dfrac{13}{3}$，因为 $s_2 < s_3$，所以第 2 步分解前需将第 2 行与第 3 行互换，分解计算结果为

$$\overline{A} \xrightarrow{r_2 \leftrightarrow r_3} \begin{pmatrix} 3 & 1 & 5 & 20 \\ 2/3 & 5 & 2 & 18 \\ 1/3 & 2 & 3 & 14 \end{pmatrix} \to \begin{pmatrix} 3 & 1 & 5 & 20 \\ 2/3 & 13/3 & -4/3 & 14/3 \\ 1/3 & 5/13 & 24/13 & 72/13 \end{pmatrix}$$

由此可知

$$L = \begin{pmatrix} 1 & & \\ 2/3 & 1 & \\ 1/3 & 5/13 & 1 \end{pmatrix}, \quad U = \begin{pmatrix} 3 & 1 & 5 \\ & 13/3 & -4/3 \\ & & 24/13 \end{pmatrix}$$

此时，右端向量化为 $\boldsymbol{y} = (20, 14/3, 72/13)^{\mathrm{T}}$，最后，通过回代过程求解 $\boldsymbol{Ux} = \boldsymbol{y}$，即

$$\begin{pmatrix} 3 & 1 & 5 \\ & 13/3 & -4/3 \\ & & 24/13 \end{pmatrix} \begin{pmatrix} x_1 \\ x_2 \\ x_3 \end{pmatrix} = \begin{pmatrix} 20 \\ 14/3 \\ 72/13 \end{pmatrix}$$

得原方程组的解为 $\boldsymbol{x} = (1, 2, 3)^{\mathrm{T}}$.

2．算法步骤

对于 $k = 1, 2, \cdots, n$，按步骤（1）～（4）进行计算：

（1）计算辅助量 s_i，用 s_i “冲”掉 a_{ik}：

$$s_i = a_{ik} - \sum_{m=1}^{k-1} l_{im} u_{mk} \to a_{ik}, \qquad i = k, k+1, \cdots, n$$

（2）选主元，即确定行号 i_k，使

$$|s_{i_k}| = \max_{k \leqslant i \leqslant n} |s_i|$$

（3）交换 $\boldsymbol{A}$ 与 $\boldsymbol{b}$ 的第 k 行与第 i_k 行元素：

$$a_{kj} \leftrightarrow a_{i_k, j} \ \ (j = 1, 2, \cdots, n), \quad b_k \leftrightarrow b_{i_k}$$

（4）计算 $\boldsymbol{U}$ 的第 k 行元素、$\boldsymbol{L}$ 的第 k 列元素及 $\boldsymbol{y}$ 的第 k 个元素

$$u_{kk} = s_{i_k} = a_{kk}$$

$$u_{kj} = a_{kj} - \sum_{m=1}^{k-1} l_{km} u_{mj} \to a_{kj}, \qquad j = k+1, \cdots, n$$

$$l_{ik} = \frac{s_i}{u_{kk}} = \frac{a_{ik}}{a_{kk}} \to a_{ik}, \qquad i = k+1, \cdots, n$$

$$y_k = b_k - \sum_{m=1}^{k-1} l_{km} b_m$$

（5）使用式（3.14）求解 $\boldsymbol{Ux} = \boldsymbol{y}$.

3.5　特殊矩阵的三角分解法

在科学计算和实际工程应用中，经常会遇到一些特殊类型的矩阵，由于它们具有良好的性质或者结构，因此可以给出更有效的三角分解式，以提高计算速度和节省存储空间. 下面介绍 4 种特殊类型矩阵的三角分解法.

3.5.1 对称矩阵的三角分解法

1. 对称矩阵三角分解法原理

设 $\boldsymbol{A}$ 为对称矩阵，且有分解式 $\boldsymbol{A}=\boldsymbol{LU}$. 为了利用 $\boldsymbol{A}$ 的对称性，将 $\boldsymbol{U}$ 再分解为

$$\boldsymbol{U}=\begin{pmatrix} u_{11} & & & \\ & u_{22} & & \\ & & \ddots & \\ & & & u_{nn} \end{pmatrix}\begin{pmatrix} 1 & u_{12}/u_{11} & \cdots & u_{1n}/u_{11} \\ & 1 & \cdots & u_{2n}/u_{22} \\ & & \ddots & \vdots \\ & & & 1 \end{pmatrix}=\boldsymbol{DU}_0$$

式中，$\boldsymbol{D}$ 为对角矩阵，记为 $\boldsymbol{D}=\mathrm{diag}(d_1,d_2,\cdots,d_n)$，$\boldsymbol{U}_0$ 为单位上三角矩阵，于是有

$$\boldsymbol{A}=\boldsymbol{LU}=\boldsymbol{LDU}_0 \tag{3.15}$$

又

$$\boldsymbol{A}=\boldsymbol{A}^{\mathrm{T}}=\boldsymbol{U}_0^{\mathrm{T}}\boldsymbol{DL}^{\mathrm{T}}$$

由分解的唯一性得 $\boldsymbol{U}_0=\boldsymbol{L}^{\mathrm{T}}$，代入式（3.15）得到对称矩阵 $\boldsymbol{A}$ 的分解式 $\boldsymbol{A}=\boldsymbol{LDL}^{\mathrm{T}}$，式中，$\boldsymbol{L}$ 是单位下三角矩阵，$\boldsymbol{D}$ 为对角矩阵.

$$\boldsymbol{L}=\begin{pmatrix} 1 & & & \\ l_{21} & 1 & & \\ \vdots & \vdots & \ddots & \\ l_{n1} & l_{n2} & \cdots & 1 \end{pmatrix},\quad \boldsymbol{D}=\begin{pmatrix} d_1 & & & \\ & d_2 & & \\ & & \ddots & \\ & & & d_n \end{pmatrix},\quad \boldsymbol{LD}=\begin{pmatrix} d_1 & & & \\ l_{21}d_1 & d_2 & & \\ \vdots & \vdots & \ddots & \\ l_{n1}d_1 & l_{n2}d_2 & \cdots & d_n \end{pmatrix}$$

由式（3.11）、式（3.12）可得对称矩阵 $\boldsymbol{A}$ 的三角分解式.

（1）计算 d_1 与 $\boldsymbol{L}$ 的第 1 列元素：

$$d_1=a_{11},\ l_{i1}=a_{i1}/a_{11},\qquad i=2,3,\cdots,n \tag{3.16}$$

（2）对 $k=2,3,\cdots,n$，计算 d_k 与 $\boldsymbol{L}$ 的第 k 列元素：

$$\begin{cases} d_k=a_{kk}-\displaystyle\sum_{m=1}^{k-1}l_{km}^2 d_m \\ l_{ik}=\dfrac{a_{ik}-\displaystyle\sum_{m=1}^{k-1}l_{im}l_{km}d_m}{d_k}, \qquad i=k+1,\cdots,n \end{cases} \tag{3.17}$$

2. 算法步骤

对称矩阵 $\boldsymbol{A}$ 可分解为 $\boldsymbol{LDL}^{\mathrm{T}}$，则求解 $\boldsymbol{Ax}=\boldsymbol{b}$ 可转化为求解 $\boldsymbol{Ly}=\boldsymbol{b}$ 和 $\boldsymbol{DL}^{\mathrm{T}}\boldsymbol{x}=\boldsymbol{y}$ 两部分. 具体步骤如下.

（1）对 $\boldsymbol{A}$ 进行 $\boldsymbol{LDL}^{\mathrm{T}}$ 分解，使用式（3.16）计算 d_1 与 $\boldsymbol{L}$ 的第 1 列元素，并对 $k=2,3,\cdots,n$，由式（3.17）计算 d_k 与 $\boldsymbol{L}$ 的第 k 列元素.

（2）利用式（3.13）求解 $\boldsymbol{Ly}=\boldsymbol{b}$.

（3）求解 $\boldsymbol{DL}^{\mathrm{T}}\boldsymbol{x}=\boldsymbol{y}$，公式如下：

$$\begin{cases} x_n=y_n/d_n \\ x_i=y_i/d_i-\displaystyle\sum_{k=i+1}^{n}l_{ki}x_k, \qquad i=n-1,n-2,\cdots,1 \end{cases}$$

3.5.2　对称正定矩阵的三角分解法

1. 对称正定矩阵三角分解法原理

对于 $\boldsymbol{Ax}=\boldsymbol{b}$，设 $\boldsymbol{A}$ 为对称正定矩阵，且有分解式 $\boldsymbol{A}=\boldsymbol{LDL}^{\mathrm{T}}$，由 $\boldsymbol{A}$ 的对称正定性可知，$\boldsymbol{D}$ 的对角元素均为正数，于是 $\boldsymbol{D}$ 可分解为

$$\boldsymbol{D}=\begin{pmatrix} d_1 & & & \\ & d_2 & & \\ & & \ddots & \\ & & & d_n \end{pmatrix}=\begin{pmatrix} \sqrt{d_1} & & & \\ & \sqrt{d_2} & & \\ & & \ddots & \\ & & & \sqrt{d_n} \end{pmatrix}\begin{pmatrix} \sqrt{d_1} & & & \\ & \sqrt{d_2} & & \\ & & \ddots & \\ & & & \sqrt{d_n} \end{pmatrix}=\boldsymbol{D}^{\frac{1}{2}}\boldsymbol{D}^{\frac{1}{2}}$$

由此得到

$$\boldsymbol{A}=\boldsymbol{LDL}^{\mathrm{T}}=\boldsymbol{LD}^{\frac{1}{2}}\boldsymbol{D}^{\frac{1}{2}}\boldsymbol{L}^{\mathrm{T}}=(\boldsymbol{LD}^{\frac{1}{2}})(\boldsymbol{LD}^{\frac{1}{2}})^{\mathrm{T}}=\boldsymbol{GG}^{\mathrm{T}}$$

式中，$\boldsymbol{G}=\boldsymbol{LD}^{\frac{1}{2}}$ 为下三角矩阵.

下面我们用直接分解的方法来确定计算 $\boldsymbol{G}$ 的元素的公式，因为

$$\boldsymbol{A}=\begin{pmatrix} a_{11} & a_{12} & \cdots & a_{1n} \\ a_{21} & a_{22} & \cdots & a_{2n} \\ \vdots & \vdots & & \vdots \\ a_{n1} & a_{n2} & \cdots & a_{nn} \end{pmatrix}=\begin{pmatrix} g_{11} & & & \\ g_{21} & g_{22} & & \\ \vdots & \vdots & \ddots & \\ g_{n1} & g_{n2} & \cdots & g_{nn} \end{pmatrix}\begin{pmatrix} g_{11} & g_{21} & \cdots & g_{n1} \\ & g_{22} & \cdots & g_{n2} \\ & & \ddots & \vdots \\ & & & g_{nn} \end{pmatrix}=\boldsymbol{GG}^{\mathrm{T}}$$

平方根法

式中，$g_{ii}>0$（$i=1,2,\cdots,n$），由矩阵乘法及 $g_{ij}=0\,(i<j)$，得

$$a_{ik}=\sum_{m=1}^{n}g_{im}g_{km}=\sum_{m=1}^{k-1}g_{im}g_{km}+g_{ik}g_{kk}$$

于是可得对称正定矩阵 $\boldsymbol{A}$ 的三角分解式.

对于 $k=1,2,\cdots,n$，计算 $\boldsymbol{G}$ 的第 k 列元素：

$$g_{kk}=(a_{kk}-\sum_{m=1}^{k-1}g_{km}^2)^{\frac{1}{2}} \tag{3.18}$$

$$g_{ik}=(a_{ik}-\sum_{m=1}^{k-1}g_{im}g_{km})/g_{kk},\quad i=k+1,\cdots,n \tag{3.19}$$

对称正定矩阵 $\boldsymbol{A}$ 按 $\boldsymbol{GG}^{\mathrm{T}}$ 分解［按式（3.18）和式（3.19）确定 $\boldsymbol{G}$ 的元素］的方法称为楚列斯基（Cholesky）分解法. 应用楚列斯基分解法来求解系数矩阵为对称正定矩阵的线性方程组 $\boldsymbol{Ax}=\boldsymbol{b}$ 的方法，称为**平方根法**. 利用对称正定矩阵 $\boldsymbol{A}$ 按 $\boldsymbol{LDL}^{\mathrm{T}}$ 分解求解线性方程组 $\boldsymbol{Ax}=\boldsymbol{b}$ 的方法称为**改进平方根法**.

例 6　用平方根法求解线性方程组：

$$\begin{pmatrix} 1 & 2 & 1 \\ 2 & 5 & 0 \\ 1 & 0 & 14 \end{pmatrix}\begin{pmatrix} x_1 \\ x_2 \\ x_3 \end{pmatrix}=\begin{pmatrix} 4 \\ 7 \\ 15 \end{pmatrix}$$

解　对系数矩阵进行 $\boldsymbol{GG}^{\mathrm{T}}$ 分解：

$$
\begin{aligned}
g_{11} &= \sqrt{a_{11}} = \sqrt{1} = 1 \\
g_{21} &= a_{21} / g_{11} = 2 \\
g_{22} &= \sqrt{a_{22} - g_{21}^2} = \sqrt{5 - 2^2} = 1 \\
g_{31} &= a_{31} / g_{11} = 1/1 = 1 \\
g_{32} &= (a_{32} - g_{31}g_{21}) / g_{22} = (0 - 1 \times 2)/1 = -2 \\
g_{33} &= \sqrt{a_{33} - g_{31}^2 - g_{32}^2} = \sqrt{14 - 1 - 4} = 3
\end{aligned}
$$

即

$$
\begin{pmatrix} 1 & & \\ 2 & 1 & \\ 1 & -2 & 3 \end{pmatrix}\begin{pmatrix} 1 & 2 & 1 \\ & 1 & -2 \\ & & 3 \end{pmatrix}\begin{pmatrix} x_1 \\ x_2 \\ x_3 \end{pmatrix} = \begin{pmatrix} 4 \\ 7 \\ 15 \end{pmatrix}
$$

对分解矩阵进行回代求解. 由 $\boldsymbol{Gy} = \boldsymbol{b}$，有

$$
\begin{pmatrix} 1 & & \\ 2 & 1 & \\ 1 & -2 & 3 \end{pmatrix}\begin{pmatrix} y_1 \\ y_2 \\ y_3 \end{pmatrix} = \begin{pmatrix} 4 \\ 7 \\ 15 \end{pmatrix}
$$

解得 $y_1 = 4$，$y_2 = -1$，$y_3 = 3$.

由 $\boldsymbol{G}^{\mathrm{T}}\boldsymbol{x} = \boldsymbol{y}$，有

$$
\begin{pmatrix} 1 & 2 & 1 \\ & 1 & -2 \\ & & 3 \end{pmatrix}\begin{pmatrix} x_1 \\ x_2 \\ x_3 \end{pmatrix} = \begin{pmatrix} 4 \\ -1 \\ 3 \end{pmatrix}
$$

解得 $x_3 = 1$，$x_2 = 1$，$x_1 = 1$.

---

2. 平方根法的算法步骤

（1）使用式（3.18）和式（3.19）求 g_{ii} 与 g_{ij}（$i = 1,2,\cdots,n$，$j = 1,2,\cdots,i-1$），将矩阵 $\boldsymbol{A}$ 分解成 $\boldsymbol{GG}^{\mathrm{T}}$.

（2）求解 $\boldsymbol{Gy} = \boldsymbol{b}$，即

$$
\begin{cases} y_1 = b_1 / g_{11} \\ y_i = (b_i - \sum\limits_{k=1}^{i-1} g_{ik} y_k) / g_{ii}, \qquad i = 2,3,\cdots,n \end{cases}
$$

（3）求解 $\boldsymbol{G}^{\mathrm{T}}\boldsymbol{x} = \boldsymbol{y}$，即

$$
\begin{cases} x_n = y_n / g_{nn} \\ x_i = (y_i - \sum\limits_{k=i+1}^{n} g_{ik} x_k) / g_{ii}, \qquad i = n-1, n-2, \cdots, 1 \end{cases}
$$

平方根法的优点：计算量少，需 $n^3/6$ 次乘/除法运算，大约为 $\boldsymbol{LU}$ 分解法计算量的一半；节省存储空间，在计算机中只需存储矩阵 $\boldsymbol{A}$ 的下三角部分，共需要存储 $n(n+1)/2$ 个元素，矩阵 $\boldsymbol{G}$ 的元素存放在 $\boldsymbol{A}$ 的相应位置；可验证平方根法是一个数值稳定的计算方法. 平方根法的缺点就是需进行开方运算，而改进平方根法避免了开方运算，计算量和平方根法的计算量差不多.

3.5.3　三对角方程组的追赶法

1. 三对角方程组追赶法原理

在一些实际问题中，例如，解常微分方程边值问题、解热传导方程、在船体数学放样中建立三次样条函数等，都会要求解如下形式的三对角系数矩阵的线性方程组：

$$\begin{pmatrix} b_1 & c_1 & & & \\ a_2 & b_2 & c_2 & & \\ & \ddots & \ddots & \ddots & \\ & & a_{n-1} & b_{n-1} & c_{n-1} \\ & & & a_n & b_n \end{pmatrix}\begin{pmatrix} x_1 \\ x_2 \\ \vdots \\ x_{n-1} \\ x_n \end{pmatrix}=\begin{pmatrix} f_1 \\ f_2 \\ \vdots \\ f_{n-1} \\ f_n \end{pmatrix}$$

追赶法

简记为 $\boldsymbol{Ax}=\boldsymbol{f}$.

将 $\boldsymbol{LU}$ 分解法应用于求解三对角方程组，称为**追赶法**.

考虑线性方程组：

$$\boldsymbol{Ax}=\boldsymbol{f}$$

对三对角矩阵 $\boldsymbol{A}$ 进行 $\boldsymbol{LU}$ 分解，得

$$\boldsymbol{A}=\begin{pmatrix} b_1 & c_1 & & & \\ a_2 & b_2 & c_2 & & \\ & \ddots & \ddots & \ddots & \\ & & a_{n-1} & b_{n-1} & c_{n-1} \\ & & & a_n & b_n \end{pmatrix}=\begin{pmatrix} 1 & & & & \\ l_2 & 1 & & & \\ & \ddots & \ddots & & \\ & & \ddots & \ddots & \\ & & & l_n & 1 \end{pmatrix}\begin{pmatrix} u_1 & c_1 & & & \\ & u_2 & \ddots & & \\ & & \ddots & \ddots & \\ & & & \ddots & c_{n-1} \\ & & & & u_n \end{pmatrix}=\boldsymbol{LU} \quad (3.20)$$

式中，l_k 和 u_k 为待定系数. 比较式（3.20）两边的矩阵元素，可得

$$\begin{cases} u_1=b_1 \\ l_k=a_k/u_{k-1},\ \ u_k=b_k-l_kc_{k-1}, \qquad k=2,3,\cdots,n \end{cases} \quad (3.21)$$

对分解后的方程组 $\boldsymbol{LUx}=\boldsymbol{f}$ ，回代求解 $\boldsymbol{Ly}=\boldsymbol{f}$ 和 $\boldsymbol{Ux}=\boldsymbol{y}$，即可得到该方程组的解.

例 7　用追赶法解三对角方程组：

$$\begin{pmatrix} 2 & -1 & & & \\ -1 & 2 & -1 & & \\ & -1 & 2 & -1 & \\ & & -1 & 2 & -1 \\ & & & -1 & 2 \end{pmatrix}\begin{pmatrix} x_1 \\ x_2 \\ x_3 \\ x_4 \\ x_5 \end{pmatrix}=\begin{pmatrix} 1 \\ 0 \\ 0 \\ 0 \\ 7 \end{pmatrix}$$

解　依据式（3.20），有

$$\boldsymbol{L}=\begin{pmatrix} 1 & & & & \\ -1/2 & 1 & & & \\ & -2/3 & 1 & & \\ & & -3/4 & 1 & \\ & & & -4/5 & 1 \end{pmatrix},\quad \boldsymbol{U}=\begin{pmatrix} 2 & -1 & & & \\ & 3/2 & -1 & & \\ & & 4/3 & -1 & \\ & & & 5/4 & -1 \\ & & & & 6/5 \end{pmatrix}$$

由 $\boldsymbol{Ly}=\boldsymbol{f}$，有

$$\begin{pmatrix} 1 & & & & \\ -1/2 & 1 & & & \\ & -2/3 & 1 & & \\ & & -3/4 & 1 & \\ & & & -4/5 & 1 \end{pmatrix}\begin{pmatrix} y_1 \\ y_2 \\ y_3 \\ y_4 \\ y_5 \end{pmatrix}=\begin{pmatrix} 1 \\ 0 \\ 0 \\ 0 \\ 7 \end{pmatrix}$$

解得

$$\boldsymbol{y}=(1,1/2,1/3,1/4,36/5)^{\mathrm{T}}$$

由 $\boldsymbol{Ux}=\boldsymbol{y}$，有

$$\begin{pmatrix} 2 & -1 & & & \\ & 3/2 & -1 & & \\ & & 4/3 & -1 & \\ & & & 5/4 & -1 \\ & & & & 6/5 \end{pmatrix}\begin{pmatrix} x_1 \\ x_2 \\ x_3 \\ x_4 \\ x_5 \end{pmatrix}=\begin{pmatrix} y_1 \\ y_2 \\ y_3 \\ y_4 \\ y_5 \end{pmatrix}$$

解得

$$\boldsymbol{x}=(2,3,4,5,6)^{\mathrm{T}}$$

2．追赶法的算法步骤

（1）$\boldsymbol{LU}$ 分解. 按照式（3.21）进行分解.

（2）求解 $\boldsymbol{Ly}=\boldsymbol{f}$，有

$$\begin{cases} y_1=f_1 \\ y_k=f_k-l_k y_{k-1}, \qquad k=2,3,\cdots,n \end{cases}$$

（3）求解 $\boldsymbol{Ux}=\boldsymbol{y}$，有

$$\begin{cases} x_n=y_n/u_n \\ x_k=(y_k-c_k x_{k+1})/u_k, \qquad k=n-1,n-2,\cdots,1 \end{cases}$$

通常，将向前计算系数 $l_2\to l_3\to\cdots\to l_n$ 和 $y_1\to y_2\to\cdots\to y_n$ 的过程称为“追”的过程，将向后计算方程组的解 $x_n\to x_{n-1}\to\cdots\to x_1$ 的过程称为“赶”的过程.

由于系数矩阵 $\boldsymbol{A}$ 形式简单，非零元素较少，追赶法充分利用了该特征，因此其计算量仅为 $5n-4$ 次乘/除法运算. 在计算机中计算时只需要 $4n$ 个存储单元. 而且由追赶法的计算公式可以看出，计算过程不会出现中间结果数量级的巨大增长和舍入误差的严重积累，所以追赶法是数值稳定的算法.

3.5.4　循环三对角方程组的追赶法

在周期样条插值等问题中会遇到循环三对角方程组：

$$\begin{pmatrix} b_1 & c_1 & & & a_1 \\ a_2 & b_2 & c_2 & & \\ & \ddots & \ddots & \ddots & \\ & & a_{n-1} & b_{n-1} & c_{n-1} \\ c_n & & & a_n & b_n \end{pmatrix}\begin{pmatrix} x_1 \\ x_2 \\ \vdots \\ x_{n-1} \\ x_n \end{pmatrix}=\begin{pmatrix} f_1 \\ f_2 \\ \vdots \\ f_{n-1} \\ f_n \end{pmatrix}$$

简记为 $\boldsymbol{Ax}=\boldsymbol{f}$. 不难验证矩阵 $\boldsymbol{A}$ 的 $\boldsymbol{LU}$ 分解式如下：

$$\boldsymbol{A}=\begin{pmatrix}1 & & & & \\ l_2 & 1 & & & \\ & \ddots & \ddots & & \\ & & l_{n-1} & 1 & \\ s_1 & s_2 & \cdots & s_{n-1}+l_n & 1\end{pmatrix}\begin{pmatrix}u_1 & c_1 & & & t_1 \\ & u_2 & c_2 & & t_2 \\ & & \ddots & \ddots & \vdots \\ & & & u_{n-1} & c_{n-1}+t_{n-1} \\ & & & & u_n\end{pmatrix}=\boldsymbol{LU}$$

下面我们用 $\boldsymbol{LU}$ 分解法来确定计算 $\boldsymbol{L}$ 和 $\boldsymbol{U}$ 的元素的公式.

（1）计算 u_1、t_1 和 s_1：

$$u_1=b_1,\quad t_1=a_1,\quad s_1=c_n/u_1 \tag{3.22}$$

（2）对 $k=2,3,\cdots,n-1$，计算 l_k、u_k、t_k 和 s_k：

$$l_k=a_k/u_{k-1},\quad u_k=b_k-l_kc_{k-1},\quad t_k=-l_kt_{k-1},\quad s_k=-\frac{s_{k-1}c_{k-1}}{u_k} \tag{3.23}$$

（3）计算 l_n 和 u_n：

$$l_n=a_n/u_{n-1},\quad u_n=b_n-(l_n+s_{n-1})(c_{n-1}+t_{n-1})-\sum_{i=1}^{n-2}s_it_i \tag{3.24}$$

对分解后的方程组 $\boldsymbol{LUx}=\boldsymbol{f}$，回代求解 $\boldsymbol{Ly}=\boldsymbol{f}$ 和 $\boldsymbol{Ux}=\boldsymbol{y}$，即可得到方程组的解，具体计算公式如下.

求解 $\boldsymbol{Ly}=\boldsymbol{f}$：

$$\begin{cases}y_1=f_1 \\ y_k=f_k-l_ky_{k-1}, & k=2,3,\cdots,n-1 \\ y_n=f_n-\sum\limits_{i=1}^{n-2}s_iy_i-(l_n+s_{n-1})y_{n-1}\end{cases}$$

求解 $\boldsymbol{Ux}=\boldsymbol{y}$：

$$\begin{cases}x_n=\dfrac{y_n}{u_n} \\ x_k=\dfrac{y_k-c_kx_{k+1}-t_kx_n}{u_k}, & k=n-1,n-2,\cdots,1\end{cases}$$

例 8　用追赶法求解循环三对角方程组：

$$\begin{pmatrix}2 & -1 & & & -1 \\ -1 & 2 & -1 & & \\ & -1 & 2 & -1 & \\ & & -1 & 2 & -1 \\ -1 & & & -1 & 4\end{pmatrix}\begin{pmatrix}x_1\\x_2\\x_3\\x_4\\x_5\end{pmatrix}=\begin{pmatrix}2\\2\\2\\2\\0\end{pmatrix}$$

解　依据式（3.22）、式（3.23）和式（3.24），有

$$
\boldsymbol{L}=\begin{pmatrix} 1 & & & & \\ -1/2 & 1 & & & \\ & -2/3 & 1 & & \\ & & -3/4 & 1 & \\ -1/2 & -1/3 & -1/4 & -1 & 1 \end{pmatrix},\quad \boldsymbol{U}=\begin{pmatrix} 2 & -1 & & & -1 \\ & 3/2 & -1 & & -1/2 \\ & & 4/3 & -1 & -1/3 \\ & & & 5/4 & -5/4 \\ & & & & 2 \end{pmatrix}
$$

由 $\boldsymbol{Ly}=\boldsymbol{f}$，有

$$
\begin{pmatrix} 1 & & & & \\ -1/2 & 1 & & & \\ & -2/3 & 1 & & \\ & & -3/4 & 1 & \\ -1/2 & -1/3 & -1/4 & -1 & 1 \end{pmatrix}\begin{pmatrix} y_1 \\ y_2 \\ y_3 \\ y_4 \\ y_5 \end{pmatrix}=\begin{pmatrix} 2 \\ 2 \\ 2 \\ 2 \\ 0 \end{pmatrix}
$$

解得

$$
\boldsymbol{y}=(2,3,4,5,8)^{\mathrm{T}}
$$

由 $\boldsymbol{Ux}=\boldsymbol{y}$，有

$$
\begin{pmatrix} 2 & -1 & & & -1 \\ & 3/2 & -1 & & -1/2 \\ & & 4/3 & -1 & -1/3 \\ & & & 5/4 & -5/4 \\ & & & & 2 \end{pmatrix}\begin{pmatrix} x_1 \\ x_2 \\ x_3 \\ x_4 \\ x_5 \end{pmatrix}=\begin{pmatrix} 2 \\ 3 \\ 4 \\ 5 \\ 8 \end{pmatrix}
$$

解得

$$
\boldsymbol{x}=(8,10,10,8,4)^{\mathrm{T}}
$$

3.6 应用案例：食物营养配餐问题

高考前，一个饮食专家给即将踏入考场的学子们准备了一份膳食计划，以此来帮助他们提高和调节身体所摄入的营养，提供一定的维生素 C、钙、镁和铁，其中用到了 4 种食物，它们的质量用适当的单位计量. 试根据表 3-1 给出的食谱营养表计算合理的膳食分配.

表 3-1 食谱营养表

营养成分	单位食物所含营养/mg				需要的营养总量/mg
	食物 1	食物 2	食物 3	食物 4	
维生素 C	10	20	20	50	200
钙	50	40	10	10	250
镁	30	10	40	20	210
铁	20	40	40	40	340

【模型假设与分析】

解 设 x_1、x_2、x_3、x_4 分别表示这 4 种食物的量（质量）. 对每种食物考虑一个向量，其中的分量依次用于表示每单位食物中营养成分维生素 C、钙、镁和铁的含量.

食物 1：$\boldsymbol{\alpha}_1=\begin{pmatrix}10\\50\\30\\20\end{pmatrix}$　　食物 2：$\boldsymbol{\alpha}_2=\begin{pmatrix}20\\40\\10\\40\end{pmatrix}$　　食物 3：$\boldsymbol{\alpha}_3=\begin{pmatrix}20\\10\\40\\40\end{pmatrix}$

食物 4：$\boldsymbol{\alpha}_4=\begin{pmatrix}50\\10\\20\\40\end{pmatrix}$　　需求：$\boldsymbol{b}=\begin{pmatrix}200\\250\\210\\340\end{pmatrix}$

【模型建立】

$x_1\boldsymbol{\alpha}_1$、$x_2\boldsymbol{\alpha}_2$、$x_3\boldsymbol{\alpha}_3$、$x_4\boldsymbol{\alpha}_4$ 分别表示 4 种食物提供的营养成分，为保持营养成分平衡，建立向量方程：

$$x_1\boldsymbol{\alpha}_1+x_2\boldsymbol{\alpha}_2+x_3\boldsymbol{\alpha}_3+x_4\boldsymbol{\alpha}_4=\boldsymbol{b}$$

则有

$$\begin{pmatrix}10&20&20&50\\50&40&10&10\\30&10&40&20\\20&40&40&40\end{pmatrix}\begin{pmatrix}x_1\\x_2\\x_3\\x_4\end{pmatrix}=\begin{pmatrix}200\\250\\210\\340\end{pmatrix}$$

【模型求解】

对系数矩阵进行 $\boldsymbol{LU}$ 分解：

$$\begin{pmatrix}10&20&20&50\\50&40&10&10\\30&10&40&20\\20&40&40&40\end{pmatrix}=\begin{pmatrix}1&&&\\5&1&&\\3&5/6&1&\\2&0&0&1\end{pmatrix}\begin{pmatrix}10&20&20&50\\&-60&-90&-240\\&&55&70\\&&&-60\end{pmatrix}$$

由 $\boldsymbol{Ly}=\boldsymbol{b}$，有

$$\begin{pmatrix}1&&&\\5&1&&\\3&5/6&1&\\2&0&0&1\end{pmatrix}\begin{pmatrix}y_1\\y_2\\y_3\\y_4\end{pmatrix}=\begin{pmatrix}200\\250\\210\\340\end{pmatrix}$$

解得

$$(y_1,y_2,y_3,y_4)^{\mathrm{T}}=(200,-750,235,-60)^{\mathrm{T}}$$

由 $\boldsymbol{Ux}=\boldsymbol{y}$，有

$$\begin{pmatrix}10&20&20&50\\&-60&-90&-240\\&&55&70\\&&&-60\end{pmatrix}\begin{pmatrix}x_1\\x_2\\x_3\\x_4\end{pmatrix}=\begin{pmatrix}200\\-750\\235\\-60\end{pmatrix}$$

解得

$$(x_1,x_2,x_3,x_4)^{\mathrm{T}}=(1,4,3,1)^{\mathrm{T}}$$

因此，食谱中应该包含 1 个单位的食物 1，4 个单位的食物 2，3 个单位的食物 3，1 个单

位的食物 4. 可见，合理的膳食分配与线性方程组是相关的，由线性方程组可得合理膳食分配的特解，即在一定的条件下，食物的摄入量是相对稳定的，过多或过少都不利于生理所需，唯有达到一个特解时，营养与体能的搭配才是最完美的.

习题 3

1．用高斯消去法为什么要选主元？哪些方程组可以不选主元？

2．哪种线性方程组可用追赶法求解？为什么说该方法是计算稳定的？

3．分别用高斯消去法和列主元高斯消去法求解下列方程组：

（1）$\begin{pmatrix}1&1&1\\0&4&-1\\2&-2&1\end{pmatrix}\begin{pmatrix}x_1\\x_2\\x_3\end{pmatrix}=\begin{pmatrix}6\\5\\1\end{pmatrix}$；（2）$\begin{pmatrix}0&1&1\\1&-2&-1\\1&-1&1\end{pmatrix}\begin{pmatrix}x_1\\x_2\\x_3\end{pmatrix}=\begin{pmatrix}6\\4\\5\end{pmatrix}$；

（3）$\begin{pmatrix}2&1&2&1\\1&2&-2&1\\3&1&1&2\\2&1&1&1\end{pmatrix}\begin{pmatrix}x_1\\x_2\\x_3\\x_4\end{pmatrix}=\begin{pmatrix}14\\3\\16\\11\end{pmatrix}$；（4）$\begin{pmatrix}-3&2&6\\10&-7&0\\5&-1&5\end{pmatrix}\begin{pmatrix}x_1\\x_2\\x_3\end{pmatrix}=\begin{pmatrix}4\\7\\6\end{pmatrix}$.

4. 试推导矩阵 $\boldsymbol{A}$ 的 Crout 分解 $\boldsymbol{A}=\boldsymbol{LU}$ 的计算公式，其中 $\boldsymbol{L}$ 为下三角矩阵，$\boldsymbol{U}$ 为单位上三角矩阵.

5．举例说明一个非奇异矩阵不一定存在 $\boldsymbol{LU}$ 分解.

6．分别用直接三角分解法和列主元三角分解法求解下列方程组：

（1）$\begin{cases}2x_1+4x_2+2x_3+6x_4=9\\4x_1+9x_2+6x_3+15x_4=23\\2x_1+6x_2+9x_3+18x_4=22\\6x_1+15x_2+18x_3+40x_4=47\end{cases}$；（2）$\begin{cases}x_1+2x_2+6x_3=1\\2x_1+5x_2+15x_3=3\\6x_1+15x_2+46x_3=10\end{cases}$；

（3）$\begin{cases}x_1+2x_2+3x_3=14\\2x_1+5x_2+2x_3=18\\3x_1+x_2+5x_3=20\end{cases}$；（4）$\begin{cases}12x_1-3x_2+3x_3+4x_4=15\\-18x_1+3x_2-x_3-x_4=-15\\x_1+x_2+x_3+x_4=6\\3x_1+x_2-x_3+x_4=2\end{cases}$.

7．用直接三角分解法求解两个有相同系数矩阵的方程组 $\boldsymbol{AX}_1=\boldsymbol{b}_1$ 和 $\boldsymbol{AX}_2=\boldsymbol{b}_2$，式中，

$$\boldsymbol{A}=\begin{pmatrix}1&2&3&4\\1&4&9&16\\1&8&27&64\\1&16&81&256\end{pmatrix},\quad \boldsymbol{b}_1=\begin{pmatrix}4\\10\\28\\82\end{pmatrix},\quad \boldsymbol{b}_2=\begin{pmatrix}2\\12\\56\\240\end{pmatrix}$$

8．用改进平方根法求解方程组：

$$\begin{pmatrix}2&-1&1\\-1&-2&3\\1&3&1\end{pmatrix}\begin{pmatrix}x_1\\x_2\\x_3\end{pmatrix}=\begin{pmatrix}2\\0\\5\end{pmatrix}$$

9．用追赶法求解方程组：

$$\begin{cases} 2x_1 - x_2 = 1 \\ -x_1 + 2x_2 - x_3 = 0 \\ -x_2 + 2x_3 - x_4 = 0 \\ -x_3 + 2x_4 = -1 \end{cases}$$

应用题

现有一个直流电路的网络图如图 3-1 所示，其中各个电阻值分别为 $R_1 = 1\Omega$，$R_2 = 2\Omega$，$R_3 = 4\Omega$，$R_4 = 3\Omega$，$R_5 = 1\Omega$，$R_6 = 5\Omega$，两个直流电源的电压值分别为 $E_1 = 41\text{V}$，$E_2 = 38\text{V}$.

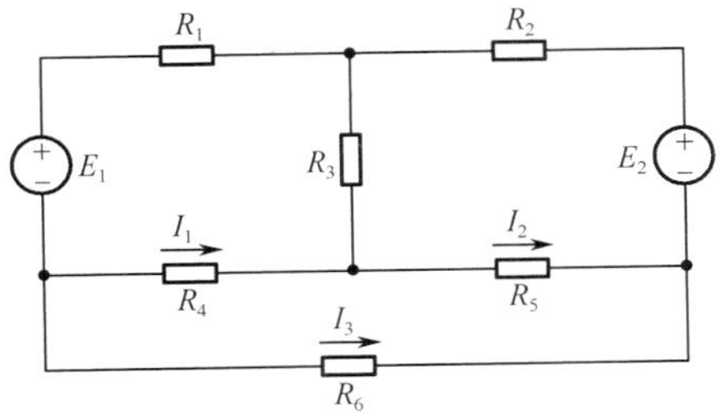

图 3-1

（1）由基尔霍夫电压定律知，电路中任意单向闭路的电压为 0. 对三个回路分别用基尔霍夫电压定律分析，给出电流方程组；

（2）将电阻值及电压值代入（1）中求得的方程组，分别利用列主元高斯消去法和直接三角分解法求解该方程组.

上机实验

1．考虑方程组：

$$\begin{pmatrix} 0.4096 & 0.1234 & 0.3678 & 0.2943 \\ 0.2246 & 0.3872 & 0.4015 & 0.1129 \\ 0.3645 & 0.1920 & 0.3781 & 0.0643 \\ 0.1784 & 0.4002 & 0.2786 & 0.3927 \end{pmatrix} \begin{pmatrix} x_1 \\ x_2 \\ x_3 \\ x_4 \end{pmatrix} = \begin{pmatrix} 0.4043 \\ 0.1550 \\ 0.4240 \\ -0.2557 \end{pmatrix}$$

（1）用高斯消去法求解所给方程组；

（2）用列主元高斯消去法求解方程组并与（1）的结果进行比较.

2．分别用高斯消去法、列主元高斯消去法和直接三角分解法计算下列方程组：

$$\begin{cases} 4x + 5.3y - 5.6z - 3m - 3.4n = 100.16 \\ 5x - 2.1y + 3.2z + 4m - 8n = -75.72 \\ 2x - 4y - 7.2z - 5m - 2.4n = 98.2 \\ 5x - 3y - 8z + 2.3m + 3n = 57.1 \\ 4.2x - 3y - 2n = 3.72 \end{cases}$$

3. 图 3-2 为桥梁等工程中经常使用的桁架结构，由 13 个支撑杆（带数字的线）和 8 个连接点（带数字的圈）构成. 载荷（单位：t）作用在连接点 2、5、6 上，确定桁架各连接点所受的力.

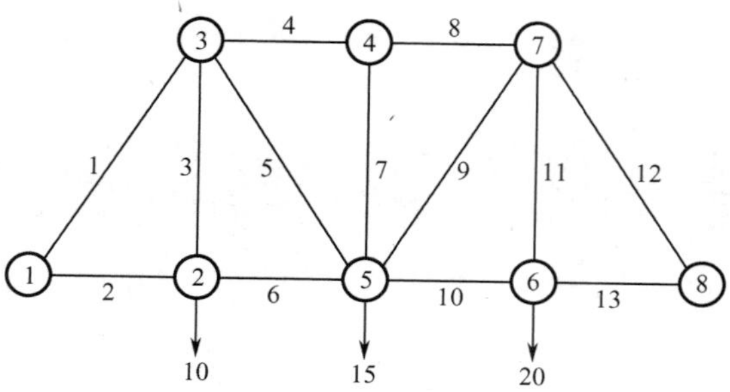

图 3-2

桁架处于静态平衡时，每个连接点在垂直和水平方向上所受的净力为 0. 这样，我们可以用每个连接点水平方向左、右的合力相等来确定所受的力，垂直方向也同样. 对图 3-2 中的 8 个连接点可以列出 16 个方程，方程的个数多于未知力的个数 13，为使解唯一，即桁架稳定，将连接点点 8 的垂直方向、连接点点 1 的水平和垂直方向严格固定. 将桁架所受的力在水平和垂直方向上进行分解，定义 $\alpha=\sqrt{2}/2$，得到关于受力向量 $\boldsymbol{f}$ 的方程组如下.

连接点 2：$\begin{cases} f_2 = f_6 \\ f_3 = 10 \end{cases}$

连接点 3：$\begin{cases} \alpha f_1 = f_4 + \alpha f_5 \\ \alpha f_1 + f_3 + \alpha f_5 = 0 \end{cases}$

连接点 4：$\begin{cases} f_4 = f_8 \\ f_7 = 0 \end{cases}$

连接点 5：$\begin{cases} \alpha f_1 + f_6 = \alpha f_9 + f_{10} \\ \alpha f_5 + f_7 + \alpha f_9 = 15 \end{cases}$

连接点 6：$\begin{cases} f_{10} = f_{13} \\ f_{11} = 20 \end{cases}$

连接点 7：$\begin{cases} f_8 + \alpha f_9 = \alpha f_{12} \\ \alpha f_9 + f_{11} + \alpha f_{12} = 0 \end{cases}$

连接点 8：　$f_{13} + \alpha f_{12} = 0$

利用直接三角分解法求解这个关于受力向量 $\boldsymbol{f}=(f_1, f_2, \cdots, f_{13})^{\mathrm{T}}$ 的线性方程组（注意，该方程组的系数矩阵是带状线性方程组，可以使用追赶法进行求解）.

第 4 章

解线性方程组的迭代法

在实际应用中，由微分方程离散化产生的离散方程组大都是高阶的线性方程组，而且系数矩阵往往是含零元素较多的稀疏矩阵. 这时用直接法求解是不实际的，因为直接法有可能破坏了系数矩阵的稀疏性，使得存储量大大增加.

本章讨论利用迭代法求解线性方程组. 迭代法具有计算机存储空间少、易于编程、计算简单，以及原始系数矩阵在计算过程中始终不变等优点. 迭代法是基于一定的递推公式产生方程组精确解近似序列的数值算法，其中，收敛性和误差估计是迭代法的主要理论，也是研究的重要问题. 为此，首先对向量和矩阵的“大小”引进某种度量，即向量范数和矩阵范数.

4.1 预备知识

4.1.1 向量的数量积及其性质

定义 1 设 $\boldsymbol{x}=(x_1,x_2,\cdots,x_n)^{\mathrm{T}}$, $\boldsymbol{y}=(y_1,y_2,\cdots,y_n)^{\mathrm{T}}\in\mathbf{R}^n$（或 $\boldsymbol{C}^n$），将实数 $(\boldsymbol{x},\boldsymbol{y})=\sum\limits_{i=1}^{n}x_iy_i$（或复数 $(\boldsymbol{x},\boldsymbol{y})=\boldsymbol{y}^{\mathrm{H}}\boldsymbol{x}=\sum\limits_{i=1}^{n}x_i\overline{y}_i$）称为向量 $\boldsymbol{x}$ 与 $\boldsymbol{y}$ 的**数量积**（或**内积**），将非负实数 $\|\boldsymbol{x}\|_2=(\boldsymbol{x},\boldsymbol{x})^{\frac{1}{2}}=\left(\sum\limits_{i=1}^{n}x_i^2\right)^{\frac{1}{2}}$（或 $\|\boldsymbol{x}\|_2=\left(\sum\limits_{i=1}^{n}|x_i|^2\right)^{\frac{1}{2}}$）称为向量 $\boldsymbol{x}$ 的**欧氏范数**.

向量 $\boldsymbol{x}$ 与 $\boldsymbol{y}$ 的数量积具有如下性质：

（1）$(\boldsymbol{x},\boldsymbol{x})=0$，当且仅当 $\boldsymbol{x}=\boldsymbol{0}$ 时成立；

（2）$(\alpha\boldsymbol{x},\boldsymbol{y})=\alpha(\boldsymbol{x},\boldsymbol{y})$，$\alpha$ 为实数；

（3）$(\boldsymbol{x},\boldsymbol{y})=(\boldsymbol{y},\boldsymbol{x})$；

（4）$(\boldsymbol{x}_1+\boldsymbol{x}_2,\boldsymbol{y})=(\boldsymbol{x}_1,\boldsymbol{y})+(\boldsymbol{x}_2,\boldsymbol{y})$；

（5）$|(\boldsymbol{x},\boldsymbol{y})|\leqslant\|\boldsymbol{x}\|_2\cdot\|\boldsymbol{y}\|_2$（Cauchy-Schwarz 不等式）；

（6）$\|\boldsymbol{x}+\boldsymbol{y}\|_2\leqslant\|\boldsymbol{x}\|_2+\|\boldsymbol{y}\|_2$（三角不等式）.

4.1.2 向量范数和向量序列的极限

定义 2（向量范数） 如果在 $\mathbf{R}^n$ 中定义了实值函数，记为 $\|\cdot\|$，对所有 $\boldsymbol{x},\boldsymbol{y}\in\mathbf{R}^n$ 以及 $\lambda\in\mathbf{R}$，若满足以下条件：

（1）$\|\boldsymbol{x}\|\geqslant 0$，当且仅当 $\boldsymbol{x}=\boldsymbol{0}$ 时，$\|\boldsymbol{x}\|=0$（非负性）；

（2）$\|\lambda\boldsymbol{x}\|=|\lambda|\cdot\|\boldsymbol{x}\|$（齐次性）；

（3）$\|\boldsymbol{x}+\boldsymbol{y}\|\leqslant\|\boldsymbol{x}\|+\|\boldsymbol{y}\|$（三角不等式）.

则称 $\|\boldsymbol{x}\|$ 为向量 $\boldsymbol{x}$ 的**范数**（或**模**）.

由条件（3）可以推出下列不等式：

（4）$|\|\boldsymbol{x}\|-\|\boldsymbol{y}\||\leqslant\|\boldsymbol{x}-\boldsymbol{y}\|$.

设 $\boldsymbol{x}\in\mathbf{R}^n$，下面给出几种最常用的向量范数.

向量的**∞-范数**（最大范数）：

$$\|\boldsymbol{x}\|_\infty=\max_{1\leqslant i\leqslant n}|x_i|$$

向量的 **1-范数**（绝对值范数）：

$$\|\boldsymbol{x}\|_1=\sum_{i=1}^{n}|x_i|$$

向量的 **2-范数**：

$$\|\boldsymbol{x}\|_2=(\boldsymbol{x},\boldsymbol{x})^{\frac{1}{2}}=\left(\sum_{i=1}^{n}x_i^2\right)^{\frac{1}{2}}$$

向量的 **p-范数**：

$$\|\boldsymbol{x}\|_p=\left(\sum_{i=1}^{n}|x_i|^p\right)^{\frac{1}{p}},\qquad 1\leqslant p\leqslant+\infty$$

容易验证，上述定义的范数均满足向量范数定义的三个条件，并且前三种范数都是 p-范数的特例.

定义 3（向量序列的极限） 设 $\{\boldsymbol{x}^{(k)}\}$ 为 $\mathbf{R}^n$ 中一个向量序列，$\boldsymbol{x}^*\in\mathbf{R}^n$，记 $\boldsymbol{x}^{(k)}=(x_1^{(k)},x_2^{(k)},\cdots,x_n^{(k)})^{\mathrm{T}}$，$\boldsymbol{x}^*=(x_1^*,x_2^*,\cdots,x_n^*)^{\mathrm{T}}$，如果 $\lim\limits_{k\to\infty}x_i^{(k)}=x_i^*$（$i=1,2,\cdots,n$），则称向量序列 $\{\boldsymbol{x}^{(k)}\}$ 收敛于向量 $\boldsymbol{x}^*$，记为

$$\lim_{k\to\infty}\boldsymbol{x}^{(k)}=\boldsymbol{x}^*$$

定理 1（范数的连续性） $\mathbf{R}^n$ 中的任意范数 $\|\boldsymbol{x}\|$ 均为 $\boldsymbol{x}$ 的连续函数.

证明 对任意向量 $\boldsymbol{x}=(x_1,x_2,\cdots,x_n)^{\mathrm{T}}$，$\boldsymbol{y}=(y_1,y_2,\cdots,y_n)^{\mathrm{T}}$，有

$$\boldsymbol{x}=\sum_{i=1}^{n}x_i\boldsymbol{e}_i,\quad \boldsymbol{y}=\sum_{i=1}^{n}y_i\boldsymbol{e}_i$$

式中，$\boldsymbol{e}_i=(0,\cdots,0,1,0,\cdots,0)^{\mathrm{T}}$（第 i 个元素为 1），$i=1,2,\cdots,n$. 从而有

$$|\|\boldsymbol{x}\|-\|\boldsymbol{y}\||\leqslant\|\boldsymbol{x}-\boldsymbol{y}\|=\left\|\sum_{i=1}^{n}(x_i-y_i)\boldsymbol{e}_i\right\|\leqslant\sum_{i=1}^{n}|x_i-y_i|\cdot\|\boldsymbol{e}_i\|$$

$$\leqslant\|\boldsymbol{x}-\boldsymbol{y}\|_\infty\sum_{i=1}^{n}\|\boldsymbol{e}_i\|=c\|\boldsymbol{x}-\boldsymbol{y}\|_\infty$$

式中，$c=\sum_{i=1}^{n}\|\boldsymbol{e}_i\|$. 又当 $\boldsymbol{x}\to\boldsymbol{y}$ 时，$\|\boldsymbol{x}-\boldsymbol{y}\|_\infty\to 0$，所以当 $\boldsymbol{x}\to\boldsymbol{y}$ 时，$\|\boldsymbol{x}\|\to\|\boldsymbol{y}\|$，即 $\|\boldsymbol{x}\|$ 为 $\boldsymbol{x}$ 的连续函数.

定理 2（范数的等价性） 设 $\|\boldsymbol{x}\|_s$ 和 $\|\boldsymbol{x}\|_t$ 为 $\mathbf{R}^n$ 中任意两种范数，则存在常数 $c_1,c_2>0$，使得

$$c_1\|\boldsymbol{x}\|_s\leqslant\|\boldsymbol{x}\|_t\leqslant c_2\|\boldsymbol{x}\|_s\text{，对一切 }\boldsymbol{x}\in\mathbf{R}^n$$

由定理 2 可知，如果在一种范数意义下向量序列收敛，则在任意一种范数意义下该向量序列亦收敛.

定理 3 $\lim\limits_{k\to\infty}\boldsymbol{x}^{(k)}=\boldsymbol{x}^*$ 的充要条件是 $\lim\limits_{k\to\infty}\|\boldsymbol{x}^{(k)}-\boldsymbol{x}^*\|=0$，其中 $\|\cdot\|$ 为向量的任一种范数.

证明 显然，$\lim\limits_{k\to\infty}\boldsymbol{x}^{(k)}=\boldsymbol{x}^*\Leftrightarrow\lim\limits_{k\to\infty}\|\boldsymbol{x}^{(k)}-\boldsymbol{x}^*\|_\infty=0$，而对于 $\mathbf{R}^n$ 中任意一种范数 $\|\cdot\|$，由定理 2，存在常数 $c_1,c_2>0$，使

$$c_1\|\boldsymbol{x}^{(k)}-\boldsymbol{x}^*\|_\infty\leqslant\|\boldsymbol{x}^{(k)}-\boldsymbol{x}^*\|\leqslant c_2\|\boldsymbol{x}^{(k)}-\boldsymbol{x}^*\|_\infty$$

于是有

$$\lim_{k\to\infty}\|\boldsymbol{x}^{(k)}-\boldsymbol{x}^*\|_\infty=0\Leftrightarrow\lim_{k\to\infty}\|\boldsymbol{x}^{(k)}-\boldsymbol{x}^*\|=0$$

例 1 计算向量 $\boldsymbol{x}=(-5,1,3)^{\mathrm{T}}$ 的常用范数.

解 $\|\boldsymbol{x}\|_\infty=5$，$\|\boldsymbol{x}\|_1=9$，$\|\boldsymbol{x}\|_2=\sqrt{35}$.

4.1.3 矩阵范数和矩阵序列的极限

定义 4（矩阵范数） 在 $\mathbf{R}^{n\times n}$ 中定义了实值函数，记为 $\|\cdot\|$，对所有 $\boldsymbol{A},\boldsymbol{B}\in\mathbf{R}^{n\times n}$，以及 $\lambda\in\mathbf{R}$，若满足以下条件：

（1）$\|\boldsymbol{A}\|\geqslant 0$，当且仅当 $\boldsymbol{A}=\boldsymbol{O}$ 时，$\|\boldsymbol{A}\|=0$（非负性）；

（2）$\|\lambda\boldsymbol{A}\|=|\lambda|\cdot\|\boldsymbol{A}\|$（齐次性）；

（3）$\|\boldsymbol{A}+\boldsymbol{B}\|\leqslant\|\boldsymbol{A}\|+\|\boldsymbol{B}\|$（三角不等式）；

（4）$\|\boldsymbol{AB}\|\leqslant\|\boldsymbol{A}\|\cdot\|\boldsymbol{B}\|$.

则称 $\|\boldsymbol{A}\|$ 为矩阵 $\boldsymbol{A}$ 的范数.

在大多数与估计有关的问题中，矩阵和向量会同时参与讨论. 设有矩阵范数 $\|\cdot\|_{\mathrm{s}}$ 和向量范数 $\|\cdot\|_{\mathrm{t}}$，如果对任意向量 $\boldsymbol{x}\in\mathbf{R}^n$ 及矩阵 $\boldsymbol{A}\in\mathbf{R}^{n\times n}$，有

$$\|\boldsymbol{Ax}\|_{\mathrm{t}}\leqslant\|\boldsymbol{A}\|_{\mathrm{s}}\cdot\|\boldsymbol{x}\|_{\mathrm{t}}$$

都成立，则称矩阵范数 $\|\cdot\|_{\mathrm{s}}$ 和向量范数 $\|\cdot\|_{\mathrm{t}}$ **相容**. 为了保证矩阵范数和向量范数相容，最常用的矩阵范数是由相应向量范数导出的.

定理 4 设 $\|\cdot\|$ 是 $\mathbf{R}^n$ 中的向量范数，对于任意 $\boldsymbol{A}\in\mathbf{R}^{n\times n}$，若定义

$$\|\boldsymbol{A}\|=\max_{\|\boldsymbol{x}\|=1}\|\boldsymbol{Ax}\|\tag{4.1}$$

则 $\|\boldsymbol{A}\|$ 是矩阵 $\boldsymbol{A}$ 的范数. 如此得到的矩阵范数 $\|\cdot\|$ 称为向量范数 $\|\cdot\|$ 的**从属范数**，它与向量范数 $\|\cdot\|$ 相容，即有

$$\|\boldsymbol{Ax}\|\leqslant\|\boldsymbol{A}\|\cdot\|\boldsymbol{x}\|\tag{4.2}$$

证明 先证明式（4.2）．由定义，对任意 $\boldsymbol{x} \neq \boldsymbol{0}$，有

$$\frac{\|\boldsymbol{Ax}\|}{\|\boldsymbol{x}\|} \leqslant \|\boldsymbol{A}\|$$

从而式（4.2）成立；而当 $\boldsymbol{x}=\boldsymbol{0}$ 时，式（4.2）显然成立.

下面验证 $\|\boldsymbol{A}\|$ 满足矩阵范数条件：

（1）显然 $\|\boldsymbol{A}\| \geqslant 0$，并且 $\boldsymbol{A}=\boldsymbol{O}$ 时 $\|\boldsymbol{A}\|=0$．其次，若 $\|\boldsymbol{A}\|=0$，则由式（4.2），对于任意 $\boldsymbol{x} \in \mathbf{R}^n$，$\|\boldsymbol{Ax}\|=0$，因而 $\boldsymbol{A}=\boldsymbol{O}$.

（2）对于任意 $\alpha \in \mathbf{R}$，有

$$\|\alpha \boldsymbol{A}\| = \max_{\|\boldsymbol{x}\|=1} \|\alpha \boldsymbol{Ax}\| = |\alpha| \cdot \max_{\|\boldsymbol{x}\|=1} \|\boldsymbol{Ax}\| = |\alpha| \cdot \|\boldsymbol{A}\|$$

（3）设 $\boldsymbol{A},\boldsymbol{B} \in \mathbf{R}^{n\times n}$，有

$$\|\boldsymbol{A}+\boldsymbol{B}\| = \max_{\|\boldsymbol{x}\|=1} \|(\boldsymbol{A}+\boldsymbol{B})\boldsymbol{x}\| \leqslant \max_{\|\boldsymbol{x}\|=1} \|\boldsymbol{Ax}\| + \max_{\|\boldsymbol{x}\|=1} \|\boldsymbol{Bx}\| = \|\boldsymbol{A}\| + \|\boldsymbol{B}\|$$

（4）设 $\boldsymbol{A},\boldsymbol{B} \in \mathbf{R}^{n\times n}$，有

$$\|\boldsymbol{AB}\| = \max_{\|\boldsymbol{x}\|=1} \|(\boldsymbol{AB})\boldsymbol{x}\| \leqslant \|\boldsymbol{A}\| \cdot \max_{\|\boldsymbol{x}\|=1} \|\boldsymbol{Bx}\| = \|\boldsymbol{A}\| \cdot \|\boldsymbol{B}\|$$

因此，$\|\boldsymbol{A}\|$ 是矩阵 $\boldsymbol{A}$ 的范数.

设矩阵 $\boldsymbol{A}=(a_{ij}) \in \mathbf{R}^{n\times n}$，下面给出几种常用的矩阵范数.

∞-范数（行范数）：

$$\|\boldsymbol{A}\|_\infty = \max_{1\leqslant i\leqslant n} \sum_{j=1}^{n} |a_{ij}|$$

它是从属于向量的 ∞-范数的矩阵范数.

1-范数（列范数）：

$$\|\boldsymbol{A}\|_1 = \max_{1\leqslant j\leqslant n} \sum_{i=1}^{n} |a_{ij}|$$

它是从属于向量的 1-范数的矩阵范数.

2-范数（谱范数）：

$$\|\boldsymbol{A}\|_2 = \sqrt{\lambda_{\max}(\boldsymbol{A}^{\mathrm{T}}\boldsymbol{A})}$$

式中，$\boldsymbol{A}^{\mathrm{T}}$ 为 $\boldsymbol{A}$ 的转置矩阵，$\lambda_{\max}(\boldsymbol{A}^{\mathrm{T}}\boldsymbol{A})$ 为矩阵 $\boldsymbol{A}^{\mathrm{T}}\boldsymbol{A}$ 的最大特征值，它是从属于向量的 2-范数的矩阵范数.

F-范数：

$$\|\boldsymbol{A}\|_{\mathrm{F}} = \left(\sum_{i,j=1}^{n} a_{ij}^2\right)^{\frac{1}{2}}$$

它是与向量的 2-范数相容的矩阵范数，但不是从属范数.

例 2 设 $\boldsymbol{A}=\begin{pmatrix} 2 & 1 \\ -1 & 0 \end{pmatrix}$，计算 $\boldsymbol{A}$ 的常用范数.

解 $\|\boldsymbol{A}\|_\infty = 3$，$\|\boldsymbol{A}\|_1 = 3$，$\|\boldsymbol{A}\|_2 = \sqrt{2}+1$，$\|\boldsymbol{A}\|_{\mathrm{F}} = \sqrt{6}$.

定义 5（矩阵序列的极限） 设有矩阵序列 $\boldsymbol{A}_k=(a_{ij}^{(k)})\in\mathbf{R}^{n\times n}$，如果存在 $\boldsymbol{A}=(a_{ij})\in\mathbf{R}^{n\times n}$，使

$$\lim_{k\to\infty}a_{ij}^{(k)}=a_{ij}\,,\qquad i,j=1,2,\cdots,n$$

则称矩阵序列 $\{\boldsymbol{A}_k\}$ 收敛于 $\boldsymbol{A}$，记为

$$\lim_{k\to\infty}\boldsymbol{A}_k=\boldsymbol{A}$$

定理 5 $\lim\limits_{k\to\infty}\boldsymbol{A}_k=\boldsymbol{A}$ 的充要条件是 $\lim\limits_{k\to\infty}\|\boldsymbol{A}_k-\boldsymbol{A}\|=0$，式中，$\|\cdot\|$ 为矩阵的任意一种范数.

定义 6（谱半径） 矩阵 $\boldsymbol{A}\in\mathbf{R}^{n\times n}$ 的特征值按模最大值称为 $\boldsymbol{A}$ 的**谱半径**，记为 $\rho(\boldsymbol{A})$，即 $\rho(\boldsymbol{A})=\max\limits_{1\leqslant i\leqslant n}|\lambda_i|$，式中，$\lambda_i$ 是 $\boldsymbol{A}$ 的特征值.

由谱半径的定义，矩阵的 2-范数可记为

$$\|\boldsymbol{A}\|_2=\sqrt{\rho(\boldsymbol{A}^{\mathrm{T}}\boldsymbol{A})}$$

特别当 $\boldsymbol{A}$ 是实对称矩阵时，有

$$\|\boldsymbol{A}\|_2=\sqrt{\rho(\boldsymbol{A}^{\mathrm{T}}\boldsymbol{A})}=\sqrt{\rho(\boldsymbol{A}^2)}=\rho(\boldsymbol{A})$$

此时，$\boldsymbol{A}$ 的 2-范数与该矩阵的谱半径相等.

定理 6 对任意 $\boldsymbol{A}\in\mathbf{R}^{n\times n}$，$\|\cdot\|$ 为任意一种矩阵范数，则有

$$\rho(\boldsymbol{A})\leqslant\|\boldsymbol{A}\|$$

证明 设 λ 是 $\boldsymbol{A}$ 的任意特征值，$\boldsymbol{x}$ 为相应的特征向量，则 $\boldsymbol{A}\boldsymbol{x}=\lambda\boldsymbol{x}$. 由式（4.2）得

$$|\lambda|\cdot\|\boldsymbol{x}\|=\|\lambda\boldsymbol{x}\|=\|\boldsymbol{A}\boldsymbol{x}\|\leqslant\|\boldsymbol{A}\|\cdot\|\boldsymbol{x}\|$$

即 $|\lambda|\leqslant\|\boldsymbol{A}\|$. 由 λ 的任意性得 $\rho(\boldsymbol{A})\leqslant\|\boldsymbol{A}\|$.

定理 7 对于任意 $\boldsymbol{A}\in\mathbf{R}^{n\times n}$，$\lim\limits_{k\to\infty}\boldsymbol{A}^k=\boldsymbol{O}$ 的充分必要条件是 $\rho(\boldsymbol{A})<1$.

证明 必要性. 设有特征值 λ 满足 $|\lambda|\geqslant1$，相应特征向量 $\boldsymbol{x}\neq\boldsymbol{0}$，则对任意正整数 k，有 $\boldsymbol{A}^k\boldsymbol{x}=\lambda^k\boldsymbol{x}$，故 $\boldsymbol{A}^k\boldsymbol{x}$ 不趋于 $\boldsymbol{0}$，与 $\lim\limits_{k\to\infty}\boldsymbol{A}^k=\boldsymbol{O}$ 矛盾，故 $\rho(\boldsymbol{A})<1$.

充分性. 证明见文献[5].

定理 8 若 $\|\boldsymbol{A}\|<1$，则 $\boldsymbol{E}\pm\boldsymbol{A}$ 是非奇异的，且

$$\|(\boldsymbol{E}\pm\boldsymbol{A})^{-1}\|\leqslant\frac{1}{1-\|\boldsymbol{A}\|}$$

证明 用反证法. 若 $\det(\boldsymbol{E}\pm\boldsymbol{A})=0$，则 $(\boldsymbol{E}\pm\boldsymbol{A})\boldsymbol{x}=\boldsymbol{0}$ 有非零解，即存在 $\bar{\boldsymbol{x}}\neq\boldsymbol{0}$，使 $\boldsymbol{A}\bar{\boldsymbol{x}}=\mp\bar{\boldsymbol{x}}$，$\dfrac{\|\boldsymbol{A}\bar{\boldsymbol{x}}\|}{\|\bar{\boldsymbol{x}}\|}=1$，故 $\|\boldsymbol{A}\|\geqslant1$，与假设矛盾，因此 $\boldsymbol{E}\pm\boldsymbol{A}$ 是非奇异的. 又由 $(\boldsymbol{E}\pm\boldsymbol{A})(\boldsymbol{E}\pm\boldsymbol{A})^{-1}=\boldsymbol{E}$，有

$$(\boldsymbol{E}\pm\boldsymbol{A})^{-1}=\boldsymbol{E}\mp\boldsymbol{A}(\boldsymbol{E}\pm\boldsymbol{A})^{-1}$$

从而有

$$\|(\boldsymbol{E}\pm\boldsymbol{A})^{-1}\|\leqslant\|\boldsymbol{E}\|+\|\boldsymbol{A}\|\,\|(\boldsymbol{E}\pm\boldsymbol{A})^{-1}\|$$

即

$$\|(\boldsymbol{E}\pm\boldsymbol{A})^{-1}\|\leqslant\frac{1}{1-\|\boldsymbol{A}\|}$$

4.1.4　方程组的性态与矩阵的条件数

在实际问题中提出的线性方程组 $\boldsymbol{A}\boldsymbol{x}=\boldsymbol{b}$，由于系数矩阵 $\boldsymbol{A}$ 或常数矩阵 $\boldsymbol{b}$ 的数据往往是从观测或实验中得到的，因而存在一定的误差，这个误差的微小变化即扰动，可能会对线性方

程组的解产生影响. 例如，线性方程组：

$$\begin{cases} 2x_1 + 6x_2 = 8 \\ 2x_1 + 6.00001x_2 = 8.00001 \end{cases}$$

其解为 $x_1 = x_2 = 1$，当系数和右端项发生微小变化时，考虑扰动后的方程组为

$$\begin{cases} 2x_1 + 6x_2 = 8 \\ 2x_1 + 5.99999x_2 = 8.00002 \end{cases}$$

其解为 $x_1 = 10$，$x_2 = -2$. 这两个方程组仅数据有微小的变化，但两者的解大不相同，这种现象的出现是由方程组的性态决定的.

定义 7（病态矩阵） 如果 $\boldsymbol{A}$ 或 $\boldsymbol{b}$ 的微小变化（$\delta\boldsymbol{A}$ 或 $\delta\boldsymbol{b}$）引起线性方程组 $\boldsymbol{Ax}=\boldsymbol{b}$ 的解 $\boldsymbol{x}$ 有巨大变化，则称此线性方程组 $\boldsymbol{Ax}=\boldsymbol{b}$ 为**病态方程组**，矩阵 $\boldsymbol{A}$ 称为**病态矩阵**，否则称线性方程组为**良态方程组**，矩阵 $\boldsymbol{A}$ 为**良态矩阵**.

定理 9 设 $\boldsymbol{A}$ 为非奇异矩阵，$\boldsymbol{Ax} = \boldsymbol{b} \neq \boldsymbol{0}$，且 $(\boldsymbol{A} + \delta\boldsymbol{A})(\boldsymbol{x} + \delta\boldsymbol{x}) = \boldsymbol{b}$，若 $\|\boldsymbol{A}^{-1}\delta\boldsymbol{A}\| < 1$，则

$$\frac{\|\delta\boldsymbol{x}\|}{\|\boldsymbol{x}\|} \leqslant \frac{\|\boldsymbol{A}\| \cdot \|\boldsymbol{A}^{-1}\| \cdot \dfrac{\|\delta\boldsymbol{A}\|}{\|\boldsymbol{A}\|}}{1 - \|\boldsymbol{A}\| \cdot \|\boldsymbol{A}^{-1}\| \cdot \dfrac{\|\delta\boldsymbol{A}\|}{\|\boldsymbol{A}\|}}$$

证明 根据定理 8，当 $\|\boldsymbol{A}^{-1}\delta\boldsymbol{A}\| < 1$ 时，$\boldsymbol{A} + \delta\boldsymbol{A} = \boldsymbol{A}(\boldsymbol{E} + \boldsymbol{A}^{-1}\delta\boldsymbol{A})$ 非奇异，并且

$$\|(\boldsymbol{A} + \delta\boldsymbol{A})^{-1}\| \leqslant \frac{\|\boldsymbol{A}^{-1}\|}{1 - \|\boldsymbol{A}^{-1}\delta\boldsymbol{A}\|} \tag{4.3}$$

又由 $\boldsymbol{Ax} = \boldsymbol{b}$ 和 $(\boldsymbol{A} + \delta\boldsymbol{A})(\boldsymbol{x} + \delta\boldsymbol{x}) = \boldsymbol{b}$，可得

$$\delta\boldsymbol{x} = -(\boldsymbol{A} + \delta\boldsymbol{A})^{-1}\delta\boldsymbol{A}\boldsymbol{x} \tag{4.4}$$

由式（4.3）和式（4.4），可得

$$\frac{\|\delta\boldsymbol{x}\|}{\|\boldsymbol{x}\|} \leqslant \|\delta\boldsymbol{A}\| \cdot \|(\boldsymbol{A} + \delta\boldsymbol{A})^{-1}\| \leqslant \frac{\|\boldsymbol{A}\| \cdot \|\boldsymbol{A}^{-1}\| \cdot \dfrac{\|\delta\boldsymbol{A}\|}{\|\boldsymbol{A}\|}}{1 - \|\boldsymbol{A}\| \cdot \|\boldsymbol{A}^{-1}\| \cdot \dfrac{\|\delta\boldsymbol{A}\|}{\|\boldsymbol{A}\|}}$$

定理 10 设 $\boldsymbol{A}$ 为非奇异矩阵，$\boldsymbol{Ax} = \boldsymbol{b} \neq \boldsymbol{0}$，且 $\boldsymbol{A}(\boldsymbol{x} + \delta\boldsymbol{x}) = \boldsymbol{b} + \delta\boldsymbol{b}$，则

$$\frac{\|\delta\boldsymbol{x}\|}{\|\boldsymbol{x}\|} \leqslant \|\boldsymbol{A}\| \cdot \|\boldsymbol{A}^{-1}\| \cdot \frac{\|\delta\boldsymbol{b}\|}{\|\boldsymbol{b}\|}$$

该定理的证明与定理 9 类似，这里不再赘述.

由定理 9 和定理 10 结论可知，$\|\boldsymbol{A}\| \cdot \|\boldsymbol{A}^{-1}\|$ 越小，由 $\boldsymbol{A}$ 或 $\boldsymbol{b}$ 的相对误差引起解的相对误差就会越小；反之，$\|\boldsymbol{A}\| \cdot \|\boldsymbol{A}^{-1}\|$ 越大，解的相对误差就会越大. 因此，$\|\boldsymbol{A}\| \cdot \|\boldsymbol{A}^{-1}\|$ 刻画了解对原始数据变化的敏感程度，称为 $\boldsymbol{A}$ 的**条件数**，记为

$$\operatorname{cond}(\boldsymbol{A}) = \|\boldsymbol{A}\| \cdot \|\boldsymbol{A}^{-1}\|$$

当条件数很大时，该矩阵为病态矩阵，对应的线性方程组为病态方程组，求解病态方程组一般比较困难.

常用矩阵的条件数如下：

（1）$\operatorname{cond}(\boldsymbol{A})_\infty = \|\boldsymbol{A}\|_\infty \cdot \|\boldsymbol{A}^{-1}\|_\infty$；

（2）$\operatorname{cond}(\boldsymbol{A})_2 = \|\boldsymbol{A}\|_2 \cdot \|\boldsymbol{A}^{-1}\|_2 = \sqrt{\dfrac{\lambda_{\max}(\boldsymbol{A}^{\mathrm{T}}\boldsymbol{A})}{\lambda_{\min}(\boldsymbol{A}^{\mathrm{T}}\boldsymbol{A})}}$，式中，$\lambda_{\max}(\boldsymbol{A}^{\mathrm{T}}\boldsymbol{A})$ 和 $\lambda_{\min}(\boldsymbol{A}^{\mathrm{T}}\boldsymbol{A})$ 分别为半正定矩阵 $\boldsymbol{A}^{\mathrm{T}}\boldsymbol{A}$ 的最大和最小特征值，特别当 $\boldsymbol{A}$ 是实对称矩阵时，$\operatorname{cond}(\boldsymbol{A})_2 = \left|\dfrac{\lambda_{\max}(\boldsymbol{A})}{\lambda_{\min}(\boldsymbol{A})}\right|$.

4.2　简单迭代法

简单迭代法的基本思想是从任意给定的初始向量 $\boldsymbol{x}^{(0)}$ 出发，按某个递推公式迭代计算，构造出一个向量序列 $\{\boldsymbol{x}^{(k)}\}$，使其收敛于方程组 $\boldsymbol{Ax}=\boldsymbol{b}$ 的精确解 $\boldsymbol{x}^*$.

4.2.1　简单迭代法的基本构造

简单迭代法

考虑线性方程组：

$$\boldsymbol{Ax}=\boldsymbol{b} \tag{4.5}$$

式中，$\boldsymbol{A}=(a_{ij})\in\mathbf{R}^{n\times n}$ 为非奇异矩阵，$\boldsymbol{b}\in\mathbf{R}^n$. 为构造迭代法，将方程组（4.5）改写成等价形式：

$$\boldsymbol{x}=\boldsymbol{Bx}+\boldsymbol{f} \tag{4.6}$$

从而建立迭代公式：

$$\boldsymbol{x}^{(k+1)}=\boldsymbol{Bx}^{(k)}+\boldsymbol{f},\qquad k=0,1,2,\cdots \tag{4.7}$$

式中，$\boldsymbol{B}$ 称为**迭代矩阵**. 当给定初始向量 $\boldsymbol{x}^{(0)}$ 后，按上述格式进行迭代，得到方程组近似解的迭代向量序列 $\{\boldsymbol{x}^{(k)}\}$，若 $\{\boldsymbol{x}^{(k)}\}$ 收敛，即

$$\lim_{k\to\infty}\boldsymbol{x}^{(k)}=\boldsymbol{x}^*$$

则 $\boldsymbol{x}^*$ 为方程组（4.5）的解.

通过适当构造迭代公式（4.7），产生近似于 $\boldsymbol{x}^*$ 的序列 $\{\boldsymbol{x}^{(k)}\}$ 的算法称为**简单迭代法**. 简单迭代法研究的主要内容如下：

（1）迭代法收敛的条件；

（2）若迭代收敛，则 k 取何值时 $\boldsymbol{x}^{(k)}$ 可作为满足精度的近似解；

（3）研究使迭代法收敛速度更快的方法.

4.2.2　迭代法的收敛性

考虑迭代公式（4.7），由于 $\boldsymbol{x}^*$ 是 $\boldsymbol{Ax}=\boldsymbol{b}$ 的唯一解，故有

$$\boldsymbol{x}^*=\boldsymbol{Bx}^*+\boldsymbol{f} \tag{4.8}$$

式（4.7）和式（4.8）相减，得误差向量 $\boldsymbol{x}^{(k)}-\boldsymbol{x}^*$，满足下列迭代关系：

$$\boldsymbol{x}^{(k+1)}-\boldsymbol{x}^*=\boldsymbol{B}(\boldsymbol{x}^{(k)}-\boldsymbol{x}^*),\qquad k=0,1,2,\cdots$$

由此递推得

$$\boldsymbol{x}^{(k+1)}-\boldsymbol{x}^*=\boldsymbol{B}^{k+1}(\boldsymbol{x}^{(0)}-\boldsymbol{x}^*),\qquad k=0,1,2,\cdots \tag{4.9}$$

根据式（4.9）可以判断，对任意 $\boldsymbol{x}^{(0)}$，当 $k\to\infty$ 时，$\boldsymbol{x}^{(k)}-\boldsymbol{x}^*\to\boldsymbol{0}$，即 $\boldsymbol{x}^{(k)}\to\boldsymbol{x}^*$ 的充分必要条件是 $\boldsymbol{B}^k\to\boldsymbol{O}$，由定理 7 可得迭代法收敛的充分必要条件.

定理 11（迭代法基本定理） 对任意给定初始向量 $\boldsymbol{x}^{(0)}$，迭代公式 $\boldsymbol{x}^{(k+1)}=\boldsymbol{B}\boldsymbol{x}^{(k)}+\boldsymbol{f}$ 收敛的充分必要条件是 $\rho(\boldsymbol{B})<1$.

例 3 考察迭代公式 $\boldsymbol{x}^{(k+1)}=\boldsymbol{B}\boldsymbol{x}^{(k)}+\boldsymbol{f}$ 的收敛性，式中，

$$\boldsymbol{B}=\begin{pmatrix}1 & -1\\ -2 & 0\end{pmatrix},\quad \boldsymbol{f}=\begin{pmatrix}2\\ 2\end{pmatrix}$$

解 迭代矩阵的特征方程为 $\det(\lambda\boldsymbol{E}-\boldsymbol{B})=\lambda^2-\lambda-2=0$，特征值为 $\lambda_1=-1$，$\lambda_2=2$，故 $\rho(\boldsymbol{B})=2>1$，这说明该迭代公式不收敛.

定理 11 所给出的充要条件，在判断迭代法是否收敛时，计算量较大，若仅需判断迭代法是否收敛，给出充分条件即可. 由定理 6 可得迭代法收敛的充分条件.

定理 12（迭代法收敛的充分条件） 若迭代矩阵 $\boldsymbol{B}$ 的某一种范数 $\|\boldsymbol{B}\|<1$，则迭代公式(4.7)收敛.

注意，当定理 12 中条件 $\|\boldsymbol{B}\|<1$ 对任意范数均不成立时，迭代序列仍有可能收敛.

例 4 用简单迭代法求解方程组 $\boldsymbol{x}=\boldsymbol{B}\boldsymbol{x}+\boldsymbol{f}$，式中，$\boldsymbol{B}=\begin{pmatrix}0.9 & 0\\ 0.3 & 0.8\end{pmatrix}$，$\boldsymbol{f}=\begin{pmatrix}1\\ 2\end{pmatrix}$. 要求当 $\|\boldsymbol{x}^{(k)}-\boldsymbol{x}^*\|_\infty<10^{-3}$ 时，计算终止.

解 $\|\boldsymbol{B}\|_\infty=1.1$，$\|\boldsymbol{B}\|_1=1.2$，$\|\boldsymbol{B}\|_2=1.021$，$\|\boldsymbol{B}\|_F=\sqrt{1.54}$，虽然 $\|\boldsymbol{B}\|>1$，但 $\boldsymbol{B}$ 的谱半径为 $\rho(\boldsymbol{B})=0.9<1$，由定理 11 可得，此方程组的迭代公式 $\boldsymbol{x}^{(k+1)}=\boldsymbol{B}\boldsymbol{x}^{(k)}+\boldsymbol{f}$ 还是收敛的.

方程组的精确解为 $\boldsymbol{x}^*=(10,25)^{\mathrm{T}}$，取初始向量 $\boldsymbol{x}^{(0)}=(0,0)^{\mathrm{T}}$，利用迭代公式 $\boldsymbol{x}^{(k+1)}=\boldsymbol{B}\boldsymbol{x}^{(k)}+\boldsymbol{f}$，计算结果见表 4-1.

表 4-1 例 4 计算结果

k	$\boldsymbol{x}^{(k)}$	$\|\boldsymbol{x}^{(k)}-\boldsymbol{x}^*\|_\infty$
0	$(0,0)^{\mathrm{T}}$	25
10	$(6.513216,15.076516)^{\mathrm{T}}$	10.518230
20	$(8.784233,21.410346)^{\mathrm{T}}$	3.789947
30	$(9.576088,23.734455)^{\mathrm{T}}$	1.334655
40	$(9.852191,24.557238)^{\mathrm{T}}$	0.466782
50	$(9.948462,24.845458)^{\mathrm{T}}$	0.162908
60	$(9.982030,24.946097)^{\mathrm{T}}$	0.056819
70	$(9.993734,24.981203)^{\mathrm{T}}$	0.019813
80	$(9.997815,24.993446)^{\mathrm{T}}$	0.006908
90	$(9.999238,24.997715)^{\mathrm{T}}$	0.002408
100	$(9.999734,24.999203)^{\mathrm{T}}$	0.000840

由于满足 $\|\boldsymbol{x}^{(100)}-\boldsymbol{x}^*\|_\infty<10^{-3}$，故方程组的近似解为 $\boldsymbol{x}^{(100)}=(9.999734,24.999203)^{\mathrm{T}}$.

4.2.3 迭代法收敛的误差估计

定理 13 当$\|\boldsymbol{B}\|<1$时，由迭代公式（4.7）所定义的近似序列$\{\boldsymbol{x}^{(k)}\}$满足如下估计式

$$\|\boldsymbol{x}^{(k)}-\boldsymbol{x}^*\|\leqslant\frac{\|\boldsymbol{B}\|}{1-\|\boldsymbol{B}\|}\|\boldsymbol{x}^{(k)}-\boldsymbol{x}^{(k-1)}\| \tag{4.10}$$

$$\|\boldsymbol{x}^{(k)}-\boldsymbol{x}^*\|\leqslant\frac{\|\boldsymbol{B}\|^k}{1-\|\boldsymbol{B}\|}\|\boldsymbol{x}^{(1)}-\boldsymbol{x}^{(0)}\| \tag{4.11}$$

证明

$$\begin{aligned}\|\boldsymbol{x}^{(k)}-\boldsymbol{x}^*\|&=\|\boldsymbol{x}^{(k)}-\boldsymbol{x}^{(k+1)}+\boldsymbol{x}^{(k+1)}-\boldsymbol{x}^*\|\\&\leqslant\|\boldsymbol{x}^{(k)}-\boldsymbol{x}^{(k+1)}\|+\|\boldsymbol{x}^{(k+1)}-\boldsymbol{x}^*\|\\&\leqslant\|\boldsymbol{B}\|\cdot\|\boldsymbol{x}^{(k)}-\boldsymbol{x}^{(k-1)}\|+\|\boldsymbol{B}\|\cdot\|\boldsymbol{x}^{(k)}-\boldsymbol{x}^*\|\end{aligned}$$

误差估计

整理上式得

$$\|\boldsymbol{x}^{(k)}-\boldsymbol{x}^*\|\leqslant\frac{\|\boldsymbol{B}\|}{1-\|\boldsymbol{B}\|}\|\boldsymbol{x}^{(k)}-\boldsymbol{x}^{(k-1)}\|$$

式（4.10）得证. 反复递推式（4.10），可得式（4.11）.

说明：

（1）由式（4.10）可知，当$\|\boldsymbol{x}^{(k)}-\boldsymbol{x}^{(k-1)}\|<\varepsilon$（$\varepsilon$ 为预给精度）时，有

$$\|\boldsymbol{x}^{(k)}-\boldsymbol{x}^*\|\leqslant\frac{\|\boldsymbol{B}\|}{1-\|\boldsymbol{B}\|}\varepsilon$$

因此在迭代过程中可用$\|\boldsymbol{x}^{(k)}-\boldsymbol{x}^{(k-1)}\|<\varepsilon$作为迭代终止的标准.

（2）利用式（4.11）可事先确定需要迭代多少次才能保证$\|\boldsymbol{x}^{(k)}-\boldsymbol{x}^*\|<\varepsilon$.

（3）由式（4.11）可判断，$\|\boldsymbol{B}\|$越小，迭代收敛得越快. 根据定理 6 中谱半径与范数之间的关系可知，$\boldsymbol{B}$ 的谱半径 $\rho(\boldsymbol{B})$ 越小，迭代收敛得越快. 为刻画迭代法收敛速度的快慢，定义

$$R(\boldsymbol{B})=-\ln\rho(\boldsymbol{B})$$

为迭代公式（4.7）的**渐近收敛速度**. $R(\boldsymbol{B})$ 反映了迭代次数趋于无穷大时迭代法的渐近性质，它与迭代次数及 $\boldsymbol{B}$ 取何种范数无关. $\rho(\boldsymbol{B})$ 的值越小，$-\ln\rho(\boldsymbol{B})$ 越大，迭代收敛速度越快.

4.3 雅可比迭代法和高斯-赛德尔迭代法

设 $\boldsymbol{A}=(a_{ij})\in\mathbf{R}^{n\times n}$ 为非奇异矩阵，$a_{ii}\neq0$（$i=1,2,\cdots,n$）. 将矩阵 $\boldsymbol{A}$ 写成如下形式：

$$\boldsymbol{A}=\boldsymbol{D}+\boldsymbol{L}+\boldsymbol{U} \tag{4.12}$$

式中，$\boldsymbol{D}$ 是由 $\boldsymbol{A}$ 的对角元素组成的对角矩阵，$\boldsymbol{L}$ 和 $\boldsymbol{U}$ 分别为 $\boldsymbol{A}$ 的严格下三角和严格上三角部分构成的严格三角矩阵.

本节介绍两种经典简单迭代法：雅可比（Jacobi）迭代法和高斯-赛德尔（Gauss-Seidel）迭代法.

雅可比和高斯-赛德尔迭代法

4.3.1 雅可比迭代法

将线性方程组（4.5）改写成等价方程组：

$$\begin{cases} x_1 = -\dfrac{1}{a_{11}}(a_{12}x_2 + a_{13}x_3 + \cdots + a_{1n}x_n - b_1) \\ x_2 = -\dfrac{1}{a_{22}}(a_{21}x_1 + a_{23}x_3 + \cdots + a_{2n}x_n - b_2) \\ \quad\vdots \\ x_n = -\dfrac{1}{a_{nn}}(a_{n1}x_1 + a_{n2}x_2 + \cdots + a_{n,n-1}x_{n-1} - b_n) \end{cases} \tag{4.13}$$

构造相应的迭代公式：

$$\begin{cases} x_1^{(k+1)} = -\dfrac{1}{a_{11}}(a_{12}x_2^{(k)} + a_{13}x_3^{(k)} + \cdots + a_{1n}x_n^{(k)} - b_1) \\ x_2^{(k+1)} = -\dfrac{1}{a_{22}}(a_{21}x_1^{(k)} + a_{23}x_3^{(k)} + \cdots + a_{2n}x_n^{(k)} - b_2) \\ \quad\vdots \\ x_n^{(k+1)} = -\dfrac{1}{a_{nn}}(a_{n1}x_1^{(k)} + a_{n2}x_2^{(k)} + \cdots + a_{n,n-1}x_{n-1}^{(k)} - b_n) \end{cases} \tag{4.14}$$

式（4.14）称为解线性方程组（4.5）的雅可比迭代公式. 利用式（4.12）可得式（4.14）的矩阵形式为

$$\boldsymbol{x}^{(k+1)} = -\boldsymbol{D}^{-1}(\boldsymbol{L}+\boldsymbol{U})\boldsymbol{x}^{(k)} + \boldsymbol{D}^{-1}\boldsymbol{b}\,, \qquad k = 0,1,2,\cdots \tag{4.15}$$

其中雅可比迭代矩阵为

$$\boldsymbol{B}_J = -\boldsymbol{D}^{-1}(\boldsymbol{L}+\boldsymbol{U}) = -\boldsymbol{D}^{-1}(\boldsymbol{A}-\boldsymbol{D}) = \boldsymbol{E} - \boldsymbol{D}^{-1}\boldsymbol{A}$$

式（4.15）可用于判断迭代法的收敛性，但在计算中需要用雅可比迭代公式的分量形式：

$$x_i^{(k+1)} = -\frac{1}{a_{ii}}\left(\sum_{j=1}^{i-1} a_{ij}x_j^{(k)} + \sum_{j=i+1}^{n} a_{ij}x_j^{(k)} - b_i\right), \qquad i = 1,2,\cdots,n\,, \quad k = 0,1,2,\cdots \tag{4.16}$$

雅可比迭代法的计算步骤如下：

（1）读入数据 $\boldsymbol{A}$ 和 $\boldsymbol{b}$，任取初始向量 $\boldsymbol{x}^{(0)} = (x_1^{(0)}, x_2^{(0)}, \cdots, x_n^{(0)})^{\mathrm{T}}$.

（2）利用式（4.16）计算 $x_i^{(k+1)}$（$i = 1,2,\cdots,n$）.

（3）若 $\|\boldsymbol{x}^{(k+1)} - \boldsymbol{x}^{(k)}\| < \varepsilon$（给定精度），则计算终止，$\boldsymbol{x}^{(k+1)}$ 为所求近似解；否则 $k \to k+1$，转步骤（2）继续迭代.

例 5 利用雅可比迭代法求解线性方程组：

$$\begin{cases} 8x_1 - 3x_2 + 2x_3 = 20 \\ 4x_1 + 11x_2 - x_3 = 33 \\ 6x_1 + 3x_2 + 12x_3 = 36 \end{cases}$$

当 $\|\boldsymbol{x}^{(k+1)} - \boldsymbol{x}^{(k)}\|_2 < 10^{-3}$ 时，计算终止.

解 记原方程组为 $\boldsymbol{A}\boldsymbol{x} = \boldsymbol{b}$，式中，

$$A=\begin{pmatrix}8&-3&2\\4&11&-1\\6&3&12\end{pmatrix},\quad x=\begin{pmatrix}x_1\\x_2\\x_3\end{pmatrix},\quad b=\begin{pmatrix}20\\33\\36\end{pmatrix}$$

该方程组等价于

$$\begin{cases}x_1=\dfrac{1}{8}(3x_2-2x_3+20)\\x_2=\dfrac{1}{11}(-4x_1+x_3+33)\\x_3=\dfrac{1}{12}(-6x_1-3x_2+36)\end{cases}$$

对应的雅可比迭代公式的分量形式为

$$\begin{cases}x_1^{(k+1)}=\dfrac{1}{8}(3x_2^{(k)}-2x_3^{(k)}+20)\\x_2^{(k+1)}=\dfrac{1}{11}(-4x_1^{(k)}+x_3^{(k)}+33)\\x_3^{(k+1)}=\dfrac{1}{12}(-6x_1^{(k)}-3x_2^{(k)}+36)\end{cases}$$

对应的矩阵形式为

$$\boldsymbol{x}^{(k+1)}=\boldsymbol{B}_J\boldsymbol{x}^{(k)}+\boldsymbol{f}$$

式中，$\boldsymbol{B}_J=\boldsymbol{E}-\boldsymbol{D}^{-1}\boldsymbol{A}=\begin{pmatrix}0&\dfrac{3}{8}&-\dfrac{2}{8}\\-\dfrac{4}{11}&0&\dfrac{1}{11}\\-\dfrac{6}{12}&-\dfrac{3}{12}&0\end{pmatrix}$，$\boldsymbol{f}=\boldsymbol{D}^{-1}\boldsymbol{b}=\begin{pmatrix}\dfrac{20}{8}\\\dfrac{33}{11}\\\dfrac{36}{12}\end{pmatrix}$.

取初始向量 $\boldsymbol{x}^{(0)}=(0,0,0)^{\mathrm{T}}$，按雅可比迭代公式进行迭代，计算结果见表 4-2.

表 4-2　例 5 计算结果

k	$x_1^{(k)}$	$x_2^{(k)}$	$x_3^{(k)}$	$\\|\boldsymbol{x}^{(k)}-\boldsymbol{x}^{(k-1)}\\|_2$
0	0	0	0	
1	2.500000	3.000000	3.000000	4.924428900
2	2.875000	2.363636	1.000000	2.132037447
3	3.136363	2.045454	0.971590	0.412744105
4	3.024147	1.947830	0.920454	0.157282474
5	3.000322	1.983987	1.000968	0.091419099
6	2.993753	1.999970	1.003841	0.017517783
7	2.999028	2.002620	1.003130	0.005946259
8	3.000200	2.000637	0.999830	0.004024418
9	3.000281	1.999911	0.999740	0.000736117

由于 $\|\boldsymbol{x}^{(9)}-\boldsymbol{x}^{(8)}\|_2<10^{-3}$，故该方程组的近似解为 $\boldsymbol{x}^{(9)}=(3.000281,1.999911,0.999740)^{\mathrm{T}}$.

雅可比迭代法的优点是公式简单，每次迭代只需做一次矩阵和向量的乘法，且在计算过程中，原始矩阵 $\boldsymbol{A}$ 始终不变. 其缺点是计算机需要两组工作单元存放 $\boldsymbol{x}^{(k)}$ 和 $\boldsymbol{x}^{(k+1)}$，存储量较大，且在后继计算过程中没有使用已经计算出来的新值. 为克服这些缺点，对雅可比迭代法进行改进，产生了高斯-赛德尔迭代法.

4.3.2 高斯-赛德尔迭代法

观察雅可比迭代过程，在计算 $x_i^{(k+1)}$ 时，$x_1^{(k+1)},x_2^{(k+1)},\cdots,x_{i-1}^{(k+1)}$ 均已求出. 如果迭代公式收敛，通常新值 $x_i^{(k+1)}$ 比旧值 $x_i^{(k)}$ 更精确些，而且产生新值后，旧值再没有使用价值，只需用新值替代原来的旧值即可，计算机只需要一组工作单元，节省了存储空间. 因此，在使用雅可比迭代法的式（4.16）求 $x_i^{(k+1)}$ 时，可以用新值 $x_1^{(k+1)},x_2^{(k+1)},\cdots,x_{i-1}^{(k+1)}$ 替代旧值 $x_1^{(k)},x_2^{(k)},\cdots,x_{i-1}^{(k)}$，这就是高斯-赛德尔迭代法.

高斯-赛德尔迭代公式的分量形式如下：

$$x_i^{(k+1)}=-\frac{1}{a_{ii}}\left(\sum_{j=1}^{i-1}a_{ij}x_j^{(k+1)}+\sum_{j=i+1}^{n}a_{ij}x_j^{(k)}-b_i\right),\quad i=1,2,\cdots,n,\quad k=0,1,2,\cdots \tag{4.17}$$

其矩阵形式为

$$\boldsymbol{x}^{(k+1)}=-(\boldsymbol{D}+\boldsymbol{L})^{-1}\boldsymbol{U}\boldsymbol{x}^{(k)}+(\boldsymbol{D}+\boldsymbol{L})^{-1}\boldsymbol{b} \tag{4.18}$$

式中，高斯-赛德尔迭代矩阵为

$$\boldsymbol{G}=-(\boldsymbol{D}+\boldsymbol{L})^{-1}\boldsymbol{U}$$

例 6 分别利用雅可比迭代法、高斯-赛德尔迭代法求解下列方程组：

（1）$\begin{cases}3x_1+2x_2+x_3=6\\2x_1+3x_2-x_3=4\\x_1+x_2+2x_3=4\end{cases}$；（2）$\begin{cases}4x_1+2x_2+2x_3=8\\x_1+2x_2+x_3=4\\x_1+x_2+2x_3=4\end{cases}$；（3）$\begin{cases}x_1+2x_2-2x_3=1\\x_1+x_2+x_3=3\\2x_1+2x_2+x_3=5\end{cases}$.

并且当 $\|\boldsymbol{\varepsilon}^{(k)}\|_2=\|\boldsymbol{x}^{(k+1)}-\boldsymbol{x}^{(k)}\|_2\leqslant 10^{-4}$ 时，计算终止.

解 （1）雅可比迭代公式为

$$\begin{cases}x_1^{(k+1)}=-\dfrac{2}{3}x_2^{(k)}-\dfrac{1}{3}x_3^{(k)}+2\\[2mm]x_2^{(k+1)}=-\dfrac{2}{3}x_1^{(k)}+\dfrac{1}{3}x_3^{(k)}+\dfrac{4}{3}\\[2mm]x_3^{(k+1)}=-\dfrac{1}{2}x_1^{(k)}-\dfrac{1}{2}x_2^{(k)}+2\end{cases}$$

高斯-赛德尔迭代公式为

$$\begin{cases}x_1^{(k+1)}=-\dfrac{2}{3}x_2^{(k)}-\dfrac{1}{3}x_3^{(k)}+2\\[2mm]x_2^{(k+1)}=-\dfrac{2}{3}x_1^{(k+1)}+\dfrac{1}{3}x_3^{(k)}+\dfrac{4}{3}\\[2mm]x_3^{(k+1)}=-\dfrac{1}{2}x_1^{(k+1)}-\dfrac{1}{2}x_2^{(k+1)}+2\end{cases}$$

取初始向量 $\boldsymbol{x}^{(0)}=(0,0,0)^{\mathrm{T}}$，按上述公式分别进行迭代，计算结果见表 4-3.

表 4-3　方程组（1）雅可比迭代法与高斯-赛德尔迭代法的计算结果

k	雅可比迭代法				高斯-赛德尔迭代法			
	$x_1^{(k)}$	$x_2^{(k)}$	$x_3^{(k)}$	$\lVert \boldsymbol{\varepsilon}^{(k)} \rVert_2$	$x_1^{(k)}$	$x_2^{(k)}$	$x_3^{(k)}$	$\lVert \boldsymbol{\varepsilon}^{(k)} \rVert_2$
0	0	0	0		0	0	0	
1	2.000000	1.3333333	2.000000	3.126944	2	0	1	2.236068
2	0.444445	0.666667	0.333333	2.375284	1.666667	0.555556	0.888889	0.657342
3	1.444444	1.1481481	1.444444	1.570475	1.333334	0.740741	0.962963	0.388447
4	0.753086	0.851852	0.703704	1.055682	1.185185	0.864198	0.975309	0.193240
5	1.197531	1.065843	1.197531	0.697989	1.098765	0.925925	0.987654	0.106916
10	0.978323	0.986994	0.973988	0.092680	1.004522	0.996630	0.999424	0.004841
15	1.003425	1.001142	1.003425	0.012104	1.000206	0.999846	0.999973	0.000221
16	0.998097	0.998858	0.997719	0.008137	1.000114	0.999918	0.999985	0.000119
17	1.001522	1.000507	1.001522	0.005379	1.000060	0.999955	0.999992	0.000064
20	0.999624	0.999774	0.999549	0.001607				
27	1.000026	1.000009	1.000026	0.000093				

由于满足 $\lVert \boldsymbol{\varepsilon}^{(k)} \rVert_2 < 10^{-4}$，因此利用雅可比迭代法求得的近似解为 $\boldsymbol{x}^{(27)} = (1.000026, 1.000009, 1.000026)^{\mathrm{T}}$，利用高斯-赛德尔迭代法求得的近似解为 $\boldsymbol{x}^{(17)} = (1.000060, 0.999955, 0.999992)^{\mathrm{T}}$.

（2）雅可比迭代公式为

$$\begin{cases} x_1^{(k+1)} = -\dfrac{1}{2}x_2^{(k)} - \dfrac{1}{2}x_3^{(k)} + 2 \\ x_2^{(k+1)} = -\dfrac{1}{2}x_1^{(k)} - \dfrac{1}{2}x_3^{(k)} + 2 \\ x_3^{(k+1)} = -\dfrac{1}{2}x_1^{(k)} - \dfrac{1}{2}x_2^{(k)} + 2 \end{cases}$$

高斯-赛德尔迭代公式为

$$\begin{cases} x_1^{(k+1)} = -\dfrac{1}{2}x_2^{(k)} - \dfrac{1}{2}x_3^{(k)} + 2 \\ x_2^{(k+1)} = -\dfrac{1}{2}x_1^{(k+1)} - \dfrac{1}{2}x_3^{(k)} + 2 \\ x_3^{(k+1)} = -\dfrac{1}{2}x_1^{(k+1)} - \dfrac{1}{2}x_2^{(k+1)} + 2 \end{cases}$$

取初始向量 $\boldsymbol{x}^{(0)} = (0,0,0)^{\mathrm{T}}$，按上述公式分别进行迭代，计算结果见表 4-4.

由表 4-4 可知，雅可比迭代法发散. 由于满足 $\lVert \boldsymbol{\varepsilon}^{(k)} \rVert_2 < 10^{-4}$，因此利用高斯-赛德尔迭代法求得的近似解为 $\boldsymbol{x}^{(11)} = (1.000016, 0.999977, 1.000003)^{\mathrm{T}}$.

（3）雅可比迭代公式为

$$\begin{cases} x_1^{(k+1)} = -2x_2^{(k)} + 2x_3^{(k)} + 1 \\ x_2^{(k+1)} = -x_1^{(k)} - x_3^{(k)} + 3 \\ x_3^{(k+1)} = -2x_1^{(k)} - 2x_2^{(k)} + 5 \end{cases}$$

表 4-4　方程组（2）雅可比迭代法与高斯-赛德尔迭代法的计算结果

k	雅可比迭代法				高斯-赛德尔迭代法			
	$x_1^{(k)}$	$x_2^{(k)}$	$x_3^{(k)}$	$\|\boldsymbol{\varepsilon}^{(k)}\|_2$	$x_1^{(k)}$	$x_2^{(k)}$	$x_3^{(k)}$	$\|\boldsymbol{\varepsilon}^{(k)}\|_2$
0	0	0	0		0	0	0	
1	2	2	2	3.464102	2.000000	1.000000	0.500000	2.291288
2	0	0	0	3.464102	1.250000	1.125000	0.812500	0.822059
3	2	2	2	3.464102	1.031250	1.078125	0.945313	0.260170
4	0	0	0	3.464102	0.988282	1.033203	0.989258	0.076128
5	2	2	2	3.464102	0.988770	1.010986	1.000122	0.024736
6	0	0	0	3.464102	0.994446	1.002716	1.001419	0.010114
7	2	2	2	3.464102	0.997932	1.000324	1.000872	0.004263
8	0	0	0	3.464102	0.999402	0.999863	1.000367	0.001621
9	2	2	2	3.464102	0.999885	0.999874	1.000121	0.000542
10	0	0	0	3.464102	1.000003	0.999938	1.000029	0.000162
11	2	2	2	3.464102	1.000016	0.999977	1.000003	0.000487

高斯-赛德尔迭代公式为

$$\begin{cases} x_1^{(k+1)} = -2x_2^{(k)} + 2x_3^{(k)} + 1 \\ x_2^{(k+1)} = -x_1^{(k+1)} - x_3^{(k)} + 3 \\ x_3^{(k+1)} = -2x_1^{(k+1)} - 2x_2^{(k+1)} + 5 \end{cases}$$

取初始向量 $\boldsymbol{x}^{(0)} = (0,0,0)^{\mathrm{T}}$，按上述公式分别进行迭代，计算结果见表 4-5.

表 4-5　方程组（3）雅可比迭代法与高斯-赛德尔迭代法的计算结果

k	雅可比迭代法				高斯-赛德尔迭代法			
	$x_1^{(k)}$	$x_2^{(k)}$	$x_3^{(k)}$	$\|\boldsymbol{\varepsilon}^{(k)}\|_2$	$x_1^{(k)}$	$x_2^{(k)}$	$x_3^{(k)}$	$\|\boldsymbol{\varepsilon}^{(k)}\|_2$
0	0	0	0		0	0	0	
1	1	3	5	5.916080	1	2	−1	2.449490
2	5	−3	−3	10.770330	−5	9	−3	9.433981
3	1	1	1	6.928203	−23	29	−7	27.202941
4	1	1	1	0.000000	−71	81	−15	71.217975
10	1	1	1	0.000000	−13823	14337	−1023	1.10555×10^4
20	1	1	1	0.000000	−29884415	30408705	−1048575	2.24359×10^7

由表 4-5 可知，当满足 $\|\boldsymbol{\varepsilon}^{(k)}\|_2 < 10^{-4}$ 时，利用雅可比迭代法求得的近似解为 $\boldsymbol{x}^{(4)} = (1,1,1)^{\mathrm{T}}$，而高斯-赛德尔迭代法发散.

从例 6 可以看出，对于方程组（1），高斯-赛德尔迭代法和雅可比迭代法都收敛，且高斯-赛德尔迭代法比雅可比迭代法收敛速度快. 对于方程组（2），雅可比迭代法不收敛，但高斯-赛德尔迭代法收敛. 对于方程组（3），雅可比迭代法收敛，但高斯-赛德尔迭代法发散. 因此，对于不同的方程组，雅可比迭代法和高斯-赛德尔迭代法的收敛性没有必然联系. 当雅可比迭代法和高斯-赛德尔迭代法均收敛时，通常后者比前者收敛速度快.

4.3.3　雅可比迭代法和高斯-赛德尔迭代法的收敛性

根据定理 11 可得雅可比迭代法和高斯-赛德尔迭代法收敛的充要条件.

定理 14　设 $\boldsymbol{Ax}=\boldsymbol{b}$，式中，$\boldsymbol{A}=\boldsymbol{D}+\boldsymbol{L}+\boldsymbol{U}$ 为非奇异矩阵，且对角矩阵 $\boldsymbol{D}$ 非奇异，则

收敛性

（1）解线性方程组 $\boldsymbol{Ax}=\boldsymbol{b}$ 的雅可比迭代法收敛的充分必要条件为 $\rho(\boldsymbol{B}_J)<1$，式中，$\boldsymbol{B}_J=-\boldsymbol{D}^{-1}(\boldsymbol{L}+\boldsymbol{U})$.

（2）解线性方程组 $\boldsymbol{Ax}=\boldsymbol{b}$ 的高斯-赛德尔迭代法收敛的充分必要条件为 $\rho(\boldsymbol{G})<1$，式中，$\boldsymbol{G}=-(\boldsymbol{D}+\boldsymbol{L})^{-1}\boldsymbol{U}$.

使用定理 14 判断迭代法的收敛性需要先计算出迭代矩阵 $\boldsymbol{B}_J$ 或 $\boldsymbol{G}$，再计算出特征值，这增大了计算量，下面给出求迭代矩阵 $\boldsymbol{B}_J$ 和 $\boldsymbol{G}$ 的特征值的等价方法.

定理 15

（1）λ 是雅可比迭代矩阵 $\boldsymbol{B}_J$ 的特征值 $\Leftrightarrow$ λ 是方程 $\det(\lambda\boldsymbol{D}+\boldsymbol{L}+\boldsymbol{U})=0$ 的根；

（2）λ 是高斯-赛德尔迭代矩阵 $\boldsymbol{G}$ 的特征值 $\Leftrightarrow$ λ 是方程 $\det(\lambda(\boldsymbol{D}+\boldsymbol{L})+\boldsymbol{U})=0$ 的根.

证明　只证定理 15 中结论（2）. 求 $\boldsymbol{G}$ 的特征值 λ，即

$$\det(\lambda\boldsymbol{E}-\boldsymbol{G})=\det(\lambda\boldsymbol{E}+(\boldsymbol{D}+\boldsymbol{L})^{-1}\boldsymbol{U})=\det((\boldsymbol{D}+\boldsymbol{L})^{-1})\det(\lambda(\boldsymbol{D}+\boldsymbol{L})+\boldsymbol{U})=0$$

因为 $\det((\boldsymbol{D}+\boldsymbol{L})^{-1})\neq 0$，所以 $\boldsymbol{G}$ 的特征值为方程 $\det(\lambda(\boldsymbol{D}+\boldsymbol{L})+\boldsymbol{U})=0$ 的根.

例 7　讨论使用雅可比迭代法和高斯-赛德尔迭代法解下列线性方程组的收敛性:

$$\begin{cases}2x_1+x_2+x_3=4\\ x_1+2x_2+x_3=2\\ x_1+x_2+2x_3=0\end{cases}$$

解　根据定理 15 求雅可比迭代矩阵的特征值:

$$\begin{vmatrix}2\lambda & 1 & 1\\ 1 & 2\lambda & 1\\ 1 & 1 & 2\lambda\end{vmatrix}=0$$

即 $(2\lambda-1)^2(\lambda+1)=0$，解得 $\lambda_{1,2}=\dfrac{1}{2}$，$\lambda_3=-1$，由于 $\rho(\boldsymbol{B})=1$，故雅可比迭代法发散.

求高斯-赛德尔迭代矩阵的特征值:

$$\begin{vmatrix}2\lambda & 1 & 1\\ \lambda & 2\lambda & 1\\ \lambda & \lambda & 2\lambda\end{vmatrix}=0$$

即 $\lambda\left(\lambda^2-\dfrac{5}{8}\lambda+\dfrac{1}{8}\right)=0$，解得 $\lambda_{1,2}=\dfrac{5\pm\mathrm{i}\sqrt{7}}{16}$，$\lambda_3=0$. 由于 $\rho(\boldsymbol{G})=\sqrt{\left(\dfrac{5}{16}\right)^2+\left(\dfrac{\sqrt{7}}{16}\right)^2}=0.3536<1$，

故高斯-赛德尔迭代法收敛.

注意，有时实际问题的谱半径不易求出，还可以根据定理 12 得到雅可比迭代法收敛的充

分条件是$\|B_J\|<1$，高斯-赛德尔迭代法收敛的充分条件是$\|G\|<1$.

例 8 考察用雅可比迭代法解例5中方程组的收敛性.

解 方法1 解方程组的雅可比迭代矩阵为

$$B_J = E - D^{-1}A = \begin{pmatrix} 0 & \frac{3}{8} & -\frac{2}{8} \\ -\frac{4}{11} & 0 & \frac{1}{11} \\ -\frac{6}{12} & -\frac{3}{12} & 0 \end{pmatrix}$$

其特征方程为

$$|\lambda E - B_J| = \lambda^3 + 0.034090909\lambda + 0.039772727 = 0$$

解得$\lambda_1 = -0.3082$，$\lambda_{2,3} = 0.1541 \pm 0.3245i$，则$\rho(B_J) = 0.3592 < 1$，所以雅可比迭代法收敛.

方法2 由于$\|B_J\|_\infty = 0.75 < 1$，根据定理12，因此雅可比迭代法收敛.

在科学及工程计算中，要求解线性方程组$Ax = b$，其矩阵A常常具有某些特征. 例如，A具有对角占优性质或A是对称正定矩阵等. 下面讨论用雅可比迭代法和高斯-赛德尔迭代法解这些方程组的收敛性.

定义 8（严格对角占优矩阵） 若矩阵$A = (a_{ij}) \in \mathbf{R}^{n\times n}$满足条件：

$$|a_{ii}| > \sum_{j=1,\, j\neq i}^{n} |a_{ij}|,\quad i = 1,2,\cdots,n$$

则称A为**严格对角占优矩阵**.

定理 16 如果$A = (a_{ij}) \in \mathbf{R}^{n\times n}$为严格对角占优矩阵，则$A$为非奇异矩阵.

证明 用反证法. 如果矩阵A为奇异矩阵，有$\det(A) = 0$，则$Ax = 0$有非零解，记为$x = (x_1, x_2, \cdots, x_n)^{\mathrm{T}}$，记$|x_k| = \max\limits_{1\leqslant i\leqslant n} |x_i| \neq 0$.

考虑齐次方程$Ax = 0$的第k个方程：

$$\sum_{j=1}^{n} a_{kj} x_j = 0$$

得

$$|a_{kk} x_k| = \left|\sum_{j=1,\, j\neq k}^{n} a_{kj} x_j\right| \leqslant \sum_{j=1,\, j\neq k}^{n} |a_{kj}| \cdot |x_j| \leqslant |x_k| \cdot \sum_{j=1,\, j\neq k}^{n} |a_{kj}|$$

所以有

$$|a_{kk}| \leqslant \sum_{j=1,\, j\neq k}^{n} |a_{kj}|$$

与假设矛盾，故$\det(A) \neq 0$，即A为非奇异矩阵.

定理 17 设$Ax = b$，如果A为严格对角占优矩阵，则解方程组$Ax = b$的雅可比迭代法和高斯-赛德尔迭代法均收敛.

证明　这里仅给出雅可比迭代法收敛的证明.

雅可比迭代法的迭代矩阵为 $\boldsymbol{B}_J=-\boldsymbol{D}^{-1}(\boldsymbol{L}+\boldsymbol{U})$，其 ∞-范数为

$$\|\boldsymbol{B}_J\|_\infty=\|-\boldsymbol{D}^{-1}(\boldsymbol{L}+\boldsymbol{U})\|_\infty=\max_{1\leqslant i\leqslant n}\sum_{j=1,j\neq i}^{n}\frac{|a_{ij}|}{|a_{ii}|}\leqslant\max_{1\leqslant i\leqslant n}\frac{\sum\limits_{j=1,j\neq i}^{n}|a_{ij}|}{|a_{ii}|}$$

由于 $\boldsymbol{A}$ 是严格对角占优矩阵，可知 $\|\boldsymbol{B}_J\|_\infty<1$，因此雅可比迭代法收敛.

在例 8 中，方程组的系数矩阵是严格对角占优的，根据定理 17 也可以判定出求解该方程组的雅可比迭代法是收敛的.

定理 18　设系数矩阵 $\boldsymbol{A}$ 为对称正定矩阵，则解 $\boldsymbol{Ax}=\boldsymbol{b}$ 的高斯-赛德尔迭代法收敛. 若 $2\boldsymbol{D}-\boldsymbol{A}$ 也是对称正定矩阵，则雅可比迭代法收敛，其中 $\boldsymbol{D}=\mathrm{diag}(a_{11},a_{22},\cdots,a_{nn})$.

4.4　SOR 方法

SOR（Successive Over-Relaxation）**方法**是高斯-赛德尔迭代法的一种加速方法，是解大型稀疏矩阵方程组的有效方法之一. 它具有计算公式简单、程序设计容易、占用计算机内存小等优点.

SOR 方法的基本思想是将高斯-赛德尔方法的迭代值 $\tilde{x}_i^{(k+1)}$ 与前一步的迭代值 $x_i^{(k)}$ 适当加权平均，期望获得更好的近似值 $x_i^{(k+1)}$. 设高斯-赛德尔迭代法的迭代值为

SOR 方法

$$\tilde{x}_i^{(k+1)}=-\frac{1}{a_{ii}}\left(\sum_{j=1}^{i-1}a_{ij}x_j^{(k+1)}+\sum_{j=i+1}^{n}a_{ij}x_j^{(k)}-b_i\right)\tag{4.19}$$

与 $x_i^{(k)}$ 加权平均得

$$x_i^{(k+1)}=\omega\tilde{x}_i^{(k+1)}+(1-\omega)x_i^{(k)}\text{（加速过程）}\tag{4.20}$$

将上述两式合并得

$$x_i^{(k+1)}=x_i^{(k)}-\frac{\omega}{a_{ii}}\left(\sum_{j=1}^{i-1}a_{ij}x_j^{(k+1)}+\sum_{j=i}^{n}a_{ij}x_j^{(k)}-b_i\right),\quad k=0,1,2,\cdots,\quad i=1,2,\cdots,n\tag{4.21}$$

式（4.21）中涉及的方法称为**松弛法**. 当 $\omega=1$ 时，该方法就是高斯-赛德尔迭代法；当 $0<\omega<1$ 时，该方法为低松弛法，可使由高斯-赛德尔迭代法不能收敛的方程组得以收敛；当 $\omega>1$ 时，该方法为**超松弛法**，可用来加速由高斯-赛德尔迭代法收敛的方程组的收敛性，后两种情形统称为 SOR 方法. 式（4.21）称为 SOR 方法的迭代公式. 系数 ω 称为**松弛因子**. 适当选取 ω 值，可将迭代过程加速，使迭代法收敛速度最快的松弛因子称为**最佳松弛因子**. 迭代公式（4.21）的矩阵形式为

$$(\boldsymbol{D}+\omega\boldsymbol{L})\boldsymbol{x}^{(k+1)}=((1-\omega)\boldsymbol{D}-\omega\boldsymbol{U})\boldsymbol{x}^{(k)}+\omega\boldsymbol{b}$$

或者

$$\boldsymbol{x}^{(k+1)}=\boldsymbol{L}_\omega\boldsymbol{x}^{(k)}+\omega(\boldsymbol{D}+\omega\boldsymbol{L})^{-1}\boldsymbol{b}\tag{4.22}$$

式中，迭代矩阵为

$$\boldsymbol{L}_\omega=(\boldsymbol{D}+\omega\boldsymbol{L})^{-1}((1-\omega)\boldsymbol{D}-\omega\boldsymbol{U})$$

对于 SOR 方法的收敛性，由定理 11 可知，该迭代法收敛的充要条件是 $\rho(\boldsymbol{L}_\omega)<1$，SOR 方法的收敛速度取决于松弛因子 ω. 若 ω 值取得较好，则 SOR 方法收敛速度优于高斯-赛德尔

迭代法；若取得不好，则可能会比高斯-赛德尔迭代法慢甚至不收敛. 为保证 SOR 方法的收敛性，下面给出其收敛的必要条件.

定理 19（SOR 方法收敛的必要条件） 若解线性方程组 $\boldsymbol{Ax}=\boldsymbol{b}$ 的 SOR 方法收敛，则 $0<\omega<2$.

证明 由于 SOR 方法收敛，因此 $\rho(\boldsymbol{L}_\omega)<1$，设 $\boldsymbol{L}_\omega$ 的特征值分别为 $\lambda_1,\lambda_2,\cdots,\lambda_n$，则

$$|\det(\boldsymbol{L}_\omega)|=|\lambda_1\lambda_2\cdots\lambda_n|\leqslant\rho^n(\boldsymbol{L}_\omega)<1$$

$$|\rho(\boldsymbol{L}_\omega)|^{1/n}\leqslant\rho(\boldsymbol{L}_\omega)<1$$

又有

$$\det(\boldsymbol{L}_\omega)=\det((\boldsymbol{D}+\omega\boldsymbol{L})^{-1})\det((1-\omega)\boldsymbol{D}-\omega\boldsymbol{U})=(1-\omega)^n$$

从而有

$$|\rho(\boldsymbol{L}_\omega)|^{1/n}=|1-\omega|<1$$

即 $0<\omega<2$.

根据定理 19，为了保证 SOR 方法迭代过程的收敛，必须要求 $0<\omega<2$. 由于迭代值 $\tilde{x}_i^{(k+1)}$ 比旧值 $x_i^{(k)}$ 精确，在加速过程（4.20）中应加大 $\tilde{x}_i^{(k+1)}$ 的比重以尽可能地扩大它的效果，为此，常取松弛因子 $1<\omega<2$.

下面依据 $\boldsymbol{A}$ 的特点，给出 SOR 方法收敛的充分条件.

定理 20 设线性方程组 $\boldsymbol{Ax}=\boldsymbol{b}$.

（1）若 $\boldsymbol{A}$ 为对称正定矩阵，且 $0<\omega<2$，则求解 $\boldsymbol{Ax}=\boldsymbol{b}$ 的 SOR 方法收敛.

（2）若 $\boldsymbol{A}$ 为严格对角占优矩阵，且 $0<\omega\leqslant1$，则求解 $\boldsymbol{Ax}=\boldsymbol{b}$ 的 SOR 方法收敛.

SOR 方法例题

例 9 用 SOR 方法解方程组：

$$\begin{cases}4x_1+3x_2 & =24\\3x_1+4x_2-x_3=30\\ \quad\ -x_2+4x_3=-24\end{cases}$$

其精确解为 $\boldsymbol{x}^*=(3,4,-5)^{\mathrm{T}}$，取初始向量 $\boldsymbol{x}^{(0)}=(0,0,0)^{\mathrm{T}}$，当 $\|\boldsymbol{\varepsilon}^{(k)}\|_2<10^{-5}$ 时，迭代终止，并就迭代次数情况进行比较分析.

解 SOR 方法的迭代公式为

$$\begin{cases}x_1^{(k+1)}=x_1^{(k)}-\dfrac{\omega}{4}(4x_1^{(k)}+3x_2^{(k)}-24)\\[2ex] x_2^{(k+1)}=x_2^{(k)}-\dfrac{\omega}{4}(3x_1^{(k+1)}+4x_2^{(k)}-x_3^{(k)}-30)\\[2ex] x_3^{(k+1)}=x_3^{(k)}-\dfrac{\omega}{4}(-x_2^{(k+1)}+4x_3^{(k)}+24)\end{cases}$$

取 $0.8<\omega<1.8$，步长为 0.1，达到精度 $\|\boldsymbol{\varepsilon}^{(k)}\|_2<10^{-5}$ 所需的迭代次数见表 4-6. 可以看出，当 $\omega=1.3$ 时，迭代次数最少，第 12 次迭代的结果为

$$(2.999999779,3.999999168,-4.999996784)^{\mathrm{T}}$$

此时误差为

$$\|\boldsymbol{\varepsilon}^{(k)}\|_2=0.332834916\times10^{-5}<10^{-5}$$

表 4-6　ω 取不同值时所需的迭代次数

ω	0.8	0.9	1.0	1.1	1.2	1.3	1.4	1.5	1.6	1.7	1.8
迭代次数	41	33	27	21	15	12	16	21	28	39	63

随着 ω 值的增大，迭代次数也增加，仅在1.1～1.5之间起到了加速的作用. 当 $\omega=1.0$ 时，SOR 方法即为高斯-赛德尔迭代法，迭代 27 次，满足误差要求.

表 4-7 给出了分别利用雅可比迭代法、高斯-赛德尔迭代法、SOR 方法求解该方程组满足误差 $\|\boldsymbol{\varepsilon}^{(k)}\|_2<10^{-5}$ 的迭代次数. 可以看出，雅可比迭代法收敛速度最慢；当选择 $1<\omega<1.5$ 时，SOR 方法收敛速度较快.

表 4-7　雅可比迭代法、高斯-赛德尔迭代法、SOR 方法满足误差的迭代次数

迭代法	雅可比迭代法	高斯-赛德尔迭代法	SOR 方法（$\omega=1.3$）
k	60	27	12

从例 9 可以看出，松弛因子 ω 的取值对迭代公式的收敛速度影响极大. 例 9 中，$\omega=1.3$ 最接近最佳松弛因子. 在理论上，希望选择松弛因子 ω 使迭代公式（4.21）收敛最快，即确定最佳松弛因子 ω_{opt} 使

$$\min_{0<\omega<2}\rho(\boldsymbol{L}_\omega)=\rho(\boldsymbol{L}_{\omega_{\text{opt}}})$$

最佳松弛因子理论是由 Young（1950 年）针对一类椭圆形微分方程数值解得到的代数方程组所建立的，他给出了最佳松弛因子公式：

$$\omega_{\text{opt}}=\frac{2}{1+\sqrt{1-\rho^2(\boldsymbol{B}_J)}}$$

式中，$\boldsymbol{B}_J$ 是雅可比迭代矩阵.

4.5　共轭梯度法

共轭梯度法，简称 CG（Conjugate Gradient）算法，是 20 世纪 50 年代诞生的一类求解线性方程组的新迭代法. 近 30 年来，有关的研究取得了前所未有的发展，有关的方法和理论已经相当成熟. 如果不考虑计算过程中的舍入误差，这种迭代法只用有限步迭代就收敛于方程组的精确解，是具有迭代性质的直接法，它不需要确定任何参数，计算比较简单. 因此，CG 算法一诞生就引起了极大的关注. CG 算法最初仅限于求解对称正定线性方程组，现在已经发展到不但用于求解一般的大型稀疏非奇异线性方程组，而且广泛应用于逐次逼近法的加速、病态方程组的预处理等方面.

4.5.1　等价的极值问题

设矩阵 $\boldsymbol{A}=(a_{ij})\in\mathbf{R}^{n\times n}$ 是对称正定矩阵，求解线性方程组：

$$\boldsymbol{Ax}=\boldsymbol{b}\tag{4.23}$$

引进二次函数 $\varphi\colon\mathbf{R}^n\to\mathbf{R}$

$$\varphi(\boldsymbol{x})=\frac{1}{2}(\boldsymbol{A}\boldsymbol{x},\boldsymbol{x})-(\boldsymbol{b},\boldsymbol{x})=\frac{1}{2}\sum_{i=1}^{n}\sum_{j=1}^{n}a_{ij}x_i x_j-\sum_{j=1}^{n}b_j x_j \tag{4.24}$$

函数 $\varphi(\boldsymbol{x})$ 有如下性质：

（1）对一切 $\boldsymbol{x}\in\mathbf{R}^n$，$\varphi(\boldsymbol{x})$ 的梯度为

$$\nabla\varphi(\boldsymbol{x})=\boldsymbol{A}\boldsymbol{x}-\boldsymbol{b} \tag{4.25}$$

（2）对一切 $\boldsymbol{x},\boldsymbol{y}\in\mathbf{R}^n$，$\alpha\in\mathbf{R}$，有

$$\begin{aligned}\varphi(\boldsymbol{x}+\alpha\boldsymbol{y})&=\frac{1}{2}(\boldsymbol{A}(\boldsymbol{x}+\alpha\boldsymbol{y}),\boldsymbol{x}+\alpha\boldsymbol{y})-(\boldsymbol{b},\boldsymbol{x}+\alpha\boldsymbol{y})\\&=\varphi(\boldsymbol{x})+\alpha(\boldsymbol{A}\boldsymbol{x}-\boldsymbol{b},\boldsymbol{y})+\frac{\alpha^2}{2}(\boldsymbol{A}\boldsymbol{y},\boldsymbol{y})\end{aligned} \tag{4.26}$$

（3）设 $\boldsymbol{x}^*=\boldsymbol{A}^{-1}\boldsymbol{b}$ 是线性方程组（4.23）的解，则有

$$\varphi(\boldsymbol{x}^*)=-\frac{1}{2}(\boldsymbol{b},\boldsymbol{A}^{-1}\boldsymbol{b})=-\frac{1}{2}(\boldsymbol{A}\boldsymbol{x}^*,\boldsymbol{x}^*)$$

且对一切 $\boldsymbol{x}\in\mathbf{R}^n$，有

$$\begin{aligned}\varphi(\boldsymbol{x})-\varphi(\boldsymbol{x}^*)&=\frac{1}{2}(\boldsymbol{A}\boldsymbol{x},\boldsymbol{x})-(\boldsymbol{A}\boldsymbol{x}^*,\boldsymbol{x})+\frac{1}{2}(\boldsymbol{A}\boldsymbol{x}^*,\boldsymbol{x}^*)\\&=\frac{1}{2}(\boldsymbol{A}(\boldsymbol{x}-\boldsymbol{x}^*),\boldsymbol{x}-\boldsymbol{x}^*)\end{aligned} \tag{4.27}$$

定理 21 设 $\boldsymbol{A}$ 为对称正定矩阵，则 $\boldsymbol{x}^*$ 是方程组（4.23）解的充分必要条件是 $\boldsymbol{x}^*$ 满足：

$$\varphi(\boldsymbol{x}^*)=\min_{\boldsymbol{x}\in\mathbf{R}^n}\varphi(\boldsymbol{x})$$

证明 设 $\boldsymbol{x}^*=\boldsymbol{A}^{-1}\boldsymbol{b}$，由式（4.27）及 $\boldsymbol{A}$ 的正定性有

$$\varphi(\boldsymbol{x})-\varphi(\boldsymbol{x}^*)=\frac{1}{2}(\boldsymbol{A}(\boldsymbol{x}-\boldsymbol{x}^*),\boldsymbol{x}-\boldsymbol{x}^*)\geqslant 0$$

所以对一切 $\boldsymbol{x}\in\mathbf{R}^n$，均有 $\varphi(\boldsymbol{x})\geqslant\varphi(\boldsymbol{x}^*)$，即 $\boldsymbol{x}^*$ 使 $\varphi(\boldsymbol{x})$ 达到最小.

反之，若有 $\overline{\boldsymbol{x}}$ 使 $\varphi(\boldsymbol{x})$ 达到最小，则有 $\varphi(\overline{\boldsymbol{x}})\leqslant\varphi(\boldsymbol{x})$ 对一切 $\boldsymbol{x}\in\mathbf{R}^n$ 成立，由上面的证明有

$$\varphi(\overline{\boldsymbol{x}})-\varphi(\boldsymbol{x}^*)=0$$

即

$$\frac{1}{2}(\boldsymbol{A}(\overline{\boldsymbol{x}}-\boldsymbol{x}^*),\overline{\boldsymbol{x}}-\boldsymbol{x}^*)=0$$

由 $\boldsymbol{A}$ 的正定性，这只有在 $\overline{\boldsymbol{x}}=\boldsymbol{x}^*$ 时才能成立.

由定理 21 可知，求方程组（4.23）的解 $\boldsymbol{x}^*$ 等价于求二次函数 $\varphi(\boldsymbol{x})$ 的极小值点. 因此，我们可以从构造求 $\varphi(\boldsymbol{x})$ 的极小值点的算法入手，寻求方程组（4.23）的解.

4.5.2 最速下降法

求 $\varphi(\boldsymbol{x})$ 极小值问题最简单的方法是最速下降法. 由于任意一点的负梯度方向是函数值在该点下降最快的方向，因此可以利用负梯度作为搜索 $\varphi(\boldsymbol{x})$ 极小值的方向，并将求 n 维极小值问题转化为一维极小值问题，这就是最速下降法的原理.

从初始向量 $\boldsymbol{x}^{(0)}$ 出发，在超椭球面 $\varphi(\boldsymbol{x})=\varphi(\boldsymbol{x}^{(0)})$ 上选择一个使 $\varphi(\boldsymbol{x})$ 下降最快的方向，即正交于椭球面的 $\varphi(\boldsymbol{x})$ 负梯度方向 $-\nabla\varphi(\boldsymbol{x}^{(0)})$，由式（4.25）有

$$-\nabla\varphi(\boldsymbol{x}^{(0)})=\boldsymbol{r}^{(0)}$$

式中，$\boldsymbol{r}^{(0)}=\boldsymbol{b}-\boldsymbol{A}\boldsymbol{x}^{(0)}$ 称为 $\boldsymbol{x}^{(0)}$ 的**残向量**. 如果 $\boldsymbol{r}^{(0)}=\boldsymbol{0}$，则 $\boldsymbol{x}^{(0)}$ 是方程组的解. 如果 $\boldsymbol{r}^{(0)}\neq\boldsymbol{0}$，则沿着 $\boldsymbol{r}^{(0)}$ 方向求一点，使 $\varphi(\boldsymbol{x})$ 取极小值，即求 $\alpha_0\in R$，使

$$\varphi(\boldsymbol{x}^{(0)}+\alpha_0\boldsymbol{r}^{(0)})=\min_{\alpha\in\boldsymbol{R}}\varphi(\boldsymbol{x}^{(0)}+\alpha\boldsymbol{r}^{(0)})$$

利用 $\dfrac{\mathrm{d}}{\mathrm{d}\alpha}\varphi(\boldsymbol{x}^{(0)}+\alpha\boldsymbol{r}^{(0)})=0$，可得到满足上述条件的 α_0. 这样，由式（4.26）有

$$\frac{\mathrm{d}}{\mathrm{d}\alpha}\varphi(\boldsymbol{x}^{(0)}+\alpha\boldsymbol{r}^{(0)})=\frac{\mathrm{d}}{\mathrm{d}\alpha}\left(\varphi(\boldsymbol{x}^{(0)})+\alpha(\boldsymbol{A}\boldsymbol{x}^{(0)}-\boldsymbol{b},\boldsymbol{r}^{(0)})+\frac{\alpha^2}{2}(\boldsymbol{A}\boldsymbol{r}^{(0)},\boldsymbol{r}^{(0)})\right)=0$$

解得

$$\alpha_0=\frac{(\boldsymbol{r}^{(0)},\boldsymbol{r}^{(0)})}{(\boldsymbol{A}\boldsymbol{r}^{(0)},\boldsymbol{r}^{(0)})}$$

显然得到的 α_0 满足：

$$\varphi(\boldsymbol{x}^{(0)}+\alpha_0\boldsymbol{r}^{(0)})\leqslant\varphi(\boldsymbol{x}^{(0)}+\alpha\boldsymbol{r}^{(0)}),\quad\forall\alpha\in\mathbf{R}$$

这样，将新得到的一个近似解记为 $\boldsymbol{x}^{(1)}=\boldsymbol{x}^{(0)}+\alpha_0\boldsymbol{r}^{(0)}$，就完成了一次迭代. 再从 $\boldsymbol{x}^{(1)}$ 出发，重复上述过程计算下一个近似解 $\boldsymbol{x}^{(2)}$. 一般地，从 $\boldsymbol{x}^{(0)}$ 出发，可得迭代公式：

$$\boldsymbol{r}^{(0)}=\boldsymbol{b}-\boldsymbol{A}\boldsymbol{x}^{(0)}$$

$$\begin{cases}\alpha_k=\dfrac{(\boldsymbol{r}^{(k)},\boldsymbol{r}^{(k)})}{(\boldsymbol{A}\boldsymbol{r}^{(k)},\boldsymbol{r}^{(k)})}\\ \boldsymbol{x}^{(k+1)}=\boldsymbol{x}^{(k)}+\alpha_k\boldsymbol{r}^{(k)}\end{cases},\quad k=0,1,2,\cdots\tag{4.28}$$

此外，由 $\boldsymbol{x}^{(k)}$ 的递推公式有

$$\boldsymbol{r}^{(k+1)}=\boldsymbol{r}^{(k)}-\alpha_k\boldsymbol{A}\boldsymbol{r}^{(k)},\quad k=0,1,2,\cdots\tag{4.29}$$

将使用迭代公式（4.28）和式（4.29）计算得到向量序列 $\{\boldsymbol{x}^{(k)}\}$ 的方法称为解线性方程组的**最速下降法**.

不难验证，相邻两次的搜索方向是正交的，即 $(\boldsymbol{r}^{(k+1)},\boldsymbol{r}^{(k)})=0$.

综上所述，最速下降法的计算步骤如下.

（1）任意给定初始向量 $\boldsymbol{x}^{(0)}$，计算 $\boldsymbol{r}^{(0)}=\boldsymbol{b}-\boldsymbol{A}\boldsymbol{x}^{(0)}$.

（2）对 $k=0,1,2,\cdots$，做以下操作：

① 计算第 k 步步长 $\alpha_k=\dfrac{(\boldsymbol{r}^{(k)},\boldsymbol{r}^{(k)})}{(\boldsymbol{A}\boldsymbol{r}^{(k)},\boldsymbol{r}^{(k)})}$；

② 计算第 k+1 步近似解 $\boldsymbol{x}^{(k+1)}=\boldsymbol{x}^{(k)}+\alpha_k\boldsymbol{r}^{(k)}$；

③ 计算第 k+1 步残向量 $\boldsymbol{r}^{(k+1)}=\boldsymbol{r}^{(k)}-\alpha_k\boldsymbol{A}\boldsymbol{r}^{(k)}$；

④ 若 $\|\boldsymbol{r}^{(k+1)}\|\leqslant\varepsilon$，则 $\boldsymbol{x}^{(k+1)}$ 即为所求，计算终止；否则，$k\to k+1$，转步骤①.

关于最速下降法有如下收敛性定理.

定理 22 设 $\boldsymbol{A}$ 为对称正定矩阵，$\lambda_1\geqslant\lambda_2\geqslant\cdots\geqslant\lambda_n>0$ 为其特征值，则对任意 $\boldsymbol{x}^{(0)}\in\mathbf{R}^n$，最速下降法收敛，且

$$\|\boldsymbol{x}^{(k)}-\boldsymbol{x}^*\|_2\leqslant\sqrt{\frac{\lambda_1}{\lambda_n}}\left(\frac{\lambda_1-\lambda_n}{\lambda_1+\lambda_n}\right)^k\|\boldsymbol{x}^{(0)}-\boldsymbol{x}^*\|_2\tag{4.30}$$

用κ表示$\mathrm{cond}(A)_2$的倒数，即$\kappa=\dfrac{\lambda_n}{\lambda_1}$，则式（4.30）可以改写成如下形式：

$$\|\boldsymbol{x}^{(k)}-\boldsymbol{x}^*\|_2\leqslant\sqrt{\frac{1}{\kappa}}\left(\frac{1-\kappa}{1+\kappa}\right)^k\|\boldsymbol{x}^{(0)}-\boldsymbol{x}^*\|_2$$

当$\boldsymbol{A}$为病态矩阵，即$\kappa\ll 1$时，$\dfrac{1-\kappa}{1+\kappa}\approx 1-\kappa$，此时最速下降法收敛很慢.

4.5.3 共轭梯度法求解

分析最速下降法不难发现，负梯度方向从局部来看是最佳的搜索方向，但从整体来看并非最佳，这就促使人们去寻找更好的搜索方向，由此产生了共轭梯度法（CG 算法）.

为推导出 CG 算法的迭代公式，首先给出$\boldsymbol{A}$-共轭向量组的定义.

定义 9 设$\boldsymbol{A}$对称正定，若$\mathbf{R}^n$中向量组：

$$\{\boldsymbol{p}^{(0)},\boldsymbol{p}^{(1)},\cdots,\boldsymbol{p}^{(m)}\}$$

满足

$$(\boldsymbol{A}\boldsymbol{p}^{(i)},\boldsymbol{p}^{(j)})=\boldsymbol{0},\qquad i\neq j,\ i,j=0,1,\cdots,m$$

则称其为$\mathbf{R}^n$中的一个**$\boldsymbol{A}$-共轭向量组**，或**$\boldsymbol{A}$-正交向量组**.

显然，当$m<n$时，不含零向量的$\boldsymbol{A}$-共轭向量组线性无关；当$\boldsymbol{A}=\boldsymbol{E}$时，$\boldsymbol{A}$-共轭向量组就是一般的正交向量组.

CG 算法采用与最速下降法类似的构造方法，仍然选择一组搜索方向$\boldsymbol{p}^{(0)},\boldsymbol{p}^{(1)},\cdots$，但它不再是具有正交性的方向$\boldsymbol{r}^{(0)},\boldsymbol{r}^{(1)},\cdots$. 假设按方向$\boldsymbol{p}^{(0)},\boldsymbol{p}^{(1)},\cdots,\boldsymbol{p}^{(k-1)}$已进行$k$次一维搜索并求得$\boldsymbol{x}^{(k)}$. 下一步确定方向$\boldsymbol{p}^{(k)}$使$\boldsymbol{x}^{(k+1)}$更快地逼近$\boldsymbol{x}^*$. 在$\boldsymbol{p}^{(k)}$确定后，仍按最速下降法求得$\alpha_k$，即求一维极小值问题$\min\limits_{\alpha\in\mathbf{R}}\varphi(\boldsymbol{x}^{(k)}+\alpha\boldsymbol{p}^{(k)})$. 根据式（4.26），有

$$\frac{\mathrm{d}}{\mathrm{d}\alpha}\varphi(\boldsymbol{x}^{(k)}+\alpha\boldsymbol{p}^{(k)})=0$$

解得

$$\alpha=\alpha_k=\frac{(\boldsymbol{r}^{(k)},\boldsymbol{p}^{(k)})}{(\boldsymbol{A}\boldsymbol{p}^{(k)},\boldsymbol{p}^{(k)})}\tag{4.31}$$

此时下一步的近似解和对应的残向量为

$$\boldsymbol{x}^{(k+1)}=\boldsymbol{x}^{(k)}+\alpha_k\boldsymbol{p}^{(k)}\tag{4.32}$$

$$\boldsymbol{r}^{(k+1)}=\boldsymbol{r}^{(k)}-\alpha_k\boldsymbol{A}\boldsymbol{p}^{(k)}\tag{4.33}$$

不失一般性，设$\boldsymbol{x}^{(0)}=\boldsymbol{0}$，由式（4.32）有

$$\boldsymbol{x}^{(k)}=\alpha_0\boldsymbol{p}^{(0)}+\alpha_1\boldsymbol{p}^{(1)}+\cdots+\alpha_{k-1}\boldsymbol{p}^{(k-1)}$$

开始可取$\boldsymbol{p}^{(0)}=\boldsymbol{r}^{(0)}$，当$k\geqslant 1$时确定$\boldsymbol{p}^{(k)}$不仅使

$$\min_{\alpha\in\mathbf{R}}\varphi(\boldsymbol{x}^{(k)}+\alpha\boldsymbol{p}^{(k)})$$

还希望$\{\boldsymbol{p}^{(k)}\}$的选择使

$$\varphi(\boldsymbol{x}^{(k+1)})=\min_{\boldsymbol{x}\in\mathrm{span}\{\boldsymbol{p}^{(0)},\boldsymbol{p}^{(1)},\cdots,\boldsymbol{p}^{(k)}\}}\varphi(\boldsymbol{x})\tag{4.34}$$

若$\boldsymbol{x}\in\mathrm{span}\{\boldsymbol{p}^{(0)},\boldsymbol{p}^{(1)},\cdots,\boldsymbol{p}^{(k)}\}$，则可记为

$$\boldsymbol{x}=\boldsymbol{y}+\alpha\boldsymbol{p}^{(k)},\quad \boldsymbol{y}\in\mathrm{span}\{\boldsymbol{p}^{(0)},\boldsymbol{p}^{(1)},\cdots,\boldsymbol{p}^{(k-1)}\},\quad \alpha\in\mathbf{R} \tag{4.35}$$

所以有

$$\varphi(\boldsymbol{x})=\varphi(\boldsymbol{y}+\alpha\boldsymbol{p}^{(k)})=\varphi(\boldsymbol{y})+\alpha(\boldsymbol{A}\boldsymbol{y},\boldsymbol{p}^{(k)})-\alpha(\boldsymbol{b},\boldsymbol{p}^{(k)})+\frac{\alpha^2}{2}(\boldsymbol{A}\boldsymbol{p}^{(k)},\boldsymbol{p}^{(k)}) \tag{4.36}$$

为了使 $\varphi(\boldsymbol{x})$ 极小化，需要对 α 及 $\boldsymbol{y}$ 分别求极小值，因此式（4.36）中的“交叉项” $(\boldsymbol{A}\boldsymbol{y},\boldsymbol{p}^{(k)})$ 必须为 0，即

$$(\boldsymbol{A}\boldsymbol{y},\boldsymbol{p}^{(k)})=0,\quad \boldsymbol{y}\in\mathrm{span}\{\boldsymbol{p}^{(0)},\boldsymbol{p}^{(1)},\cdots,\boldsymbol{p}^{(k-1)}\}$$

也就是

$$(\boldsymbol{A}\boldsymbol{p}^{(j)},\boldsymbol{p}^{(k)})=0,\quad j=0,1,\cdots,k-1$$

如果取 $\{\boldsymbol{p}^{(0)},\boldsymbol{p}^{(1)},\cdots,\boldsymbol{p}^{(k-1)}\}$ 是 $\boldsymbol{A}$-共轭的，则 $\boldsymbol{p}^{(k)}$ 满足 $(\boldsymbol{A}\boldsymbol{y},\boldsymbol{p}^{(k)})=0$，设 $\boldsymbol{x}^{(k)}$ 已是前一步极小值问题的解，即

$$\varphi(\boldsymbol{x}^{(k)})=\min_{\boldsymbol{y}\in\mathrm{span}\{\boldsymbol{p}^{(0)},\boldsymbol{p}^{(1)},\cdots,\boldsymbol{p}^{(k-1)}\}}\varphi(\boldsymbol{y})$$

于是式（4.34）可分离为两个极小值问题：

$$\begin{aligned}\min_{\boldsymbol{x}\in\mathrm{span}\{\boldsymbol{p}^{(0)},\boldsymbol{p}^{(1)},\cdots,\boldsymbol{p}^{(k)}\}}\varphi(\boldsymbol{x})&=\min_{\alpha,\boldsymbol{y}}\varphi(\boldsymbol{y}+\alpha\boldsymbol{p}^{(k)})\\&=\min_{\boldsymbol{y}}\varphi(\boldsymbol{y})+\min_{\alpha}\left\{\frac{\alpha^2}{2}(\boldsymbol{A}\boldsymbol{p}^{(k)},\boldsymbol{p}^{(k)})-\alpha(\boldsymbol{b},\boldsymbol{p}^{(k)})\right\}\end{aligned}$$

第一个极小值问题中，$\boldsymbol{y}\in\mathrm{span}\{\boldsymbol{p}^{(0)},\boldsymbol{p}^{(1)},\cdots,\boldsymbol{p}^{(k-1)}\}$，其解为 $\boldsymbol{y}=\boldsymbol{x}^{(k)}$；第二个极小值问题中 $\alpha\in\mathbf{R}$，其解为

$$\alpha=\alpha_k=\frac{(\boldsymbol{r}^{(k)},\boldsymbol{p}^{(k)})}{(\boldsymbol{A}\boldsymbol{p}^{(k)},\boldsymbol{p}^{(k)})} \tag{4.37}$$

可以看出，由式（4.37）得到的 α_k 与 $\boldsymbol{p}^{(k)}$ 确定后求一维极小值问题由式（4.31）得到的 α_k 恰好相同.

下面给出 CG 算法中 $\boldsymbol{A}$-共轭向量组 $\{\boldsymbol{p}^{(0)},\boldsymbol{p}^{(1)},\cdots,\boldsymbol{p}^{(k-1)}\}$ 的选取方法. 取 $\boldsymbol{p}^{(0)}=\boldsymbol{r}^{(0)}$，$\boldsymbol{p}^{(k)}$ 为与 $\boldsymbol{p}^{(0)},\boldsymbol{p}^{(1)},\cdots,\boldsymbol{p}^{(k-1)}$ 均 $\boldsymbol{A}$-共轭的向量. 它并不唯一，可取 $\boldsymbol{p}^{(k)}$ 为 $\boldsymbol{r}^{(k)}$ 与 $\boldsymbol{p}^{(k-1)}$ 的线性组合. 不妨设

$$\boldsymbol{p}^{(k)}=\boldsymbol{r}^{(k)}+\beta_{k-1}\boldsymbol{p}^{(k-1)} \tag{4.38}$$

利用 $(\boldsymbol{p}^{(k)},\boldsymbol{A}\boldsymbol{p}^{(k-1)})=0$，可得

$$\beta_{k-1}=-\frac{(\boldsymbol{r}^{(k)},\boldsymbol{A}\boldsymbol{p}^{(k-1)})}{(\boldsymbol{p}^{(k-1)},\boldsymbol{A}\boldsymbol{p}^{(k-1)})} \tag{4.39}$$

这样由式（4.38）和式（4.39）得到的 $\boldsymbol{p}^{(k)}$ 与 $\boldsymbol{p}^{(k-1)}$ 是 $\boldsymbol{A}$-共轭的. 同时还可以证明，如此得到的向量序列 $\{\boldsymbol{p}^{(k)}\}$ 是一个 $\boldsymbol{A}$-共轭向量组.

按上述方法，从任意初始向量 $\boldsymbol{x}^{(0)}$ 出发，逐次利用残向量 $\{\boldsymbol{r}^{(k)}\}$ 来构造一个 $\boldsymbol{A}$-共轭向量组 $\{\boldsymbol{p}^{(k)}\}$ 和近似解序列 $\{\boldsymbol{x}^{(k)}\}$. 这样利用 $\{\boldsymbol{p}^{(k)}\}$ 来求解线性方程组的方法称为**共轭梯度法**.

下面对式（4.37）做进一步化简. 由

$$\boldsymbol{r}^{(k+1)}=\boldsymbol{b}-\boldsymbol{A}\boldsymbol{x}^{(k+1)}=\boldsymbol{r}^{(k)}-\alpha_k\boldsymbol{A}\boldsymbol{p}^{(k)} \tag{4.40}$$

有

$$(\boldsymbol{r}^{(k+1)}, \boldsymbol{p}^{(k)}) = (\boldsymbol{r}^{(k)}, \boldsymbol{p}^{(k)}) - \alpha_k (\boldsymbol{A}\boldsymbol{p}^{(k)}, \boldsymbol{p}^{(k)}) = 0$$
$$(\boldsymbol{r}^{(k)}, \boldsymbol{p}^{(k)}) = (\boldsymbol{r}^{(k)}, \boldsymbol{r}^{(k)} + \beta_{k-1}\boldsymbol{p}^{(k-1)}) = (\boldsymbol{r}^{(k)}, \boldsymbol{r}^{(k)})$$

再代回式（4.37），有

$$\alpha_k = \frac{(\boldsymbol{r}^{(k)}, \boldsymbol{r}^{(k)})}{(\boldsymbol{A}\boldsymbol{p}^{(k)}, \boldsymbol{p}^{(k)})} \tag{4.41}$$

由此看出，当$\boldsymbol{r}^{(k)} \neq \boldsymbol{0}$时，$\alpha_k > 0$.

此外，β_k还可以利用式（4.38）、式（4.39）和式（4.41）化简成如下形式：

$$\beta_k = \frac{(\boldsymbol{r}^{(k+1)}, \boldsymbol{r}^{(k+1)})}{(\boldsymbol{r}^{(k)}, \boldsymbol{r}^{(k)})} \tag{4.42}$$

定理 23 由式（4.32）、式（4.38）至式（4.42）定义的算法得到的序列$\{\boldsymbol{r}^{(k)}\}$及$\{\boldsymbol{p}^{(k)}\}$有如下性质：

（1）$(\boldsymbol{r}^{(i)}, \boldsymbol{r}^{(j)}) = 0$（$i \neq j$），即$\{\boldsymbol{r}^{(k)}\}$构成一个正交向量组.

（2）$(\boldsymbol{A}\boldsymbol{p}^{(i)}, \boldsymbol{p}^{(j)}) = (\boldsymbol{p}^{(i)}, \boldsymbol{A}\boldsymbol{p}^{(j)}) = 0$（$i \neq j$），即$\{\boldsymbol{p}^{(k)}\}$为一个$\boldsymbol{A}$-共轭向量组.

CG算法的计算步骤如下：

（1）任意给定初始向量$\boldsymbol{x}^{(0)}$，计算$\boldsymbol{p}^{(0)} = \boldsymbol{r}^{(0)} = \boldsymbol{b} - \boldsymbol{A}\boldsymbol{x}^{(0)}$.

（2）对$k = 0,1,2,\cdots$，进行以下操作.

① 依次计算：

$$\begin{cases} \alpha_k = \dfrac{(\boldsymbol{r}^{(k)}, \boldsymbol{r}^{(k)})}{(\boldsymbol{A}\boldsymbol{p}^{(k)}, \boldsymbol{p}^{(k)})} \\ \boldsymbol{x}^{(k+1)} = \boldsymbol{x}^{(k)} + \alpha_k \boldsymbol{p}^{(k)} \\ \boldsymbol{r}^{(k+1)} = \boldsymbol{r}^{(k)} - \alpha_k \boldsymbol{A}\boldsymbol{p}^{(k)} \\ \beta_k = -\dfrac{(\boldsymbol{r}^{(k+1)}, \boldsymbol{r}^{(k+1)})}{(\boldsymbol{r}^{(k)}, \boldsymbol{r}^{(k)})} \\ \boldsymbol{p}^{(k+1)} = \boldsymbol{r}^{(k+1)} + \beta_k \boldsymbol{p}^{(k)} \end{cases}$$

② 若$\|\boldsymbol{r}^{(k+1)}\| \leqslant \varepsilon$或$(\boldsymbol{A}\boldsymbol{p}^{(k)}, \boldsymbol{p}^{(k)}) \leqslant \varepsilon$，则$\boldsymbol{x}^{(k+1)}$即为所求，计算终止；否则，$k \to k+1$，转步骤①.

在 CG 算法中，由于$\{\boldsymbol{r}^{(k)}\}$的正交性，因此在$\boldsymbol{r}^{(0)}, \boldsymbol{r}^{(1)}, \cdots, \boldsymbol{r}^{(n)}$中至少有一个零向量. 若$\boldsymbol{r}^{(k)} = \boldsymbol{0}$，则$\boldsymbol{x}^{(k)} = \boldsymbol{x}^*$，因而CG算法求解$n$维线性方程组在理论上最多$n$步即可求得精确解. 但在实际计算中，由于舍入误差的存在，因此很难保证$\{\boldsymbol{r}^{(k)}\}$的完全正交性. 另外，当n很大时，往往实际计算k（$k \ll n$）步时即可达到精度要求而不必计算n步.

例 10 用CG算法解线性方程组：

$$\begin{cases} 6x_1 + 3x_2 = 0 \\ 3x_1 + 2x_2 = -1 \end{cases}$$

解 $\boldsymbol{A} = \begin{pmatrix} 6 & 3 \\ 3 & 2 \end{pmatrix}$，故$\boldsymbol{A}$是对称正定矩阵.

取$\boldsymbol{x}^{(0)} = (0,0)^{\mathrm{T}}$，由共轭梯度法计算公式可得$\boldsymbol{p}^{(0)} = \boldsymbol{r}^{(0)} = \boldsymbol{b} - \boldsymbol{A}\boldsymbol{x}^{(0)} = (0,-1)^{\mathrm{T}}$，因此有

$$\alpha_0 = \frac{(\boldsymbol{r}^{(0)}, \boldsymbol{r}^{(0)})}{(\boldsymbol{A}\boldsymbol{p}^{(0)}, \boldsymbol{p}^{(0)})} = \frac{1}{2}$$

$$\boldsymbol{x}^{(1)} = \boldsymbol{x}^{(0)} + \alpha_0 \boldsymbol{p}^{(0)} = \left(0, -\frac{1}{2}\right)^{\mathrm{T}}$$

$$\boldsymbol{r}^{(1)} = \boldsymbol{r}^{(0)} - \alpha_0 \boldsymbol{A}\boldsymbol{p}^{(0)} = \left(\frac{3}{2}, 0\right)^{\mathrm{T}}$$

$$\beta_0 = \frac{(\boldsymbol{r}^{(1)}, \boldsymbol{r}^{(1)})}{(\boldsymbol{r}^{(0)}, \boldsymbol{r}^{(0)})} = \frac{9}{4}$$

$$\boldsymbol{p}^{(1)} = \boldsymbol{r}^{(1)} + \beta_0 \boldsymbol{p}^{(0)} = \left(\frac{3}{2}, -\frac{9}{4}\right)^{\mathrm{T}}$$

$$\alpha_1 = \frac{(\boldsymbol{r}^{(1)}, \boldsymbol{r}^{(1)})}{(\boldsymbol{A}\boldsymbol{p}^{(1)}, \boldsymbol{p}^{(1)})} = \frac{2}{3}$$

$$\boldsymbol{x}^{(2)} = \boldsymbol{x}^{(1)} + \alpha_1 \boldsymbol{p}^{(1)} = (1, -2)^{\mathrm{T}}$$

$$\boldsymbol{r}^{(2)} = \boldsymbol{r}^{(1)} - \alpha_1 \boldsymbol{A}\boldsymbol{p}^{(1)} = (0, 0)^{\mathrm{T}}$$

因为 $\|\boldsymbol{r}^{(2)}\| = 0$，所以计算结束，$\boldsymbol{x}^{(2)} = (1, -2)^{\mathrm{T}}$ 为方程组的解．这里 $n = 2$，说明用 CG 算法两步即可求出方程组的精确解.

4.6　应用案例：迭代法在求解偏微分方程中的应用

偏微分方程主要分为椭圆形、抛物型及双曲型．其中，海洋、水利等流体力学问题，以及弦的振动、波动方程等，一般归结为双曲型偏微分方程；定常热传导、导体电流分布、静力学和静磁学、弹性理论与渗流问题，一般归结为椭圆形偏微分方程；非定向热传导、气体膨胀、电磁场分布等问题，一般归结为抛物型偏微分方程.

本案例以椭圆形偏微分方程为背景来讨论迭代法在数值求解微分方程中的应用．考虑如下矩形区域内的二维泊松（Poisson）方程第一边值问题：

$$\begin{cases} -\left(\dfrac{\partial^2 u}{\partial x^2} + \dfrac{\partial^2 u}{\partial y^2}\right) = f(x, y), & (x, y) \in \Omega \\ u(x, y) = g(x, y), & (x, y) \in \partial\Omega \end{cases} \tag{4.43}$$

应用案例

式中，$\Omega = \{(x, y) | 0 < x, y \leqslant 1\}$，$\partial\Omega$ 为 Ω 的边界．下面用有限差分法近似求解方程（4.43）.

用直线 $x = x_i$，$y = y_j$ 在 Ω 上绘制$(N+1)\times(N+1)$的网格，其中

$$h = \frac{1}{N+1}, \quad x_i = ih, \quad y_j = jh, \qquad i, j = 0, 1, \cdots, N+1$$

分别记网格内点和边界点的集合为

$$\Omega_h = \{(x_i, y_j) | i, j = 1, 2, \cdots, N\}$$

$$\partial\Omega_h = \{(x_i, 0), (x_i, 1), (0, y_j), (1, y_j) | i, j = 0, 1, \cdots, N+1\}$$

利用有限差分法将方程（4.43）离散化为如下差分方程：

$$-\left(\frac{u_{i+1,j}-2u_{ij}+u_{i-1,j}}{h^2}+\frac{u_{i,j+1}-2u_{ij}+u_{i,j-1}}{h^2}\right)=f_{ij} \tag{4.44}$$

式中，u_{ij} 为 $u(x_i,y_j)$ 的近似值，$f_{ij}=f(x_i,y_j)$. 整理式（4.44）得

$$4u_{ij}-u_{i+1,j}-u_{i-1,j}-u_{i,j+1}-u_{i,j-1}=h^2 f_{ij} \tag{4.45}$$

该式称为五点差分格式. 把网格点按逐行自然顺序记为

$$\boldsymbol{u}=(u_{11},u_{21},\cdots,u_{N1},u_{12},\cdots,u_{N2},\cdots,u_{1N},\cdots,u_{NN})^{\mathrm{T}}$$

则式（4.45）的矩阵形式为

$$\boldsymbol{Au}=\boldsymbol{b}$$

具体地，方程（4.43）可取为如下形式：

$$\begin{cases}\dfrac{\partial^2 u}{\partial x^2}+\dfrac{\partial^2 u}{\partial y^2}=0, & 0\leqslant x\leqslant 1,\quad 0\leqslant y\leqslant 1\\ u(x,0)=u(0,y)=0,u(1,y)=u(x,1)=0\end{cases}$$

当 $N=2$，$h=\dfrac{1}{N+1}=\dfrac{1}{3}$ 时，由式（4.45）得到的差分方程为

$$\frac{u_{i+1,j}-2u_{ij}+u_{i-1,j}}{h^2}+\frac{u_{i,j+1}-2u_{ij}+u_{i,j-1}}{h^2}=0,\qquad i,j=1,2 \tag{4.46}$$

代入边值条件，式（4.46）对应的线性方程组为

$$\begin{cases}4u_{11}-u_{21}-u_{12}=0\\ -u_{11}+4u_{21}-u_{22}=0\\ -u_{11}+4u_{12}-u_{22}=1\\ -u_{21}-u_{12}+4u_{22}=1\end{cases} \tag{4.47}$$

分别利用雅可比迭代法、高斯-赛德尔迭代法和 SOR 方法求解方程组（4.47），当 $\|\boldsymbol{u}^{(k+1)}-\boldsymbol{u}^{(k)}\|_2<10^{-3}$ 时，计算终止. 计算结果见表 4-8 至表 4-10. 从这三个表中的误差值可以看出，高斯-赛德尔迭代法的收敛速度比雅可比迭代法快一些；当取松弛因子 $\omega=1.1$ 时，SOR 方法比高斯-赛德尔迭代法的收敛速度稍快.

表 4-8　雅可比迭代法计算结果

k	$u_{11}^{(k)}$	$u_{21}^{(k)}$	$u_{12}^{(k)}$	$u_{22}^{(k)}$	$\|\boldsymbol{u}^{(k)}-\boldsymbol{u}^{(k-1)}\|_2$
0	0	0	0	0	
1	0	0	0.2500	0.2500	0.353553
2	0.093750	0.093750	0.343750	0.343750	0.062500
3	0.109375	0.109375	0.359375	0.359375	0.031250
4	0.117188	0.117188	0.367188	0.367188	0.015625
5	0.121094	0.121094	0.371094	0.371094	0.007813
6	0.124023	0.124023	0.374023	0.374023	0.003906
7	0.124023	0.124023	0.374023	0.374023	0.001953
8	0.124512	0.124512	0.374512	0.374512	0.000976

表 4-9 高斯-赛德尔迭代法计算结果

k	$u_{11}^{(k)}$	$u_{21}^{(k)}$	$u_{12}^{(k)}$	$u_{22}^{(k)}$	$\|\boldsymbol{u}^{(k)}-\boldsymbol{u}^{(k-1)}\|_2$
0	0	0	0	0	
1	0	0	0.250000	0.312500	0.400195
2	0.062500	0.093750	0.343750	0.359375	0.153889
3	0.109375	0.117188	0.367188	0.371094	0.058594
4	0.121094	0.123047	0.373047	0.374023	0.014648
5	0.124023	0.124512	0.374512	0.374756	0.003662
6	0.124756	0.124878	0.374878	0.374939	0.000916

表 4-10 SOR 方法（ω=1.1）计算结果

k	$u_{11}^{(k)}$	$u_{21}^{(k)}$	$u_{12}^{(k)}$	$u_{22}^{(k)}$	$\|\boldsymbol{u}^{(k)}-\boldsymbol{u}^{(k-1)}\|_2$
0	0	0	0	0	
1	0	0	0.275000	0.350625	0.445604
2	0.075625	0.117219	0.364719	0.372470	0.167290
3	0.124970	0.125074	0.375324	0.375363	0.051162
4	0.125113	0.125123	0.375098	0.375025	0.000434

SOR 方法的误差为

$$\|\boldsymbol{u}^{(4)}-\boldsymbol{u}^{(3)}\|_2=4.335162\times10^{-4}<10^{-3}$$

方程组（4.47）的近似解为 $\boldsymbol{u}^*\approx\boldsymbol{u}^{(4)}=(0.125113,0.125123,0.375098,0.375025)^{\mathrm{T}}$.

习题 4

1．填空.

（1）求解线性方程组 $\boldsymbol{Ax}=\boldsymbol{b}$ 的迭代公式 $\boldsymbol{x}^{(k+1)}=\boldsymbol{Bx}^{(k)}+\boldsymbol{f}$（$k=0,1,2,\cdots$）收敛的充分必要条件是________. 若 $\boldsymbol{A}$ 为严格对角占优矩阵，则用雅可比迭代法来解该方程组时________（一定收敛、一定不收敛、不一定收敛）.

（2）已知 $\boldsymbol{A}=\begin{pmatrix}1&3\\0&2\end{pmatrix}$，$\boldsymbol{x}=\begin{pmatrix}-2\\3\end{pmatrix}$，则 $\|\boldsymbol{A}\|_\infty=$________，$\|\boldsymbol{A}\|_2=$________，$\|\boldsymbol{Ax}\|_2=$________，$\mathrm{cond}(\boldsymbol{A})_\infty=$________.

（3）解方程组 $\begin{cases}2x_1-5x_2=3\\10x_1-3x_2=4\end{cases}$ 的雅可比迭代公式为________，给定初始向量 $\boldsymbol{x}^{(0)}=(1,1)^{\mathrm{T}}$，一次迭代的近似值为____________.

2．设 $\boldsymbol{A}\in\mathbf{R}^{n\times n}$ 为非奇异矩阵，$\|\boldsymbol{x}\|$ 为 $\mathbf{R}^n$ 上的一种向量范数，定义 $\|\boldsymbol{x}\|_A=\|\boldsymbol{Ax}\|$，试证明：$\|\boldsymbol{x}\|_A$ 是 $\mathbf{R}^n$ 上的一种向量范数.

3．求下列矩阵的 4 种常见范数：

$$A=\begin{pmatrix}1 & -2\\ -3 & 4\end{pmatrix},\quad B=\begin{pmatrix}1 & 0 & 0\\ 0 & 2 & 4\\ 0 & -2 & 4\end{pmatrix}$$

4．给定线性方程组：

$$\begin{pmatrix}1 & 2 & -2\\ 1 & 1 & 1\\ 2 & 2 & 1\end{pmatrix}\begin{pmatrix}x_1\\ x_2\\ x_3\end{pmatrix}=\begin{pmatrix}1\\ 2\\ 3\end{pmatrix}$$

（1）分别写出雅可比迭代法和高斯-赛德尔迭代法解此方程组的迭代公式；

（2）讨论雅可比迭代法和高斯-赛德尔迭代法的收敛性；

（3）写出求解此方程组 SOR 方法的迭代公式，取松弛因子 $\omega=1.1$，初始向量 $\boldsymbol{x}^{(0)}=(1,0,0)^{\mathrm{T}}$，求出一次迭代值 $\boldsymbol{x}^{(1)}$，求一次迭代误差 $\|\boldsymbol{x}^{(1)}-\boldsymbol{x}^{*}\|_1$.

5. 讨论用雅可比迭代法和高斯-赛德尔迭代法解方程组 $\boldsymbol{Ax}=\boldsymbol{b}$ 的收敛性. 如果收敛，则比较哪种方法收敛较快，其中

$$A=\begin{pmatrix}3 & 0 & -2\\ 0 & 2 & 1\\ -2 & 1 & 2\end{pmatrix}$$

6．给定线性方程组：

$$\begin{pmatrix}a & b\\ c & d\end{pmatrix}\begin{pmatrix}x_1\\ x_2\end{pmatrix}=\begin{pmatrix}e\\ f\end{pmatrix}$$

式中，a,b,c,d,e,f 为常数，且 $ad\neq bc$.

（1）分别写出雅可比迭代公式和高斯-赛德尔迭代公式；

（2）分析下面情况哪个会发生？

I）雅可比迭代公式收敛，且高斯-赛德尔迭代公式收敛；

II）雅可比迭代公式收敛，且高斯-赛德尔迭代公式发散；

III）雅可比迭代公式发散，且高斯-赛德尔迭代公式收敛；

IV）雅可比迭代公式发散，且高斯-赛德尔迭代公式发散.

7．给定线性方程组：

$$\begin{cases}a_{11}x_1+a_{12}x_2=b_1\\ a_{21}x_1+a_{22}x_2=b_2\end{cases},\qquad a_{11},a_{22}\neq 0$$

迭代公式为

$$\begin{cases}x_1^{(k+1)}=\dfrac{1}{a_{11}}(b_1-a_{12}x_2^{(k)})\\ x_2^{(k+1)}=\dfrac{1}{a_{22}}(b_2-a_{21}x_1^{(k)})\end{cases},\qquad k=0,1,2,\cdots$$

证明：由上述迭代公式产生的向量序列 $\{\boldsymbol{x}^{(k)}\}$ 收敛的充要条件是

$$r=\left|\frac{a_{12}a_{21}}{a_{11}a_{22}}\right|<1$$

8．给定线性方程组：

$$\begin{cases}3x_1-10x_2=-7\\9x_1-4x_2=5\end{cases}$$

考察用雅可比迭代法和高斯-赛德尔迭代法求解的收敛性，将方程组怎样改变后，方能求解方程组.

9．给定线性方程组：

$$\begin{pmatrix}3&2&0\\2&a&4\\0&4&3\end{pmatrix}\begin{pmatrix}x\\y\\z\end{pmatrix}=\begin{pmatrix}10\\6\\8\end{pmatrix}$$

式中，a 为非零常数. 讨论 a 在何范围内取值时高斯-赛德尔迭代公式收敛.

10．用 SOR 方法解线性方程组：

$$\begin{cases}-4x_1+x_2+x_3+x_4=1\\x_1-4x_2+x_3+x_4=1\\x_1+x_2-4x_3+x_4=1\\x_1+x_2+x_3-4x_4=1\end{cases}$$

分别取 $\omega=1.0,1.1,1.3$，当 $\|\boldsymbol{x}^{(k+1)}-\boldsymbol{x}^{(k)}\|_\infty<10^{-4}$ 时，迭代终止.

11．设有线性方程组 $\boldsymbol{Ax}=\boldsymbol{b}$，其中 $\boldsymbol{A}$ 为对称正定矩阵，且有迭代公式：

$$\boldsymbol{x}^{(k+1)}=\boldsymbol{x}^{(k)}+\omega(\boldsymbol{b}-\boldsymbol{Ax}^{(k)})\,,\qquad k=0,1,2,\cdots$$

讨论使其迭代收敛的 ω 的取值范围.

12．取 $\boldsymbol{x}^{(0)}=(0,0,0)^{\mathrm{T}}$，用共轭梯度法解下列线性方程组：

$$\begin{pmatrix}4&-1&2\\-1&5&3\\2&3&6\end{pmatrix}\begin{pmatrix}x_1\\x_2\\x_3\end{pmatrix}=\begin{pmatrix}12\\10\\18\end{pmatrix}$$

应用题

在热传导的研究中，一个重要的问题是确定一块金属板的稳态温度分布. 根据热力学第一定律，只要测定一块金属板四周的温度就可以确定金属板上任意一点的温度. 如图 4-1 所示金属板，已知 8 个节点处的温度.

根据热力学第一定律建立关于中间 4 个节点处温度的线性方程组如下：

$$\begin{cases}T_1=\dfrac{1}{4}(10+20+T_2+T_3)\\T_2=\dfrac{1}{4}(20+30+T_1+T_4)\\T_3=\dfrac{1}{4}(10+50+T_1+T_4)\\T_4=\dfrac{1}{4}(30+50+T_2+T_3)\end{cases}$$

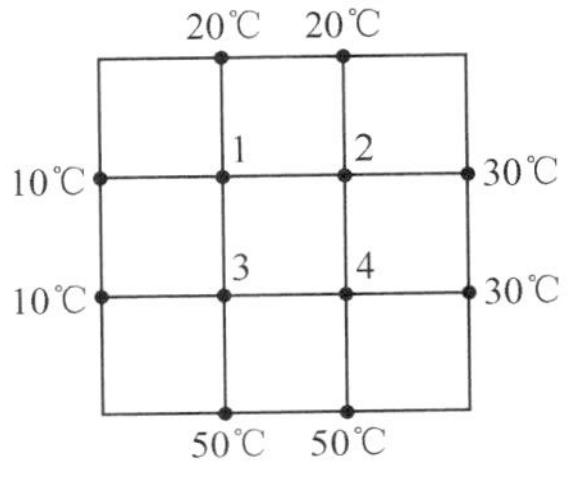

图 4-1

（1）分别利用雅可比迭代法、高斯-赛德尔迭代法和 SOR 方法求解上述线性方程组，求

出中间 4 个节点处的温度 T_1,T_2,T_3,T_4，当 $\left\|\boldsymbol{T}^{k+1}-\boldsymbol{T}^{k}\right\|_2<10^{-3}$ 时，计算终止.

（2）如图 4-2 所示，将应用题（1）中金属板内部节点增至 5×5 个，根据热力学第一定律建立关于中间节点温度 $T_1,T_2,\cdots,T_{25}$ 的线性方程组，求金属板的稳态温度分布.

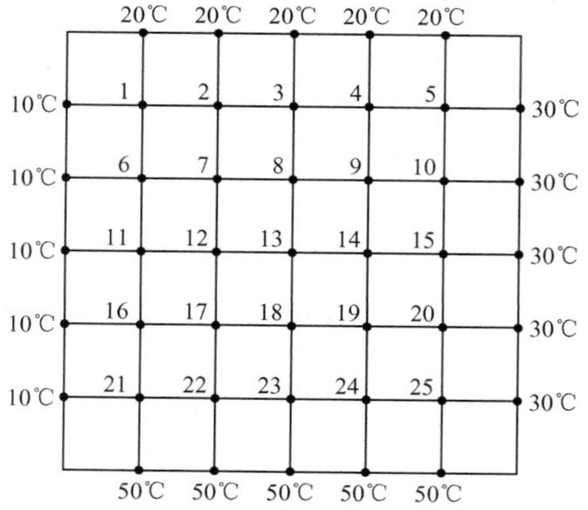

图 4-2

上机实验

1．有 Hilbert 矩阵：

$$\boldsymbol{H}=(h_{ij})\in\mathbf{R}^{n\times n},\ h_{ij}=\frac{1}{i+j+1},\qquad i,j=1,2,\cdots,n.$$

考虑线性方程组 $\boldsymbol{Hx}=\boldsymbol{b}$，假设精确解 $\boldsymbol{x}^*=(1,1,\cdots,1)^{\mathrm{T}}\in\mathbf{R}^n$，由此确定向量 $\boldsymbol{b}$.

（1）选择 $n=6$，分别用雅可比迭代法和 SOR 方法（$\omega=1,1.2,1.4,1.6,1.8,\cdots$）求解，并比较计算结果与精确解.

（2）逐步增大 n（$n=8,10,\cdots$），重复（1）的计算，并比较结果.

2．给定线性方程组：

$$\begin{cases}x_1+2x_2+3x_3+4x_4+5x_5=55\\-2x_1+3x_2+4x_3+5x_4+6x_5=66\\-3x_1-4x_2+5x_3+6x_4+7x_5=63\\-4x_1-5x_2-6x_3+7x_4+8x_5=36\\-5x_1-6x_2-7x_3-8x_4+9x_5=-25\end{cases}$$

试以 $\|\boldsymbol{x}^{(k+1)}-\boldsymbol{x}^{(k)}\|_\infty<10^{-5}$ 作为终止标准，编程分别利用雅可比迭代法、高斯-赛德尔迭代法及具有最佳松弛因子的 SOR 方法求解该方程组，并比较这些方法的计算精度和计算时间.

3．桁架是能够承受重负载的轻量结构。在桥梁设计中，一个个桁架和可旋转的支点连接起来可以把力通过该桁架从一个连接点传到另一个连接点。图 4-3 给出了一个桁架示意图，左下角连接点 1 是一个固定支点，桁架在右下角连接点 4 处可以水平移动，连接点 1、2、3 和 4 都是支点. 在支点 3 处施加 10000N 的力，桁架的受力情况由 f_1、f_2、f_3、f_4 和 f_5 给出。固定支点同时受到水平方向的力 F_1 和垂直方向的力 F_2 的作用，但移动支点只受到垂直方向的力 F_3 的作用.

如果整个桁架处于静止平衡状态，每个支点的合力应为零向量，因此每个支点上力的水平分量和垂直分量之和都应该为零，这样可以得到如表 4-11 所示的线性方程组，该方程组的矩阵形式为

$$\begin{pmatrix} -1 & & & & 1 & & & \\ & -1 & & & & & & \\ & & -1 & & & & \frac{1}{2} & \\ & & & -\frac{\sqrt{2}}{2} & & -1 & \frac{1}{2} & \\ & & & & -1 & & & 1 \\ & & & & & & & \\ & & & -\frac{\sqrt{2}}{2} & & & \frac{\sqrt{3}}{2} & \\ & & & & & & -\frac{\sqrt{3}}{2} & -1 \end{pmatrix}\begin{pmatrix} F_1 \\ F_2 \\ F_3 \\ f_1 \\ f_2 \\ f_3 \\ f_4 \\ f_5 \end{pmatrix}=\begin{pmatrix} 0 \\ 0 \\ 0 \\ 0 \\ 0 \\ 10000 \\ 0 \\ 0 \end{pmatrix}$$

取初始向量为 $\boldsymbol{x}^{(0)}=(1,1,1,1,1,1,1,1)^{\mathrm{T}}$，分别利用雅可比迭代法、高斯-赛德尔迭代法和 SOR 方法（取 $\omega=1.25$）求解上述线性方程组，计算 F_1、F_2、F_3、f_1、f_2、f_3、f_4和f_5，终止标准为 $\|\boldsymbol{x}^{(k+1)}-\boldsymbol{x}^{(k)}\|_\infty<10^{-2}$.

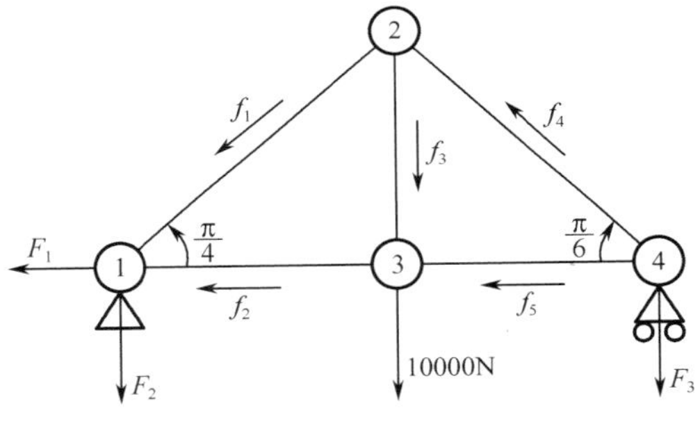

图 4-3

表 4-11　节点受力满足的线性方程组

节点	水平分量	垂直分量
①	$-F_1+\frac{\sqrt{2}}{2}f_1+f_2=0$	$\frac{\sqrt{2}}{2}f_1-F_2=0$
②	$-\frac{\sqrt{2}}{2}f_1+\frac{\sqrt{3}}{2}f_4=0$	$-\frac{\sqrt{2}}{2}f_1-f_3+\frac{1}{2}f_4=0$
③	$-f_2+f_5=0$	$f_3-10000=0$
④	$-\frac{\sqrt{3}}{2}f_4-f_5=0$	$\frac{1}{2}f_4-F_3=0$

4. 第 3 章上机实验 3 中给出的关于受力向量 $\boldsymbol{f}=(f_1,f_2,\cdots,f_{13})^{\mathrm{T}}$ 的线性方程组为稀疏线性方程组，利用上述三种迭代法重新求解该方程组.

第 5 章

曲线拟合与函数插值

在科学研究和工程计算中，经常需要考察两个变量 x 与 y 之间的函数关系. 通常，从问题的实际背景和理论分析可知，函数关系 $y = f(x)$ 在某个区间 $[a,b]$ 内是存在的，但往往不知道其具体的解析表达式，只能通过观察、测量或试验得到一些离散点上的函数值. 因此，我们希望对这种理论上存在的函数用一个比较简单的表达式近似地给出整体上的描述. 此外，有些函数虽然有明确的解析表达式，但过于复杂，不便于进行理论分析和数值计算，我们同样希望构造一个既能反映函数特性又便于计算的简单函数，近似替代原来的函数.

这种用较简单的函数来近似复杂函数的问题，就是函数逼近问题，曲线拟合和函数插值是数值分析中常用的两种函数逼近方法. 如果要求构造一个简单函数，它表示的曲线与所有给定的数据点在整体上符合得比较好，这就是曲线拟合问题；如果要求简单函数表示的曲线通过所有给定的数据点，这就是函数插值问题.

5.1 曲线拟合的最小二乘法

5.1.1 最小二乘问题

对通过观察或测量得到的一组数据 $\{(x_i, y_i), i = 1, 2, \cdots, m\}$，有时可根据数据的分布或问题的背景确定变量 x 与 y 之间函数关系的数学模型（例如，线性关系、指数函数关系、对数函数关系等），但模型中某些参数需要根据所得的数据来确定. 为了减少随机因素所带来的误差的影响，通常会进行多次观测，因此所得数据要远远多于所需确定的参数个数，这就是所谓的多余观测问题. 最小二乘法是解决这个问题的一种方法，它起源于以测量和观测为基础的天文学，有材料表明，高斯和勒让德（Legendre）分别独立地提出了这种方法.

首先考察一个例子.

例 1 表 5-1 是 1950—1959 年我国人口数量数据，试确定人口数量 y 与年份 x 之间的近似函数关系.

我们希望用一个简单的式子描述人口数量与年份之间的函数关系. 如果把这 10 组数据画在坐标系内，可以看出，这 10 个数据点大致分布在一条直线上，因此自然想到用线性函数来表示人口数量与年份之间的关系.

表 5-1　例 1 数据

i	年份 x_i	人口数量 y_i/亿人	i	年份 x_i	人口数量 y_i/亿人
1	1950 年	5.52	6	1955 年	6.15
2	1951 年	5.63	7	1956 年	6.28
3	1952 年	5.75	8	1957 年	6.46
4	1953 年	5.88	9	1958 年	6.60
5	1954 年	6.03	10	1959 年	6.72

设人口数量 y 与年份 x 之间的函数关系为

$$y = a + bx \tag{5.1}$$

式中，a 和 b 是待定参数. 由图 5-1 可知，(x_i, y_i) 并不是严格地落在一条直线上，因此，无论怎样选择 a 和 b，都不可能使所有的数据点 (x_i, y_i) 均满足关系式（5.1）.

根据式（5.1），给定一个年份 x_i 便可计算出相应的人口数量 y_i，我们记

$$\tilde{y}_i = a + bx_i$$

$\tilde{y}_i$ 为 y_i 的近似值. 显然，误差 $r_i = \tilde{y}_i - y_i = a + bx_i - y_i$ 是衡量参数 a 和 b（也就是函数关系 $y = a + bx$）好坏的重要标志.

可以根据不同的原则来确定参数 a 和 b. 通常，我们希望选择 a 和 b，使得误差 r_i 的平方和达到最小，即求出参数 a 和 b，使

$$S(a,b) = \sum_{i=1}^{10} r_i^2 = \sum_{i=1}^{10} (a + bx_i - y_i)^2$$

取最小值.

由多元函数取得极值的必要条件，应有

$$\frac{\partial S}{\partial a} = 2\sum_{i=1}^{10} (a + bx_i - y_i) = 0$$

$$\frac{\partial S}{\partial b} = 2\sum_{i=1}^{10} (a + bx_i - y_i)x_i = 0$$

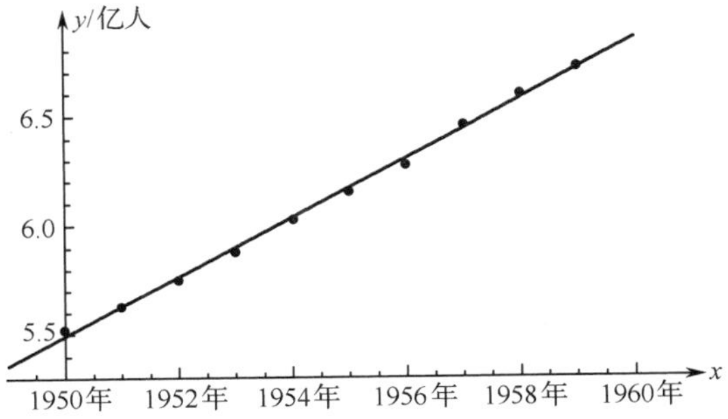

图 5-1

整理，得到如下线性方程组：

$$\begin{cases} 10a + \left(\sum_{i=1}^{10} x_i\right)b = \sum_{i=1}^{10} y_i \\ \left(\sum_{i=1}^{10} x_i\right)a + \left(\sum_{i=1}^{10} x_i^2\right)b = \sum_{i=1}^{10} x_i y_i \end{cases}$$

经计算，可得

$$\begin{cases} 10a + 545b = 61.02 \\ 545a + 29785b = 3336.8 \end{cases}$$

解得 $a=-1.3034$， $b=0.1359$，从而得到人口数量 y 与年份 x 之间的近似函数关系为 $y=-1.3034+0.1359x$，其误差平方和 $S=\sum_{i=1}^{10}(-1.3034+0.1359x_i-y_i)^2=0.0033$.

按照例 1 中的方法，通过使误差的平方和达到最小来求出待定参数，从而得到近似函数的方法，就是通常所说的**最小二乘法**.

现在可以考虑较为一般的情形. 假设需要建立函数关系的两个变量为 x 和 y，根据问题背景和以往经验，经过分析可知二者之间的函数关系近似为 $y=\tilde{f}(x)$，式中，$\tilde{f}(x)$ 为某类函数，含有待定参数 $\alpha_1,\alpha_2,\cdots,\alpha_m$. 观测所得数据为 (x_i,y_i)， $i=1,2,\cdots,N$， 且 $N>m$. 按照最小二乘法的思想，应选择参数 $\alpha_1,\alpha_2,\cdots,\alpha_m$，使误差的平方和

$$S(\alpha_1,\alpha_2,\cdots,\alpha_m)=\sum_{i=1}^{N}(\tilde{f}(x_i;\alpha_1,\alpha_2,\cdots,\alpha_m)-y_i)^2 \tag{5.2}$$

取最小值. 这里，函数 $\tilde{f}(x)$ 称为**拟合函数**.

从几何的角度看，根据给定数据用最小二乘法确定拟合函数 $\tilde{f}(x)$，相当于在平面上给定一些点 (x_i,y_i)（$i=1,2,\cdots,N$）求曲线 $y=\tilde{f}(x)$，使得它与这些给定点的距离平方和最小，因此又称为**曲线拟合**.

5.1.2 最小二乘拟合多项式

在曲线拟合问题中，拟合函数可以有不同的类型，其中较为常用的是多项式.

最小二乘拟合多项式

给定数据点 (x_i,y_i)（$i=1,2,\cdots,N$），求一个 n 次多项式：

$$p_n(x)=a_0+a_1x+\cdots+a_nx^n, \qquad n<N$$

使

$$S(a_0,a_1,\cdots,a_n)=\sum_{i=1}^{N}(p_n(x_i)-y_i)^2=\sum_{i=1}^{N}\left(\sum_{j=0}^{n}a_jx_i^j-y_i\right)^2 \tag{5.3}$$

取最小值，称满足上述条件的 $p_n(x)$ 为**最小二乘拟合多项式**.

注意，S 是非负的，且是 $a_0,a_1,\cdots,a_n$ 的二次多项式，因此它必有最小值. 根据多元函数取得极值的必要条件可知

$$\frac{\partial S}{\partial a_k}=2\sum_{i=1}^{N}\left(\sum_{j=0}^{n}a_jx_i^j-y_i\right)x_i^k=2\left(\sum_{i=1}^{N}\sum_{j=0}^{n}a_jx_i^{k+j}-\sum_{i=1}^{N}y_ix_i^k\right)=0, \qquad k=0,1,\cdots,n$$

于是得到如下方程组：

$$\sum_{j=0}^{n}\left(\sum_{i=1}^{N}x_i^{k+j}\right)a_j=\sum_{i=1}^{N}y_ix_i^k, \qquad k=0,1,\cdots,n$$

引入记号

$$s_k=\sum_{i=1}^{N}x_i^k, \quad u_k=\sum_{i=1}^{N}y_ix_i^k \tag{5.4}$$

则上述方程组可以写成

$$\sum_{j=0}^{n} s_{k+j} a_j = u_k, \qquad k = 0,1,\cdots,n \tag{5.5}$$

方程组（5.5）称为**正规方程组**或**法方程**，表示成矩阵形式为

$$\begin{pmatrix} s_0 & s_1 & s_2 & \cdots & s_n \\ s_1 & s_2 & s_3 & \cdots & s_{n+1} \\ s_2 & s_3 & s_4 & \cdots & s_{n+2} \\ \vdots & \vdots & \vdots & \ddots & \vdots \\ s_n & s_{n+1} & s_{n+2} & \cdots & s_{2n} \end{pmatrix} \begin{pmatrix} a_0 \\ a_1 \\ a_2 \\ \vdots \\ a_n \end{pmatrix} = \begin{pmatrix} u_0 \\ u_1 \\ u_2 \\ \vdots \\ u_n \end{pmatrix} \tag{5.6}$$

可以证明，当 $x_1, x_2, \cdots, x_N$ 彼此互异时，式（5.6）的系数矩阵非奇异，从而方程组有唯一解. 根据式（5.6）解出 $a_0, a_1, \cdots, a_n$，于是得到多项式：

$$p_n(x) = \sum_{j=0}^{n} a_j x^j \tag{5.7}$$

进一步地，可以证明由此得到的 $a_0, a_1, \cdots, a_n$（多项式 $p_n(x)$）使 $S(a_0, a_1, \cdots, a_n)$ 取最小值，因此 $p_n(x)$ 即为所求的最小二乘拟合多项式.

多项式拟合的一般步骤可以归纳如下：

（1）根据已知数据绘制散点图，观察数据点的分布情况，确定拟合多项式的次数 n；

（2）根据式（5.4）计算 $s_k\ (k = 0,1,\cdots,2n)$ 和 $u_k\ (k = 0,1,\cdots,n)$；

（3）根据式（5.6）建立正规方程组，解出 $a_0, a_1, \cdots, a_n$；

（4）写出最小二乘拟合多项式 $p_n(x) = \sum_{j=0}^{n} a_j x^j$.

例 2　已知一组实验数据，见表 5-2，求它的拟合曲线.

表 5-2　例 2 数据

x_i	1	2	3	4	5	6
y_i	15	6	3	2	7	14

解　将所给数据在坐标系中画出，如图 5-2 所示，可以看到各点大致落在一条抛物线附近，因此可选择二次多项式对数据进行拟合.

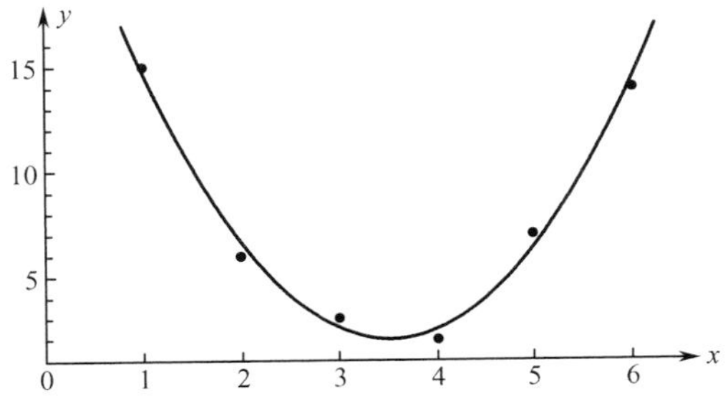

图 5-2

设拟合函数为

$$y = a_0 + a_1 x + a_2 x^2$$

经计算，可得

$$s_0 = 6，\quad s_1 = \sum_{i=1}^{6} x_i = 21，\quad s_2 = \sum_{i=1}^{6} x_i^2 = 91，\quad s_3 = \sum_{i=1}^{6} x_i^3 = 441，\quad s_4 = \sum_{i=1}^{6} x_i^4 = 2275$$

$$u_0 = \sum_{i=1}^{6} y_i = 47，\quad u_1 = \sum_{i=1}^{6} x_i y_i = 163，\quad u_2 = \sum_{i=1}^{6} x_i^2 y_i = 777$$

于是正规方程组为

$$\begin{pmatrix} 6 & 21 & 91 \\ 21 & 91 & 441 \\ 91 & 441 & 2275 \end{pmatrix} \begin{pmatrix} a_0 \\ a_1 \\ a_2 \end{pmatrix} = \begin{pmatrix} 47 \\ 163 \\ 777 \end{pmatrix}$$

解得 $a_0 = 26.8$，$a_1 = -14.0857$，$a_2 = 2$，因此所求拟合多项式为

$$y = 26.8 - 14.0857x + 2x^2$$

在实际应用中，需要确定的拟合函数往往并不是多项式，这时，可以通过适当的变换将其转换为多项式，再利用最小二乘法进行求解. 例如，用函数

$$y = Ae^{bx} \tag{5.8}$$

去拟合一组给定的数据，式中，A 和 b 是待定参数. 这时，可以在式（5.8）两端取对数，得

$$\ln y = \ln A + bx$$

记 $\tilde{y} = \ln y$，$a = \ln A$，则上式可写成

$$\tilde{y} = a + bx$$

这样，仍可用最小二乘法解出 a 和 b（从而也就确定了 A 和 b），于是得到拟合函数 $y = Ae^{bx}$.

表 5-3 列出了几类可变换为多项式形式的拟合函数及变换关系.

表 5-3　拟合函数的变换

可变换为多项式形式的拟合函数

拟合函数	变换关系	变换后的拟合多项式
$y = Ae^{bx}$	$\tilde{y} = \ln y$	$\tilde{y} = a + bx$（$a = \ln A$）
$y = ax^b$	$\tilde{y} = \ln y$，$\tilde{x} = \ln x$	$\tilde{y} = \tilde{a} + b\tilde{x}$（$\tilde{a} = \ln a$）
$y = \dfrac{1}{a + bx}$	$\tilde{y} = \dfrac{1}{y}$	$\tilde{y} = a + bx$
$y = \dfrac{x}{a + bx + cx^2}$	$\tilde{y} = \dfrac{x}{y}$	$\tilde{y} = a + bx + cx^2$

例 3　根据马尔萨斯（Malthus）关于人口数量在自然状态下增长的理论模型，对例 1 中的数据用形如 $y = Ae^{bx}$ 的指数函数进行拟合.

解　对 $y = Ae^{bx}$ 两端取对数，得

$$\ln y = \ln A + bx$$

表 5-1 中的数据经变换后见表 5-4.

表 5-4　变换后的数据

i	年份 x_i	人口数量 $\ln y_i$	i	年份 x_i	人口数量 $\ln y_i$
1	1950 年	1.71	6	1955 年	1.82
2	1951 年	1.73	7	1956 年	1.84
3	1952 年	1.75	8	1957 年	1.87
4	1953 年	1.77	9	1958 年	1.89
5	1954 年	1.80	10	1959 年	1.91

此时，拟合多项式为

$$\tilde{y} = a + bx$$

式中，$\tilde{y} = \ln y$，$a = \ln A$．经计算，可得

$$s_0 = 10，\quad s_1 = 545，\quad s_2 = 29785，\quad u_0 = 18.09，\quad u_1 = 987.78$$

于是正规方程组为

$$\begin{pmatrix} 10 & 545 \\ 545 & 29785 \end{pmatrix}\begin{pmatrix} a \\ b \end{pmatrix} = \begin{pmatrix} 18.09 \\ 987.78 \end{pmatrix}$$

解得 $a = 0.5704$，$b = 0.0227$，于是 $A = \mathrm{e}^a = 1.7690$，所求拟合函数为 $y = 1.7690\mathrm{e}^{0.0227x}$，其误差平方和 $S = \sum_{i=1}^{10}(1.7690\mathrm{e}^{0.0227x_i} - y_i)^2 = 0.0025$，这比例 1 中所得误差要小，因此指数增长模型优于线性模型.

注意，前面在最小二乘法中考虑式（5.3）给出的误差的平方和时，所有数据点 (x_i, y_i) 的地位是相同的. 在实际应用中，有时有理由认为某些数据点的作用要大一些，而另外一些数据点的作用要小一些. 在数学上，可以在各个数据点处引入权重以表明其重要程度，这时，误差的平方和表示为如下形式：

$$S(a_0, a_1, \cdots, a_n) = \sum_{i=1}^{N} \rho_i (p_n(x_i) - y_i)^2 \tag{5.9}$$

式中，$\rho_i > 0$ 且 $\sum_{i=1}^{N} \rho_i = 1$，通常称 ρ_i 为**权**. 可以按照和前面相同的方法求得 $S(a_0, a_1, \cdots, a_n)$ 的最小值点，进而得到最小二乘拟合多项式 $p_n(x)$，这一工作留做练习.

最小二乘法有许多重要的应用，其中最简单的一个是关于超定方程组的求解. 设有线性方程组 $\boldsymbol{Ax} = \boldsymbol{b}$，式中，$\boldsymbol{A} = (a_{ij})_{m \times n}$ 为系数矩阵，$\boldsymbol{b} = (b_1, b_2, \cdots, b_m)^{\mathrm{T}}$ 为 m 维已知向量，$\boldsymbol{x} = (x_1, x_2, \cdots, x_n)^{\mathrm{T}}$ 是 n 维未知向量. 当 $m > n$，即方程组中方程的个数多于未知量的个数时，称此方程组为**超定方程组**. 一般来说，超定方程组没有精确解，这时，可利用最小二乘法寻找方程组的近似解.

设有一组近似解 $\boldsymbol{x} = (x_1, x_2, \cdots, x_n)^{\mathrm{T}}$，将其代入第 i 个方程的左端，一般来讲，它不会等于右端 b_i，因此有误差：

$$r_i = \sum_{j=1}^{n} a_{ij} x_j - b_i，\qquad i = 1, 2, \cdots, m$$

超定方程组

根据最小二乘法，考虑误差的平方和：

$$S(x_1,x_2,\cdots,x_n)=\sum_{i=1}^{m}r_i^2=\sum_{i=1}^{m}\left(\sum_{j=1}^{n}a_{ij}x_j-b_i\right)^2 \tag{5.10}$$

令 $\dfrac{\partial S}{\partial x_k}=0$（$k=1,2,\cdots,n$），整理得

$$\sum_{j=1}^{n}\left(\sum_{i=1}^{m}a_{ij}a_{ik}\right)x_j=\sum_{i=1}^{m}a_{ik}b_i\,,\qquad k=1,2,\cdots,n \tag{5.11}$$

式（5.11）是关于 $x_1,x_2,\cdots,x_n$ 的线性方程组，同样也称为正规方程组或法方程，其矩阵形式为

$$\boldsymbol{A}^{\mathrm{T}}\boldsymbol{A}\boldsymbol{x}=\boldsymbol{A}^{\mathrm{T}}\boldsymbol{b} \tag{5.12}$$

可以证明，当矩阵 $\boldsymbol{A}$ 的秩为 n 时，方程组（5.12）的系数矩阵是对称正定矩阵，因此有唯一解. 进一步地，可以证明方程组（5.12）的解 $\boldsymbol{x}^*=(x_1^*,x_2^*,\cdots,x_n^*)^{\mathrm{T}}$ 使误差的平方和 $S(x_1,x_2,\cdots,x_n)$ 取最小值，因此它就是所要求的超定方程组 $\boldsymbol{A}\boldsymbol{x}=\boldsymbol{b}$ 的最小二乘解.

5.2 插值问题的提出

对在某个区间 $[a,b]$ 内存在的函数 $f(x)$，若 $f(x)$ 的表达式未知，或者其表达式过于复杂导致使用不便，在这样的情况下，我们希望构造一个比较简单的函数 $P(x)$，使得两者在某些给定点处具有相同的函数值，从而可用 $P(x)$ 来作为函数 $f(x)$ 的近似，以便进行后续的理论分析和工程计算. 插值法就是寻求近似函数的一种方法，下面给出插值法的有关定义.

定义 1 设函数 $y=f(x)$ 在区间 $[a,b]$ 内有定义，且已知在彼此互异的 $n+1$ 个点 $a\leqslant x_0<x_1<\cdots<x_n\leqslant b$ 处的函数值：

$$y_i=f(x_i)\,,\quad i=0,1,\cdots,n \tag{5.13}$$

若存在一个简单函数 $P(x)$，使得

$$P(x_i)=y_i\,,\quad i=0,1,\cdots,n \tag{5.14}$$

则称 $P(x)$ 为 $f(x)$ 的**插值函数**，$f(x)$ 称为**被插函数**，点 $x_0,x_1,\cdots,x_n$ 称为**插值节点**，包含插值节点的区间 $[a,b]$ 称为**插值区间**，式（5.14）称为**插值条件**，求插值函数 $P(x)$ 的方法称为**插值法**.

从几何上看，插值法就是寻求一条曲线 $y=P(x)$，使它通过平面上给定的 $n+1$ 个点 (x_i,y_i)，$i=0,1,\cdots,n$，如图 5-3 所示.

在处理插值问题时，首先要根据需要选择插值函数 $P(x)$ 所属的函数类. 如果选择 $P(x)$ 为代数多项式，就产生了代数插值问题，此时的插值函数称为**插值多项式**，相应的插值法称为**多项式插值**. 类似地，还有三角多项式插值、有理函数插值、样条插值等问题. 有时不仅要求插值函数与被插函数在节点处有相同的函数值，还要求它们在指定的节点处具有相同的若干阶导数值，这就产生了切触插值问题.

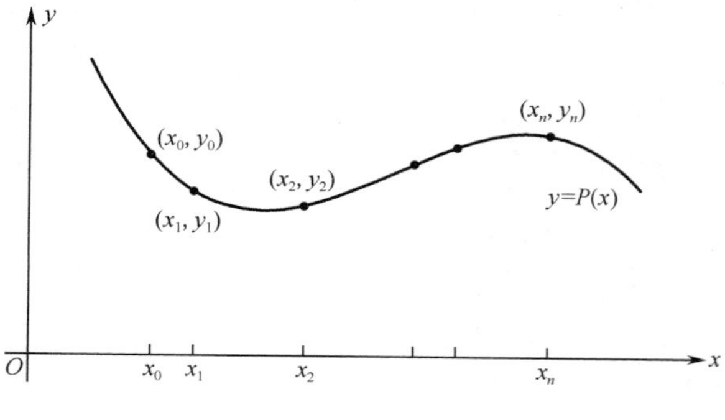

图 5-3

代数多项式结构简单，并具有良好的性质，便于进行理论分析和数值计算，是一类较为

常用的简单函数. 下面考虑采用代数多项式作为插值函数，即考虑如下代数插值问题.

问题 1　设在区间$[a,b]$内给定$n+1$个彼此互异的插值节点：

$$a \leqslant x_0 < x_1 < \cdots < x_n \leqslant b$$

$y_i = f(x_i)$（$i=0,1,\cdots,n$）为给定的函数值，求一个次数不超过n的多项式$P_n(x)$，使得

$$P_n(x_i) = y_i, \quad i=0,1,\cdots,n \tag{5.15}$$

这个问题的解答由下面的插值定理给出.

定理 1　设$a \leqslant x_0 < x_1 < \cdots < x_n \leqslant b$为区间$[a,b]$内给定的$n+1$个彼此互异的插值节点，则存在唯一的次数不超过$n$的多项式$P_n(x)$满足插值条件（5.15）.

证明　因为对任意次数不超过n的多项式$P_n(x)$，总有$P_n(x) \in \mathrm{Span}\{1, x, x^2, \cdots, x^n\}$，即所求插值多项式可表示为

$$P_n(x) = a_0 + a_1 x + a_2 x^2 + \cdots + a_n x^n$$

式中，$a_0, a_1, \cdots, a_n$为待定系数.

利用插值条件（5.15），可得一个关于系数$a_0, a_1, \cdots, a_n$的$n+1$元线性方程组：

$$\begin{cases} a_0 + a_1 x_0 + a_2 x_0^2 + \cdots + a_n x_0^n = y_0 \\ a_0 + a_1 x_1 + a_2 x_1^2 + \cdots + a_n x_1^n = y_1 \\ \vdots \\ a_0 + a_1 x_n + a_2 x_n^2 + \cdots + a_n x_n^n = y_n \end{cases} \tag{5.16}$$

该方程组的系数矩阵为

$$\boldsymbol{A} = \begin{pmatrix} 1 & x_0 & x_0^2 & \cdots & x_0^n \\ 1 & x_1 & x_1^2 & \cdots & x_1^n \\ \vdots & \vdots & \vdots & \ddots & \vdots \\ 1 & x_n & x_n^2 & \cdots & x_n^n \end{pmatrix}$$

此为范德蒙德（Vandermonde）矩阵. 容易验证，$\boldsymbol{A}$的行列式$\det(\boldsymbol{A}) = \prod\limits_{0 \leqslant j < i \leqslant n} (x_i - x_j)$，由于节点$x_0, x_1, \cdots, x_n$彼此互异，故$\det(\boldsymbol{A}) \neq 0$，因此，线性方程组（5.16）存在唯一解$a_0, a_1, \cdots, a_n$，于是，满足插值条件（5.15）的次数不超过$n$的插值多项式存在且唯一.

使用上述过程求解插值多项式的方法称为**待定系数法**. 这种方法需要解线性方程组，且由于节点较多，因此是高次线性方程组. 方法虽然可行，但这是求解插值多项式最繁杂的方法. 在实际应用中，通常采用如拉格朗日插值、牛顿插值这样的构造性插值方法.

5.3　拉格朗日插值

5.3.1　线性插值与二次插值

考虑$n=1$时的插值问题. 设函数$y=f(x)$在节点x_0和x_1处的函数值分别为y_0和y_1，求一次插值多项式$L_1(x)$，其满足插值条件：

$$L_1(x_0) = y_0, \quad L_1(x_1) = y_1$$

从几何上看，$L_1(x)$的图形为通过平面上给定两点(x_0, y_0)和(x_1, y_1)的一条直线，因此可直接写出其表达式：

$$L_1(x)=y_0+\frac{y_1-y_0}{x_1-x_0}(x-x_0)$$

上式通常称为**点斜式方程**. 为便于推广，将其改写为如下对称式方程：

$$L_1(x)=y_0\frac{x-x_1}{x_0-x_1}+y_1\frac{x-x_0}{x_1-x_0} \tag{5.17}$$

$L_1(x)$ 称为**线性插值多项式**，从式（5.17）可以看出，它是由两个一次多项式做线性组合得到的. 若令

$$l_0(x)=\frac{x-x_1}{x_0-x_1}，\quad l_1(x)=\frac{x-x_0}{x_1-x_0}$$

则有

$$L_1(x)=y_0l_0(x)+y_1l_1(x) \tag{5.18}$$

事实上，$l_0(x)$ 和 $l_1(x)$ 均为一次多项式，它们在节点 x_0 和 x_1 处分别满足条件：

$$l_0(x_0)=1，\quad l_0(x_1)=0 \tag{5.19}$$

$$l_1(x_0)=0，\quad l_1(x_1)=1 \tag{5.20}$$

称多项式 $l_0(x)$ 和 $l_1(x)$ 为**线性插值基函数**，它们的图形如图 5-4 所示.

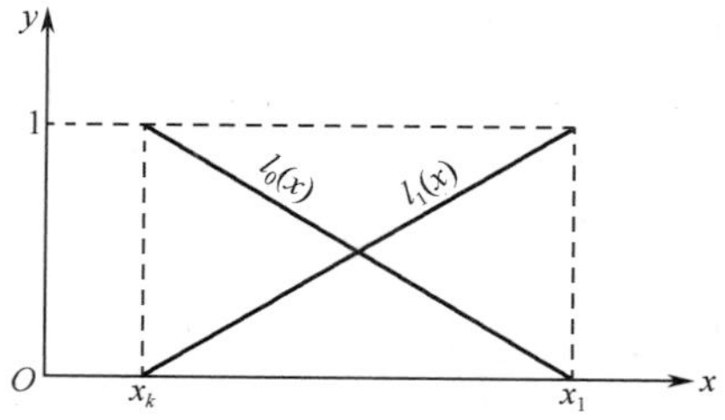

图 5-4

下面考虑 $n=2$ 时的插值问题. 设函数 $y=f(x)$ 在节点 x_0、x_1 和 x_2 处的函数值分别为 y_0、y_1 和 y_2，求二次插值多项式 $L_2(x)$，其满足插值条件：

$$L_2(x_i)=y_i，\quad i=0,1,2$$

从几何上看，$L_2(x)$ 是通过平面上三点 (x_0,y_0)、(x_1,y_1) 和 (x_2,y_2) 的抛物线. 可以采用与线性插值类似的办法构造出 $L_2(x)$. 为此，首先构造三个特殊的二次插值多项式 $l_0(x)$、$l_1(x)$ 和 $l_2(x)$，它们分别满足插值条件：

$$l_0(x_0)=1，\quad l_0(x_1)=0，\quad l_0(x_2)=0 \tag{5.21}$$

$$l_1(x_0)=0，\quad l_1(x_1)=1，\quad l_1(x_2)=0 \tag{5.22}$$

$$l_2(x_0)=0，\quad l_2(x_1)=0，\quad l_2(x_2)=1 \tag{5.23}$$

下面来求 $l_0(x)$. 由于 x_1 和 x_2 都是 $l_0(x)$ 的零点，且 $l_0(x)$ 是二次多项式，因此 $l_0(x)$ 可以写成

$$l_0(x)=c(x-x_1)(x-x_2)$$

式中，c 是待定常数. 再根据 $l_0(x_0)=1$ 可得

$$c=\frac{1}{(x_0-x_1)(x_0-x_2)}$$

于是

$$l_0(x)=\frac{(x-x_1)(x-x_2)}{(x_0-x_1)(x_0-x_2)}$$

同理可得

$$l_1(x)=\frac{(x-x_0)(x-x_2)}{(x_1-x_0)(x_1-x_2)}，\quad l_2(x)=\frac{(x-x_0)(x-x_1)}{(x_2-x_0)(x_2-x_1)}$$

称 $l_0(x)$、$l_1(x)$ 和 $l_2(x)$ 为**二次插值基函数**，其图形如图 5-5 所示.

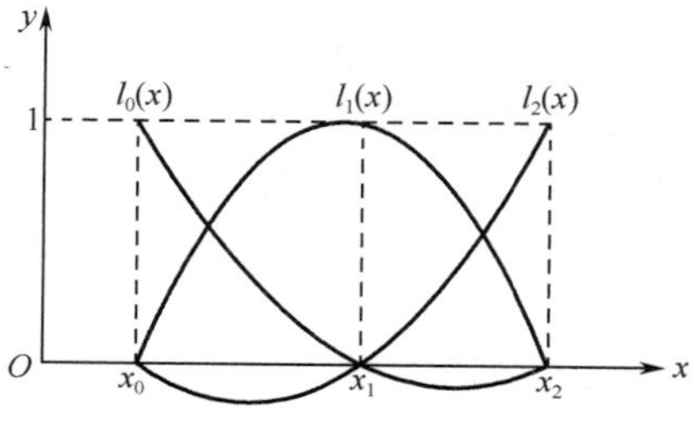

图 5-5

利用二次插值基函数，可以得到二次插值（也称抛物插值）多项式：

$$L_2(x) = y_0 l_0(x) + y_1 l_1(x) + y_2 l_2(x) = \sum_{i=0}^{2} y_i l_i(x) \tag{5.24}$$

显然，它满足插值条件 $L_2(x_i) = y_i$（$i = 0,1,2$），将 $l_0(x)$、$l_1(x)$ 和 $l_2(x)$ 代入式（5.24），得

$$L_2(x) = y_0 \frac{(x-x_1)(x-x_2)}{(x_0-x_1)(x_0-x_2)} + y_1 \frac{(x-x_0)(x-x_2)}{(x_1-x_0)(x_1-x_2)} + y_2 \frac{(x-x_0)(x-x_1)}{(x_2-x_0)(x_2-x_1)}$$

5.3.2 拉格朗日插值多项式

拉格朗日插值多项式

考虑一般的插值问题. 给定 $n+1$ 个节点 $x_0, x_1, \cdots, x_n$ 以及节点处函数值 $y_i = f(x_i)$（$i = 0,1,\cdots,n$），求 n 次插值多项式 $L_n(x)$，其满足插值条件：

$$L_n(x_i) = y_i, \qquad i = 0,1,\cdots,n$$

由线性插值和二次插值的构造过程可知，要求插值多项式 $L_n(x)$，可以先构造出 $n+1$ 个特殊的 n 次插值多项式，为此，考虑如下插值问题.

问题 2 设 $a \leqslant x_0 < x_1 < \cdots < x_n \leqslant b$ 为区间 $[a,b]$ 内给定的 $n+1$ 个插值节点，对每个 i（$0 \leqslant i \leqslant n$），求次数为 n 的多项式 $l_i(x)$，其满足条件：

$$l_i(x_j) = \begin{cases} 0, & i \neq j \\ 1, & i = j \end{cases}, \qquad i, j = 0,1,\cdots,n \tag{5.25}$$

由于 $x_0, x_1, \cdots, x_{i-1}, x_{i+1}, \cdots, x_n$ 都是 $l_i(x)$ 的零点，且 $l_i(x)$ 次数为 n，因此有

$$l_i(x) = c(x-x_0)(x-x_1)\cdots(x-x_{i-1})(x-x_{i+1})\cdots(x-x_n)$$

式中，c 为待定常数. 再根据 $l_i(x_i) = 1$，可得

$$c = \frac{1}{(x_i-x_0)(x_i-x_1)\cdots(x_i-x_{i-1})(x_i-x_{i+1})\cdots(x_i-x_n)}$$

这样就得到了满足条件（5.25）的 $l_i(x)$，其表达式为

$$l_i(x) = \frac{(x-x_0)(x-x_1)\cdots(x-x_{i-1})(x-x_{i+1})\cdots(x-x_n)}{(x_i-x_0)(x_i-x_1)\cdots(x_i-x_{i-1})(x_i-x_{i+1})\cdots(x_i-x_n)} \tag{5.26}$$

对每个 i（$0 \leqslant i \leqslant n$），求出相应的 $l_i(x)$ 之后，做线性组合：

$$L_n(x) = \sum_{i=0}^{n} y_i l_i(x) \tag{5.27}$$

此时，$L_n(x)$ 为 n 次多项式，且有

$$L_n(x_j) = \sum_{i=0}^{n} y_i l_i(x_j) = y_j l_j(x_j) = y_j, \qquad j = 0,1,\cdots,n$$

因此，$L_n(x)$ 即为所求的 n 次插值多项式.

称上述 $n+1$ 个 n 次多项式 $\{l_i(x),\ i = 0,1,\cdots,n\}$ 为节点 $x_0, x_1, \cdots, x_n$ 上的 n 次**拉格朗日插值基函数**，形如式（5.27）的插值多项式 $L_n(x)$ 称为 n 次**拉格朗日插值多项式**.

若引入记号

$$\omega_{n+1}(x) = (x-x_0)(x-x_1)\cdots(x-x_n)$$

则容易求得

$$\omega'_{n+1}(x_i)=(x_i-x_0)(x_i-x_1)\cdots(x_i-x_{i-1})(x_i-x_{i+1})\cdots(x_i-x_n)$$

此时，拉格朗日插值基函数 $l_i(x)$ 可以表示为

$$l_i(x)=\frac{\omega_{n+1}(x)}{(x-x_i)\omega'_{n+1}(x_i)}$$

于是，n 次拉格朗日插值多项式 $L_n(x)$ 可以改写为如下形式：

$$L_n(x)=\sum_{i=0}^{n}y_i\frac{\omega_{n+1}(x)}{(x-x_i)\omega'_{n+1}(x_i)}$$

需要说明的是，$L_n(x)$ 通常是次数为 n 的多项式，在特殊情况下其次数有可能小于 n. 例如，对二次插值问题，如果平面上给定的三点 (x_0,y_0)、(x_1,y_1) 和 (x_2,y_2) 共线，则通过此三点的二次插值多项式 $L_2(x)$ 就是一条直线，而不是抛物线，即 $L_2(x)$ 是一次多项式.

例 4 已知函数 $y=f(x)$ 在节点 $x_0=-2$，$x_1=0$，$x_2=1$，$x_3=2$ 处的函数值分别为 $y_0=17$，$y_1=1$，$y_2=2$，$y_3=17$，试构造三次拉格朗日插值多项式，并计算 $f(0.6)$ 的近似值.

解 节点 x_0、x_1、x_2 和 x_3 上的拉格朗日插值基函数分别为

$$l_0(x)=\frac{(x-x_1)(x-x_2)(x-x_3)}{(x_0-x_1)(x_0-x_2)(x_0-x_3)}=\frac{(x-0)(x-1)(x-2)}{(-2-0)(-2-1)(-2-2)}=-\frac{1}{24}x(x-1)(x-2)$$

$$l_1(x)=\frac{(x-x_0)(x-x_2)(x-x_3)}{(x_1-x_0)(x_1-x_2)(x_1-x_3)}=\frac{(x+2)(x-1)(x-2)}{(0+2)(0-1)(0-2)}=\frac{1}{4}(x+2)(x-1)(x-2)$$

$$l_2(x)=\frac{(x-x_0)(x-x_1)(x-x_3)}{(x_2-x_0)(x_2-x_1)(x_2-x_3)}=\frac{(x+2)(x-0)(x-2)}{(1+2)(1-0)(1-2)}=-\frac{1}{3}x(x+2)(x-2)$$

$$l_3(x)=\frac{(x-x_0)(x-x_1)(x-x_2)}{(x_3-x_0)(x_3-x_1)(x_3-x_2)}=\frac{(x+2)(x-0)(x-1)}{(2+2)(2-0)(2-1)}=\frac{1}{8}x(x+2)(x-1)$$

于是得三次拉格朗日插值多项式：

$$L_3(x)=\sum_{i=0}^{3}y_il_i(x)=-\frac{17}{24}x(x-1)(x-2)+\frac{1}{4}(x+2)(x-1)(x-2)-\frac{2}{3}x(x+2)(x-2)+\frac{17}{8}x(x+2)(x-1)$$

进而有

$$f(0.6)\approx L_3(0.6)=-0.472$$

5.3.3 插值余项

插值多项式 $L_n(x)$ 是对被插函数 $f(x)$ 的一个近似，在节点 $x_0,x_1,\cdots,x_n$ 处满足插值条件：

$$L_n(x_i)=y_i,\quad i=0,1,\cdots,n \tag{5.28}$$

一般来说，当 $x\neq x_i$（$i=0,1,\cdots,n$）时，$f(x)\neq L_n(x)$. 令

$$R_n(x)=f(x)-L_n(x) \tag{5.29}$$

称 $R_n(x)$ 为**截断误差**或插值多项式的**插值余项**. 下面的定理给出了插值余项的估计.

定理 2 设 $x_0,x_1,\cdots,x_n$ 为区间 $[a,b]$ 内 $n+1$ 个互异的插值节点，$y_i=f(x_i)$（$i=0,1,\cdots,n$）

为节点处函数值，且 $f^{(n)}(x)$ 在 $[a,b]$ 内连续， $f^{(n+1)}(x)$ 在 (a,b) 内存在， $L_n(x)$ 是满足插值条件（5.28）的次数不超过 n 的插值多项式，则对任意的 $x \in [a,b]$，插值余项为

$$R_n(x) = f(x) - L_n(x) = \frac{f^{(n+1)}(\xi)}{(n+1)!}\omega_{n+1}(x) \tag{5.30}$$

式中， $\xi \in (a,b)$ 且依赖于 x， $\omega_{n+1}(x) = (x-x_0)(x-x_1)\cdots(x-x_n)$.

证明 由给定的条件可知

$$R_n(x_i) = f(x_i) - L_n(x_i) = 0, \qquad i = 0,1,\cdots,n$$

因此，节点 $x_0, x_1, \cdots, x_n$ 均为 $R_n(x)$ 的零点，于是

$$R_n(x) = K(x)(x-x_0)(x-x_1)\cdots(x-x_n) = K(x)\omega_{n+1}(x) \tag{5.31}$$

式中， $K(x)$ 是待定函数.

现在将 x 看作区间 $[a,b]$ 内的一个固定点，构造自变量为 t 的辅助函数如下：

$$\varphi(t) = f(t) - L_n(t) - K(x)\omega_{n+1}(t)$$

由于函数 $f(x)$ 在 $[a,b]$ 内的 n 阶导数连续，在 (a,b) 内的 $n+1$ 阶导数存在，而 $L_n(t)$ 和 $\omega_{n+1}(t)$ 均为多项式，所以 $\varphi^{(n)}(t)$ 在 $[a,b]$ 内连续， $\varphi^{(n+1)}(t)$ 在 (a,b) 内存在. 根据插值条件可知，$\varphi(x_i) = 0$（$i = 0,1,\cdots,n$）. 此外，有 $\varphi(x) = 0$，故节点 $x_0, x_1, \cdots, x_n$ 及 x 均为函数 $\varphi(t)$ 的零点.

根据罗尔（Rolle）定理，$\varphi'(t)$ 在 $\varphi(t)$ 的两个零点之间至少有一个零点，因此，$\varphi'(t)$ 在 $[a,b]$ 内至少有 $n+1$ 个零点. 再次对 $\varphi'(t)$ 应用罗尔定理，可知 $\varphi''(t)$ 在 $[a,b]$ 内至少有 n 个零点. 反复应用罗尔定理，最后可推知，在 (a,b) 内至少存在一点 ξ，使得 $\varphi^{(n+1)}(\xi) = 0$. $\varphi(t)$ 的 $n+1$ 阶导数为

$$\varphi^{(n+1)}(t) = f^{(n+1)}(t) - K(x)(n+1)!$$

于是，有

$$\varphi^{(n+1)}(\xi) = f^{(n+1)}(\xi) - K(x)(n+1)! = 0$$

拉格朗日插值余项

整理得

$$K(x) = \frac{f^{(n+1)}(\xi)}{(n+1)!}, \qquad \xi \in (a,b) \text{ 且依赖于 } x$$

将上式代入式（5.31），就得到插值余项式（5.30）.

根据定理 2，当 $n=1$ 时，线性插值余项为

$$R_1(x) = f(x) - L_1(x) = \frac{f''(\xi)}{2}(x-x_0)(x-x_1), \qquad \xi \in [x_0, x_1] \tag{5.32}$$

当 $n=2$ 时，二次插值余项为

$$R_2(x) = f(x) - L_2(x) = \frac{f'''(\xi)}{3!}(x-x_0)(x-x_1)(x-x_2), \qquad \xi \in [x_0, x_2] \tag{5.33}$$

利用插值余项式（5.30）可以推导出插值基函数的简单性质. 当 $f(x) = x^k$（$k \leqslant n$）时，其插值多项式为 $L_n(x) = \sum_{i=0}^{n} x_i^k l_i(x)$. 此时 $f^{(n+1)}(x) = 0$，根据插值余项式（5.30），可得

$$R_n(x) = x^k - \sum_{i=0}^{n} x_i^k l_i(x) = 0$$

于是有

$$x^k=\sum_{i=0}^{n}x_i^k l_i(x)\,,\qquad k=0,1,\cdots,n \tag{5.34}$$

特别地，当$k=0$时，有

$$\sum_{i=0}^{n}l_i(x)=1 \tag{5.35}$$

值得注意的是，插值余项式（5.30）只有在$f(x)$的高阶导数存在时才能使用，且通常无法确定ξ在(a,b)内的具体位置. 如果可以确定$f^{(n+1)}(x)$的绝对值在区间(a,b)内的一个上界M_{n+1}，即对任意的$x\in(a,b)$，有$|f^{(n+1)}(x)|\leqslant M_{n+1}$，则有如下的插值余项估计式：

$$|R_n(x)|\leqslant\frac{M_{n+1}}{(n+1)!}|\omega_{n+1}(x)| \tag{5.36}$$

另外，在实际应用中，常常不知道$f(x)$的具体表达式，因而很难估计其高阶导数的上界. 此时，可以采用如下的事后估计方法来估计插值余项.

给定区间$[a,b]$内的$n+2$个插值节点$x_0,x_1,\cdots,x_{n+1}$，先取其中前$n+1$个节点$x_0,x_1,\cdots,x_n$构造一个n次插值多项式，记为$L_n(x)$；再取其中后$n+1$个节点$x_1,x_2,\cdots,x_{n+1}$构造另一个n次插值多项式，记为$\tilde{L}_n(x)$. 由定理2，可得

$$f(x)-L_n(x)=\frac{f^{(n+1)}(\xi_1)}{(n+1)!}(x-x_0)(x-x_1)\cdots(x-x_n)\,,\qquad \xi_1\in(a,b) \tag{5.37}$$

$$f(x)-\tilde{L}_n(x)=\frac{f^{(n+1)}(\xi_2)}{(n+1)!}(x-x_1)(x-x_2)\cdots(x-x_{n+1})\,,\qquad \xi_2\in(a,b) \tag{5.38}$$

设$f^{(n+1)}(x)$在插值区间内变化不大，则有$f^{(n+1)}(\xi_1)\approx f^{(n+1)}(\xi_2)$，于是由式（5.37）和式（5.38）可得

$$\frac{f(x)-L_n(x)}{f(x)-\tilde{L}_n(x)}\approx\frac{x-x_0}{x-x_{n+1}}$$

整理得

$$f(x)\approx\frac{x-x_{n+1}}{x_0-x_{n+1}}L_n(x)+\frac{x-x_0}{x_{n+1}-x_0}\tilde{L}_n(x)$$

进而，有误差事后估计

$$f(x)-L_n(x)\approx\frac{x-x_0}{x_0-x_{n+1}}(L_n(x)-\tilde{L}_n(x)) \tag{5.39}$$

例 5　已知$\cos 0.5=0.87758$，$\cos 0.6=0.82534$，$\cos 0.7=0.76484$，用线性插值及二次插值计算$\cos 0.55$的近似值并估计截断误差.

解　由题意，取$x_0=0.5$，$x_1=0.6$，$x_2=0.7$，$y_0=0.87758$，$y_1=0.82534$，$y_2=0.76484$.

用线性插值计算，取节点x_0和x_1，得线性插值多项式

$$L_1(x)=\frac{x-x_1}{x_0-x_1}\times y_0+\frac{x-x_0}{x_1-x_0}\times y_1=\frac{x-0.6}{0.5-0.6}\times 0.87758+\frac{x-0.5}{0.6-0.5}\times 0.82534$$

则$\cos 0.55\approx L_1(0.55)=0.85146$.

用二次插值计算，取节点x_0、x_1和x_2，得二次插值多项式

$$L_2(x)=\frac{(x-0.6)(x-0.7)}{(0.5-0.6)(0.5-0.7)}\times 0.87758+\frac{(x-0.5)(x-0.7)}{(0.6-0.5)(0.6-0.7)}\times 0.82534+\frac{(x-0.5)(x-0.6)}{(0.7-0.5)(0.7-0.6)}\times 0.76484$$

则 $\cos 0.55 \approx L_2(0.55)=0.85249$.

下面估计截断误差. 根据式（5.36）得 $L_1(x)$ 的截断误差

$$|R_1(x)|\leqslant \frac{M_2}{2}|(x-x_0)(x-x_1)|$$

式中，$M_2=\max\limits_{x_0\leqslant x\leqslant x_1}|f''(x)|$. 因为 $f(x)=\cos x$，$f'(x)=-\sin x$，$f''(x)=-\cos x$，所以可取 $M_2=\max\limits_{x_0\leqslant x\leqslant x_1}|\cos x|=\cos x_0\leqslant 0.8776$，所以

$$\begin{aligned}|R_1(0.55)|&=|\cos 0.55-L_1(0.55)|\\&\leqslant \frac{1}{2}\times 0.8776\times|(0.55-0.5)(0.55-0.6)|\leqslant 0.001097\end{aligned}$$

根据式（5.36）可得 $L_2(x)$ 的截断误差

$$|R_2(x)|\leqslant \frac{M_3}{3!}|(x-x_0)(x-x_1)(x-x_2)|$$

式中，$M_3=\max\limits_{x_0\leqslant x\leqslant x_2}|f'''(x)|$，因为 $f'''(x)=\sin x$，所以有 $M_3=\max\limits_{x_0\leqslant x\leqslant x_2}|\sin x|=\sin x_2\leqslant 0.6443$，于是可得

$$\begin{aligned}|R_2(0.55)|&=|\cos 0.55-L_2(0.55)|\\&\leqslant \frac{1}{6}\times 0.6443\times|(0.55-0.5)(0.55-0.6)(0.55-0.7)|\leqslant 4.0269\times 10^{-5}\end{aligned}$$

在例 5 中，使用了节点 0.5 和 0.6 进行线性插值，因为要计算函数值的点 0.55 在区间 $[0.5,0.6]$ 内，所以这种插值法称为内插. 也可利用节点 0.6 和 0.7 做线性插值，这时因为点 0.55 在区间 $[0.6,0.7]$ 以外，所以称为外推. 一般来说，内插要比外推精确，所以人们更愿意使用内插法.

拉格朗日插值法利用插值基函数直接表示插值多项式，它的优点是格式整齐规范，结构紧凑，便于理解记忆和理论分析. 但是，当人们已经构造了 k 次插值多项式之后，如果希望再增加一些节点，构造高于 k 次的插值多项式，所有的基函数都要重新计算，这就显得不太方便. 下面要介绍的牛顿（Newton）插值法，可以很好地解决这一问题.

5.4 差商与牛顿插值

5.4.1 差商的定义与性质

拉格朗日插值多项式是直线对称式方程的推广，牛顿插值多项式可以看作直线点斜式方程的推广. 为了引入牛顿插值多项式，先给出差商的概念.

定义 2 给定函数 $f(x)$ 在 $[a,b]$ 内 $n+1$ 个互异节点 $x_0,x_1,\cdots,x_n$ 处的函数值 $f(x_i)$（$i=0,1,\cdots,n$），称

$$f[x_i,x_j]=\frac{f(x_i)-f(x_j)}{x_i-x_j}$$

为 $f(x)$ 关于点 x_i 及 x_j 的**一阶差商**；称

$$f[x_i,x_j,x_k]=\frac{f[x_i,x_j]-f[x_j,x_k]}{x_i-x_k}$$

为 $f(x)$ 关于点 x_i,x_j,x_k 的**二阶差商**；一般地，有了 $k-1$ 阶差商之后，k **阶差商**定义如下：

$$f[x_0,x_1,\cdots,x_k]=\frac{f[x_0,x_1,\cdots,x_{k-1}]-f[x_1,x_2,\cdots,x_k]}{x_0-x_k} \tag{5.40}$$

差商可以用表 5-5 给出的差商表进行计算.

表 5-5　差商表

节点	函数值	一阶差商	二阶差商	三阶差商	四阶差商
x_0	$f(x_0)$				
x_1	$f(x_1)$	$f[x_0,x_1]$			
x_2	$f(x_2)$	$f[x_1,x_2]$	$f[x_0,x_1,x_2]$		
x_3	$f(x_3)$	$f[x_2,x_3]$	$f[x_1,x_2,x_3]$	$f[x_0,x_1,x_2,x_3]$	
x_4	$f(x_4)$	$f[x_3,x_4]$	$f[x_2,x_3,x_4]$	$f[x_1,x_2,x_3,x_4]$	$f[x_0,x_1,x_2,x_3,x_4]$
⋮	⋮	⋮	⋮	⋮	⋮

差商具有如下的基本性质.

（1）k 阶差商 $f[x_0,x_1,\cdots,x_k]$ 可以表示成函数值 $f(x_0),f(x_1),\cdots,f(x_k)$ 的线性组合

$$f[x_0,x_1,\cdots,x_k]=\sum_{j=0}^{k}\frac{f(x_j)}{(x_j-x_0)\cdots(x_j-x_{j-1})(x_j-x_{j+1})\cdots(x_j-x_n)} \tag{5.41}$$

（2）由性质（1）可知，差商与定义它的节点次序无关，即在 $f[x_0,x_1,\cdots,x_k]$ 中可以任意改变节点间次序而差商的值不变，这称为差商的对称性.

（3）若 $f(x)$ 是一个 m 次多项式，则

$$f[x,x_0,x_1,\cdots,x_k]=\begin{cases}x\text{ 的 }m-k-1\text{ 次多项式}, & k<m-1\\ a_m, & k=m-1\\ 0, & k>m-1\end{cases}$$

式中，a_m 为 $f(x)$ 的最高次项系数.

（4）若 $f(x)$ 在 $[a,b]$ 内存在 k 阶导数，且节点 $x_0,x_1,\cdots,x_k\in[a,b]$，则 k 阶差商与导数的关系为

$$f[x_0,x_1,\cdots,x_k]=\frac{f^{(k)}(\xi)}{k!},\qquad \xi\in[a,b] \tag{5.42}$$

5.4.2　牛顿插值多项式

有了差商的概念，接下来可以讨论牛顿插值多项式. 将 x 看作区间 $[a,b]$ 内的一点，根据差商的定义，可得

$$f(x)=f(x_0)+f[x,x_0](x-x_0)$$
$$f[x,x_0]=f[x_0,x_1]+f[x,x_0,x_1](x-x_1)$$
$$\cdots$$
$$f[x,x_0,x_1,\cdots,x_{n-1}]=f[x_0,x_1,\cdots,x_n]+f[x,x_0,x_1,\cdots,x_n](x-x_n)$$

牛顿插值多项式

依次将后式代入前式，最后得

$$\begin{aligned}f(x)=&f(x_0)+f[x_0,x_1](x-x_0)+f[x_0,x_1,x_2](x-x_0)(x-x_1)+\cdots+\\&f[x_0,x_1,\cdots,x_n](x-x_0)(x-x_1)\cdots(x-x_{n-1})+\\&f[x,x_0,x_1,\cdots,x_n](x-x_0)(x-x_1)\cdots(x-x_n)\end{aligned}\tag{5.43}$$

将式（5.43）记为

$$f(x)=N_n(x)+R_n(x)$$

式中，

$$\begin{aligned}N_n(x)=&f(x_0)+f[x_0,x_1](x-x_0)+f[x_0,x_1,x_2](x-x_0)(x-x_1)+\cdots+\\&f[x_0,x_1,\cdots,x_n](x-x_0)(x-x_1)\cdots(x-x_{n-1})\end{aligned}\tag{5.44}$$

$$R_n(x)=f[x,x_0,x_1,\cdots,x_n](x-x_0)(x-x_1)\cdots(x-x_n)\tag{5.45}$$

不难看出，$N_n(x)$ 是 x 的 n 次多项式，且式（5.44）中的各阶差商均可在表 5-5 中获得. 可以证明，它就是满足插值条件的 n 次插值多项式. 事实上，设 $L_n(x)$ 是 $f(x)$ 的 n 次拉格朗日插值多项式，则由式（5.43）可得

$$\begin{aligned}L_n(x)=&L_n(x_0)+L_n[x_0,x_1](x-x_0)+L_n[x_0,x_1,x_2](x-x_0)(x-x_1)+\cdots+\\&L_n[x_0,x_1,\cdots,x_n](x-x_0)(x-x_1)\cdots(x-x_{n-1})+\\&L_n[x,x_0,x_1,\cdots,x_n](x-x_0)(x-x_1)\cdots(x-x_n)\end{aligned}$$

由于 $L_n(x)$ 是 n 次多项式，因此 $n+1$ 阶差商 $L_n[x,x_0,x_1,\cdots,x_n]\equiv 0$. 又由于 $L_n(x)$ 满足插值条件 $L_n(x_i)=f(x_i)$（$i=0,1,\cdots,n$），因此它们的各阶差商也相同，故有

$$\begin{aligned}L_n(x)=&f(x_0)+f[x_0,x_1](x-x_0)+f[x_0,x_1,x_2](x-x_0)(x-x_1)+\cdots+\\&f[x_0,x_1,\cdots,x_n](x-x_0)(x-x_1)\cdots(x-x_{n-1})\\=&N_n(x)\end{aligned}$$

因此，与拉格朗日插值多项式相同，$N_n(x)$ 是满足同一个插值条件的插值多项式，区别仅仅在于其构造方法不同，导致表示形式不同. 拉格朗日插值多项式用拉格朗日插值基函数 $l_0(x),l_1(x),\cdots,l_n(x)$ 的线性组合表示，而 $N_n(x)$ 用 $1,(x-x_0),(x-x_0)(x-x_1),\cdots,(x-x_0)\cdots(x-x_{n-1})$ 的线性组合表示. 称 $N_n(x)$ 为**牛顿插值多项式**，其插值余项为

$$R_n(x)=f(x)-N_n(x)=f[x,x_0,x_1,\cdots,x_n](x-x_0)(x-x_1)\cdots(x-x_n)$$

根据拉格朗日插值多项式的插值余项式（5.30）可得

$$f[x,x_0,x_1,\cdots,x_n]=\frac{f^{(n+1)}(\xi)}{(n+1)!},\qquad \xi\in[a,b]$$

这给出了差商与导数关系的一个证明.

注意，若已经利用节点 $x_0,x_1,\cdots,x_{k-1}$ 构造出了 $k-1$ 次牛顿插值多项式 $N_{k-1}(x)$，当增加一个节点 x_k 时，利用节点 $x_0,x_1,\cdots,x_k$ 构造的 k 次牛顿插值多项式 $N_k(x)$ 是在 $N_{k-1}(x)$ 的基础上再增加一项得到的，即有如下形式的递推公式：

$$N_k(x)=N_{k-1}(x)+f[x_0,x_1,\cdots,x_k](x-x_0)(x-x_1)\cdots(x-x_{k-1})\tag{5.46}$$

这在应用中是比较方便的. 当增加节点时，原来计算的结果可以继续使用，避免大量重复工作. 这也是牛顿插值多项式相比拉格朗日插值多项式改进的地方.

例 6 给出 $f(x)$ 的函数值表（见表 5-6 的前两列），求二次和三次牛顿插值多项式，并计算 $f(0.9)$ 的近似值.

解 根据给定的函数值构造差商表，见表 5-6 后三列.

插值法例题

表 5-6 例 6 差商表

x_k	$f(x_k)$	一阶差商	二阶差商	三阶差商
−2	17			
0	1	−8		
1	2	1	3	
2	19	17	8	1.25

取节点 x_0,x_1,x_2，得二次牛顿插值多项式：

$$\begin{aligned}N_2(x)&=f(x_0)+f[x_0,x_1](x-x_0)+f[x_0,x_1,x_2](x-x_0)(x-x_1)\\&=17-8(x+2)+3(x+2)(x-0)\end{aligned}$$

于是有

$$f(0.9)\approx N_2(0.9)=17-8(0.9+2)+3(0.9+2)(0.9-0)=1.63$$

取节点 x_0,x_1,x_2,x_3，得三次牛顿插值多项式：

$$\begin{aligned}N_3(x)&=N_2(x)+f[x_0,x_1,x_2,x_3](x-x_0)(x-x_1)(x-x_2)\\&=17-8(x+2)+3(x+2)(x-0)+1.25(x+2)(x-0)(x-1)\end{aligned}$$

于是有

$$f(0.9)\approx N_3(0.9)=1.63+1.25(0.9+2)(0.9-0)(0.9-1)=1.30375$$

5.5 差分与等距节点插值

5.5.1 差分的定义与性质

前面讨论的是节点任意分布情形下的牛顿插值多项式，在实际应用中，经常会遇见等距节点的情形，这时可用差分代替差商，使插值多项式得到进一步的简化.

定义 3 设 $y=f(x)$ 在等距节点 $x_k=x_0+kh$（$k=0,1,\cdots,n$）处的函数值为 $f_k=f(x_k)$（$k=0,1,\cdots,n$），其中 h 为常数，称为**步长**. 定义

$$\Delta f_k=f_{k+1}-f_k$$

为 $f(x)$ 在点 x_k 处的**一阶向前差分**，定义

$$\nabla f_k=f_k-f_{k-1}$$

为 $f(x)$ 在点 x_k 处的**一阶向后差分**. 一阶差分的一阶差分称为**二阶差分**，记为

$$\Delta^2 f_k=\Delta f_{k+1}-\Delta f_k,\quad \nabla^2 f_k=\nabla f_k-\nabla f_{k-1}$$

一般地，**m 阶差分**定义为 $m-1$ 阶差分的一阶差分：

$$\Delta^m f_k = \Delta^{m-1} f_{k+1} - \Delta^{m-1} f_k\text{，}\quad \nabla^m f_k = \nabla^{m-1} f_k - \nabla^{m-1} f_{k-1}$$

差分运算具有与差商类似的性质.

（1）各阶差分均可由函数值的线性组合表示：

$$\Delta^m f_k = \sum_{j=0}^{m} \binom{m}{j} (-1)^j f_{k+m-j}\text{，}\quad \nabla^m f_k = \sum_{j=0}^{m} \binom{m}{j} (-1)^{m-j} f_{k-m+j} \tag{5.47}$$

式中，$\binom{m}{j} = \dfrac{m!}{j!(m-j)!}$ 为二项式展开系数. 反之，函数值也可用各阶差分表示：

$$f_{k+m} = \sum_{j=0}^{m} \binom{m}{j} \Delta^j f_k \tag{5.48}$$

（2）差商与差分之间具有如下关系：

$$f[x_k, x_{k+1}, \cdots, x_{k+m}] = \frac{1}{h^m m!} \Delta^m f_k \tag{5.49}$$

$$f[x_k, x_{k-1}, \cdots, x_{k-m}] = \frac{1}{h^m m!} \nabla^m f_k \tag{5.50}$$

上述两式均可由数学归纳法得到证明.

（3）根据差商与导数的关系，还可得到差分与导数的关系：

$$\Delta^m f_k = h^m f^{(m)}(\xi)\text{，}\qquad \xi \in (x_k, x_{k+m}) \tag{5.51}$$

$$\nabla^m f_k = h^m f^{(m)}(\eta)\text{，}\qquad \eta \in (x_{k-m}, x_k) \tag{5.52}$$

与差商一样，为了方便计算各阶差分，可以制作差分表，见表 5-7.

表 5-7　差分表

x_k	$f(x_k)$	Δf_k (∇f_k)	$\Delta^2 f_k$ ($\nabla^2 f_k$)	$\Delta^3 f_k$ ($\nabla^3 f_k$)	$\Delta^4 f_k$ ($\nabla^4 f_k$)
x_0	f_0				
		Δf_0 (∇f_1)			
x_1	f_1		$\Delta^2 f_0$ ($\nabla^2 f_2$)		
		Δf_1 (∇f_2)		$\Delta^3 f_0$ ($\nabla^3 f_3$)	
x_2	f_2		$\Delta^2 f_1$ ($\nabla^2 f_3$)		$\Delta^4 f_0$ ($\nabla^4 f_4$)
		Δf_2 (∇f_3)		$\Delta^3 f_1$ ($\nabla^3 f_4$)	
x_3	f_3		$\Delta^2 f_2$ ($\nabla^2 f_4$)		
		Δf_3 (∇f_4)			
x_4	f_4				

值得注意的是，表 5-7 中在相同的位置，其计算数据相同，只是变量的名称不同.

5.5.2　等距节点插值多项式

等距节点插值多项式

使用差分运算可以很方便地讨论等距节点上的插值多项式. 设已知等距节点 $x_k = x_0 + kh$（$k = 0,1,\cdots,n$）处的函数值 $f_k = f(x_k)$（$k = 0,1,\cdots,n$），要用插值多项式计算点 x 处函数值 $f(x)$ 的近似值，这里 x 称为**插值点**.

（1）牛顿向前插值多项式

当插值点 x 在 x_0 附近，即 $x_0 < x < x_1$ 时，可令 $x = x_0 + th$（$0 < t < 1$）. 根据插值余项式(5.30)，为了使余项尽可能地小，节点次序应取为 $x_0, x_1, \cdots, x_n$，此时牛顿插值多项式为

$$N_n(x) = f(x_0) + f[x_0, x_1](x - x_0) + \cdots + f[x_0, x_1, \cdots, x_n](x - x_0)\cdots(x - x_{n-1})$$

将 $x = x_0 + th$ 代入上式，利用差商与差分的关系，并由 $x_k = x_0 + kh$（$k = 0,1,\cdots,n$），可得

$$N_n(x_0+th)=f_0+t\Delta f_0+\frac{t(t-1)}{2!}\Delta^2 f_0+\cdots+\frac{t(t-1)\cdots(t-n+1)}{n!}\Delta^n f_0 \tag{5.53}$$

称式（5.53）为**牛顿向前插值多项式**，其余项为

$$R_n(x_0+th)=\frac{t(t-1)\cdots(t-n)}{(n+1)!}h^{n+1}f^{(n+1)}(\xi),\qquad \xi\in(x_0,x_n) \tag{5.54}$$

牛顿向前插值多项式（5.53）通常用于计算节点列表头部附近插值点 x 处的函数值.

（2）牛顿向后插值多项式

当插值点 x 在 x_n 附近，即 $x_{n-1}<x<x_n$ 时，可令 $x=x_n+th$（$-1<t<0$），此时，为了使余项尽可能地小，节点次序应取为 $x_n,x_{n-1},\cdots,x_0$. 这时的牛顿插值多项式为

$$N_n(x)=f(x_n)+f[x_n,x_{n-1}](x-x_n)+\cdots+f[x_n,x_{n-1},\cdots,x_0](x-x_n)\cdots(x-x_1)$$

将 $x=x_n+th$ 代入上式，利用差商与差分的关系，并注意 $x_k=x_n+(k-n)h$（$k=n,n-1,\cdots,0$），可得

$$N_n(x_n+th)=f_n+t\nabla f_n+\frac{t(t+1)}{2!}\nabla^2 f_n+\cdots+\frac{t(t+1)\cdots(t+n-1)}{n!}\nabla^n f_n \tag{5.55}$$

称式（5.55）为**牛顿向后插值多项式**，其余项为

$$R_n(x_n+th)=\frac{t(t+1)\cdots(t+n)}{(n+1)!}h^{n+1}f^{(n+1)}(\xi),\qquad \xi\in(x_0,x_n) \tag{5.56}$$

牛顿向后插值多项式（5.55）通常用于计算节点列表尾部附近插值点 x 处的函数值.

例 7 给出 $f(x)=\sin x$ 在节点 $x_k=0.1+kh$（$k=0,1,\cdots,4$; $h=0.1$）处的函数值（见表 5-8 的前两列），用三次牛顿插值多项式计算 $f(0.12)$ 和 $f(0.48)$ 的近似值并估计误差.

解 先构造差分表，见表 5-8 后 4 列.

等距节点插值例题

表 5-8 例 7 差分表

x_k	f_k	$\Delta f_k(\nabla f_k)$	$\Delta^2 f_k(\nabla^2 f_k)$	$\Delta^3 f_k(\nabla^3 f_k)$	$\Delta^4 f_k(\nabla^4 f_k)$
0.1	0.09983				
		0.09884			
0.2	0.19867		−0.00199		
		0.09685		−0.00096	
0.3	0.29552		−0.00295		0.00002
		0.09390		−0.00094	
0.4	0.38942		−0.00389		
		0.09001			
0.5	0.47943				

用牛顿向前插值多项式（5.53）计算 $f(0.12)$ 的近似值. 取节点 x_0,x_1,x_2,x_3，得三次牛顿向前插值多项式:

$$N_3(x_0+th)=0.09983+0.09884t-\frac{0.00199}{2}t(t-1)-\frac{0.00096}{6}t(t-1)(t-2)$$

此时，插值点 $x=x_0+th=0.12$，步长 $h=0.1$，解出 $t=\dfrac{x-x_0}{h}=0.2$，于是有

$$f(0.12)\approx N_3(0.12)=0.11971$$

由式（5.54）可得误差估计为

$$|R_3(0.12)| \leqslant \frac{M_4}{4!} h^4 |t(t-1)(t-2)(t-3)| \leqslant 1.68 \times 10^{-6}$$

式中，$M_4 = |\sin 0.5| \leqslant 0.5$. 这表明 $N_3(0.12)$ 的截断误差已在 5 位小数以下了，因此没有必要再增加节点.

事实上，若再增加一个节点 $x_4 = 0.5$，用 4 次牛顿向前插值多项式进行计算，取 5 位有效数字，则有 $N_4(0.12) = 0.11971 = N_3(0.12)$.

用牛顿向后插值多项式（5.55）计算 $f(0.48)$ 的近似值. 取节点 x_4, x_3, x_2, x_1，得三次牛顿向后插值多项式:

$$N_3(x_4 + th) = 0.47943 + 0.09001t - \frac{0.00389}{2} t(t+1) - \frac{0.00094}{6} t(t+1)(t+2)$$

此时，插值点 $x = x_4 + th = 0.48$，步长 $h = 0.1$，解出 $t = \frac{x - x_4}{h} = -0.2$，于是有

$$f(0.48) \approx N_3(0.48) = 0.46178$$

由式（5.56）可得误差估计为 $|R_3(0.48)| \leqslant 1.68 \times 10^{-6}$.

从例 7 的差分计算中可以看出，有效数字的消失十分严重，此外，在计算高阶差分时，误差的传播也较为严重，因此不宜采用阶数较高的差分以及进行节点较多的插值.

5.6 埃尔米特插值

前面所讨论的插值问题，都只要求插值多项式和被插函数在节点处具有相同的函数值，而在实际应用中，有时需要构造多项式 $p(x)$，使其在插值节点处不仅与被插函数 $f(x)$ 有相同的函数值，而且有相同的导数值，这就是**埃尔米特（Hermite）插值问题**. 从几何的角度来看，就是要求代数曲线 $y = p(x)$ 和曲线 $y = f(x)$ 在节点处相切，因此埃尔米特插值也称为**切触插值**.

考虑如下的埃尔米特插值问题.

问题 3　设函数 $y = f(x)$ 在区间 $[a,b]$ 内有定义，$a \leqslant x_0 < x_1 < \cdots < x_n \leqslant b$ 为 $[a,b]$ 内给定的 $n+1$ 个插值节点，$f(x_i)$ 和 $f'(x_i)$（$i = 0,1,\cdots,n$）分别为节点处的函数值和导数值，求 $2n+1$ 次多项式 $H_{2n+1}(x)$，使得

$$H_{2n+1}(x_i) = f(x_i),\quad H'_{2n+1}(x_i) = f'(x_i),\qquad i = 0,1,\cdots,n \tag{5.57}$$

下面采用类似于构造拉格朗日插值多项式的办法来构造 $H_{2n+1}(x)$. 分别构造针对插值节点的函数值和导数值的两类插值基函数 $\alpha_i(x)$ 和 $\beta_i(x)$（$i = 0,1,\cdots,n$），其中每个基函数都是 $2n+1$ 次多项式，并且满足以下条件:

$$\alpha_i(x_j) = \begin{cases} 0, & i \neq j \\ 1, & i = j \end{cases},\quad \alpha'_i(x_j) = 0,\qquad j = 0,1,\cdots,n \tag{5.58}$$

埃尔米特插值

和

$$\beta_i(x_j) = 0,\quad \beta'_i(x_j) = \begin{cases} 0, & i \neq j \\ 1, & i = j \end{cases},\quad j = 0,1,\cdots,n \tag{5.59}$$

首先，根据条件式（5.58），可将 $\alpha_i(x)$ 写成

$$\alpha_i(x) = (1 + c_i(x - x_i)) l_i^2(x) \tag{5.60}$$

式中，$l_i(x)$为拉格朗日插值基函数，c_i为待定常数. 这是因为拉格朗日插值基函数满足条件：

$$l_i(x_i)=1\ ,\quad l_i(x_j)=0\ ,\qquad j=0,1,\cdots,n\ ,\quad j\neq i$$

于是有

$$(l_i^2(x))'_{x=x_j}=0\ ,\qquad j=0,1,\cdots,n\ ,\quad j\neq i$$

从而，当$j\neq i$时，$\alpha_i(x_j)=0$，$\alpha_i'(x_j)=0$，并且$\alpha_i(x_i)=1$. 为了确定常数c_i，我们对式（5.60）求导，并令其在$x=x_i$点的导数等于0，得

$$2l_i(x_i)l_i'(x_i)+c_il_i^2(x_i)=0$$

因此得$c_i=-2l_i'(x_i)$，于是有

$$\alpha_i(x)=(1-2l_i'(x_i)(x-x_i))l_i^2(x)$$

同理，根据条件式（5.59），可将$\beta_i(x)$写成$\beta_i(x)=\tilde{c}_i(x-x_i)l_i^2(x)$，根据$\beta_i'(x_i)=1$可确定常数$\tilde{c}_i=1$，从而有

$$\beta_i(x)=(x-x_i)l_i^2(x)$$

于是，类似于拉格朗日插值多项式，可得如下的埃尔米特插值多项式：

$$H_{2n+1}(x)=\sum_{i=0}^{n}(f(x_i)\alpha_i(x)+f'(x_i)\beta_i(x))\qquad(5.61)$$

$H_{2n+1}(x)$即为满足插值条件式（5.57）的次数不超过$2n+1$的多项式.

可以证明，满足插值条件式（5.57）的$2n+1$次插值多项式是唯一的. 假设$H_{2n+1}(x)$和$\tilde{H}_{2n+1}(x)$均满足插值条件式（5.57），于是节点$x_0,x_1,\cdots,x_n$都是函数

$$\varphi(x)=H_{2n+1}(x)-\tilde{H}_{2n+1}(x)$$

的二重零点，故次数不超过$2n+1$的多项式$\varphi(x)$至少有$2n+2$个零点（二重零点算两个），因此必有$\varphi(x)\equiv 0$，即$H_{2n+1}(x)=\tilde{H}_{2n+1}(x)$，唯一性得证.

为了讨论插值余项$R_{2n+1}(x)=f(x)-H_{2n+1}(x)$，可以构造辅助函数：

$$\psi(t)=f(t)-H_{2n+1}(t)-\frac{f(x)-H_{2n+1}(x)}{\omega_{n+1}^2(x)}\omega_{n+1}^2(t)$$

式中，$\omega_{n+1}(x)=(x-x_0)(x-x_1)\cdots(x-x_n)$. 类似于定理2的证明，我们有如下结果.

定理3 设$f^{(2n+1)}(x)$在插值区间$[a,b]$内连续，$f^{(2n+2)}(x)$在(a,b)内存在，则存在与x有关的ξ（$a<\xi<b$）使得

$$R_{2n+1}(x)=f(x)-H_{2n+1}(x)=\frac{f^{(2n+2)}(\xi)}{(2n+2)!}\omega_{n+1}^2(x)\qquad(5.62)$$

在实际问题中，应用较多的是三次埃尔米特插值多项式$H_3(x)$. 此时，取节点为x_k和x_{k+1}，$H_3(x)$满足如下插值条件：

$$H_3(x_k)=f(x_k)\ ,\quad H_3'(x_k)=f'(x_k)$$
$$H_3(x_{k+1})=f(x_{k+1})\ ,\quad H_3'(x_{k+1})=f'(x_{k+1})$$

相应的插值基函数如下：

$$\alpha_k(x)=\left(1-2\frac{x-x_k}{x_k-x_{k+1}}\right)\left(\frac{x-x_{k+1}}{x_k-x_{k+1}}\right)^2,\quad \beta_k(x)=(x-x_k)\left(\frac{x-x_{k+1}}{x_k-x_{k+1}}\right)^2$$

$$\alpha_{k+1}(x)=\left(1-2\frac{x-x_{k+1}}{x_{k+1}-x_k}\right)\left(\frac{x-x_k}{x_{k+1}-x_k}\right)^2,\quad \beta_{k+1}(x)=(x-x_{k+1})\left(\frac{x-x_k}{x_{k+1}-x_k}\right)^2$$

于是，三次埃尔米特插值多项式 $H_3(x)$ 为

$$H_3(x)=f(x_k)\alpha_k(x)+f(x_{k+1})\alpha_{k+1}(x)+f'(x_k)\beta_k(x)+f'(x_{k+1})\beta_{k+1}(x) \tag{5.63}$$

若 $f^{(4)}(x)$ 在 $[x_k,x_{k+1}]$ 内连续，则对于任意的点 $x\in[x_k,x_{k+1}]$，有如下的插值余项估计式：

$$\begin{aligned}|f(x)-H_3(x)|&=\frac{1}{4!}|f^{(4)}(\xi)|(x-x_k)^2(x-x_{k+1})^2\\&\leqslant\frac{1}{4!}\max_{x_k\leqslant x\leqslant x_{k+1}}|f^{(4)}(x)|\max_{x_k\leqslant x\leqslant x_{k+1}}(x-x_k)^2(x-x_{k+1})^2\\&=\frac{(x_{k+1}-x_k)^4}{384}\max_{x_k\leqslant x\leqslant x_{k+1}}|f^{(4)}(x)|\end{aligned} \tag{5.64}$$

例 8 求函数 $f(x)$ 的一个插值多项式 $p(x)$，其满足插值条件：

$$p(x_0)=f(x_0),\quad p(x_1)=f(x_1),\quad p(x_2)=f(x_2),\quad p'(x_1)=f'(x_1)$$

并确定插值余项 $R(x)=f(x)-p(x)$ 的表达式.

解 根据给定的插值条件，可确定一个不超过三次的插值多项式 $p(x)$，设 $p(x)$ 为

$$p(x)=f(x_0)+f[x_0,x_1](x-x_0)+f[x_0,x_1,x_2](x-x_0)(x-x_1)+A(x-x_0)(x-x_1)(x-x_2)$$

式中，A 为待定常数. 显然，$p(x)$ 满足条件 $p(x_i)=f(x_i)$（$i=0,1,2$）. 根据条件 $p'(x_1)=f'(x_1)$，可以计算出常数 A 为

$$A=\frac{f'(x_1)-f[x_0,x_1]-(x_1-x_0)f[x_0,x_1,x_2]}{(x_1-x_0)(x_1-x_2)}$$

插值余项的表达式可设为

$$R(x)=f(x)-p(x)=k(x)(x-x_0)(x-x_1)^2(x-x_2)$$

式中，$k(x)$ 为待定函数. 构造辅助函数：

$$\varphi(t)=f(t)-p(t)-k(x)(t-x_0)(t-x_1)^2(t-x_2)$$

显然有 $\varphi(x_i)=0$（$i=0,1,2$），且 $\varphi'(x_1)=0$，$\varphi(x)=0$，故 $\varphi(t)$ 在插值区间 (a,b) 内至少有 5 个零点（二重零点算两个）. 反复应用罗尔定理，可得 $\varphi^{(4)}(t)$ 在 (a,b) 内至少存在一个零点 ξ，即

$$\varphi^{(4)}(\xi)=f^{(4)}(\xi)-4!k(x)=0$$

于是有

$$k(x)=\frac{1}{4!}f^{(4)}(\xi)$$

因此插值余项的表达式为

$$R(x)=f(x)-p(x)=\frac{1}{4!}f^{(4)}(\xi)(x-x_0)(x-x_1)^2(x-x_2)$$

式中，$\xi\in(a,b)$，且与 x 有关.

通常，只要给定 $N+1$ 个插值条件（包括函数值和导数值），就可构造出一个次数不超过 N 的埃尔米特插值多项式. 一般的埃尔米特插值问题可以叙述如下.

对于给定的节点 $a\leqslant x_0<x_1<\cdots<x_n\leqslant b$ 和正整数 $m_0,m_1,\cdots,m_n$，求次数不超过 $N=m_0+$

$m_1+\cdots+m_n-1$ 的多项式 $p(x)$，使它在每个节点 x_i（$i=0,1,\cdots,n$）处分别满足以下插值条件：

$$p^{(j)}(x_i)=f^{(j)}(x_i),\qquad j=0,1,\cdots,m_i-1$$

由于在每个节点处需要满足的条件各不相同，因此一般的埃尔米特插值多项式构造起来比较复杂，这里不再进行讨论.

5.7 分段低次多项式插值

5.7.1 高次插值多项式的龙格现象

在构造插值多项式时，插值节点越多，插值多项式的次数就越高，此时所应用到的被插函数的信息也就越多. 因此从直观上来讲，插值多项式的次数越高，其逼近效果就越好，插值余项也就越小. 但是，实际情况不一定是这样的.

分段低次多项式插值

龙格（Runge）在 20 世纪初给出一个等距节点插值的例子，考虑函数：

$$f(x)=\frac{1}{1+x^2},\qquad x\in[-5,5]$$

将区间 $[-5,5]$ n 等分，取 $n+1$ 个等分点 $x_k=-5+kh$（$h=10/n$，$k=0,1,\cdots,n$）为插值节点，构造 n 次插值多项式如下：

$$L_n(x)=\sum_{i=0}^{n}\frac{1}{1+x_i^2}\cdot\frac{\omega_{n+1}(x)}{(x-x_i)\omega'_{n+1}(x_i)}$$

式中，$\omega_{n+1}(x)=(x-x_0)(x-x_1)\cdots(x-x_n)$.

取 $n=4,8,10$，画出插值多项式及 $f(x)$ 的图形（见图 5-6），其中实线为 $f(x)$ 的图形.

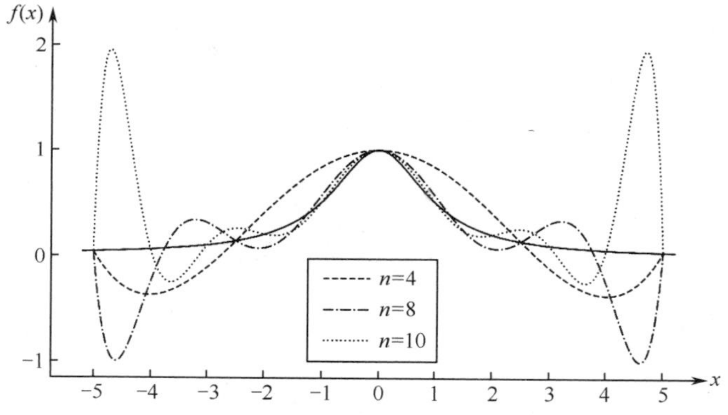

图 5-6

从图 5-6 可以看出，在 $x=0$ 附近，插值多项式与 $f(x)$ 的差别较小，而在 $x=\pm5$ 附近，随着次数的增高，插值多项式越来越远离 $f(x)$. 龙格证明了，存在一个常数 $r\approx3.63$，使得当 $|x|\leqslant r$ 时，$\lim\limits_{n\to\infty}|f(x)-L_n(x)|=0$，而当 $|x|>r$ 时，$\lim\limits_{n\to\infty}|f(x)-L_n(x)|=\infty$. 这种插值多项式在插值区间内发生剧烈振荡的现象称为**龙格现象**. 龙格现象揭示了高次插值多项式的缺陷，它说明用高次插值多项式近似 $f(x)$ 的效果并不好.

另外，在进行函数插值时，初始数据通常是由实验或观测得到的，因此总会有一定的误差，而在计算过程中还会产生舍入误差. 由于多项式具有任意阶导数，因此由多项式的局部性质即可决定它的整体性质. 这样，在用多项式做插值的过程中，局部数据的误差在计算过程中可能会扩散或增大，从而引起插值结果大范围的变化，这是人们不愿看到的.

为了克服多项式插值的缺点，可以采用分段低次多项式插值以及样条函数插值的方法.

5.7.2 分段线性插值

用节点 $a = x_0 < x_1 < x_2 < \cdots < x_n = b$ 对插值区间 $[a,b]$ 进行分割，将其分为 n 个区间 $[x_i, x_{i+1}]$（$i = 0,1,\cdots,n-1$）. 并且，记 $h_i = x_{i+1} - x_i$，$h = \max\limits_{0 \leqslant i \leqslant n-1} h_i$.

考虑如下插值问题. 已知 $y = f(x)$ 在节点 x_i 处的函数值 y_i（$i = 0,1,\cdots,n$），构造一个折线函数 $I_h(x)$，满足如下条件：

（1） $I_h(x)$ 在 $[a,b]$ 内连续；

（2） $I_h(x)$ 在每个区间 $[x_i, x_{i+1}]$（$i = 0,1,\cdots,n-1$）内是线性函数；

（3） $I_h(x_i) = y_i$（$i = 0,1,\cdots,n$）.

称 $I_h(x)$ 为**分段线性插值函数**.

易见，所求函数 $I_h(x)$ 在每个区间 $[x_i, x_{i+1}]$ 内的表达式如下：

$$I_h(x) = \frac{x - x_{i+1}}{x_i - x_{i+1}} y_i + \frac{x - x_i}{x_{i+1} - x_i} y_{i+1}, \quad x_i \leqslant x \leqslant x_{i+1}, \qquad i = 0,1,\cdots,n-1 \tag{5.65}$$

从几何上看，$I_h(x)$ 即为将点 $(x_0, y_0), (x_1, y_1), \cdots, (x_n, y_n)$ 用直线段连接起来所得的一条折线.

若 $f(x)$ 的二阶导数 $f''(x)$ 在 $[a,b]$ 内连续，则由一次插值多项式的插值余项式可得，对任意的 $x \in [x_i, x_{i+1}]$，有

$$|f(x) - I_h(x)| \leqslant \frac{1}{2} \max_{x_i \leqslant x \leqslant x_{i+1}} |f''(x)| \max_{x_i \leqslant x \leqslant x_{i+1}} |(x - x_i)(x - x_{i+1})| = \frac{h_i^2}{8} \max_{x_i \leqslant x \leqslant x_{i+1}} |f''(x)|$$

于是，对任意的 $x \in [a,b]$，有

$$|f(x) - I_h(x)| \leqslant \frac{1}{8} M_2 h^2 \tag{5.66}$$

式中，$M_2 = \max\limits_{a \leqslant x \leqslant b} |f''(x)|$，$h = \max\limits_{0 \leqslant i \leqslant n-1} h_i$.

因此，当 $h \to 0$ 时，$I_h(x) \to f(x)$，$x \in [a,b]$，即分段线性插值函数是收敛的.

5.7.3 分段三次埃尔米特插值

容易看到，分段线性插值函数是连续的，但在节点处的导数是间断的. 为了使插值函数具有更好的光滑性，需要用到函数在节点处的导数值.

考虑如下插值问题：已知 $y = f(x)$ 在节点 x_i 处的函数值 $y_i = f(x_i)$，以及导数值 $m_i = f'(x_i)$（$i = 0,1,\cdots,n$）. 构造一个函数 $H(x)$，若其满足如下条件：

（1） $H'(x)$ 在 $[a,b]$ 内连续；

（2） $H(x)$ 在每个区间 $[x_i, x_{i+1}]$（$i = 0,1,\cdots,n-1$）内均为三次多项式；

（3） $H(x_i) = y_i$，$H'(x_i) = m_i$（$i = 0,1,\cdots,n$）.

则称 $H(x)$ 为**分段三次埃尔米特插值函数**.

根据三次埃尔米特插值多项式（5.63）可知，$H(x)$ 在每个区间 $[x_i, x_{i+1}]$ 内的表达式为

$$H(x)=y_i\left(1-2\frac{x-x_i}{x_i-x_{i+1}}\right)\left(\frac{x-x_{i+1}}{x_i-x_{i+1}}\right)^2+y_{i+1}\left(1-2\frac{x-x_{i+1}}{x_{i+1}-x_i}\right)\left(\frac{x-x_i}{x_{i+1}-x_i}\right)^2+$$

$$m_i(x-x_i)\left(\frac{x-x_{i+1}}{x_i-x_{i+1}}\right)^2+m_{i+1}(x-x_{i+1})\left(\frac{x-x_i}{x_{i+1}-x_i}\right)^2,\qquad i=0,1,\cdots,n-1 \tag{5.67}$$

当 $f^{(4)}(x)$ 在 $[a,b]$ 内连续时，利用三次埃尔米特插值多项式的插值余项估计式（5.64）可得，对任意的 $x\in[x_i,x_{i+1}]$，有

$$|f(x)-H(x)|\leqslant\frac{1}{384}h_i^4\max_{x_i\leqslant x\leqslant x_{i+1}}|f^{(4)}(x)|$$

于是有误差估计：

$$|f(x)-H(x)|\leqslant\frac{1}{384}M_4h^4 \tag{5.68}$$

式中，$M_4=\max\limits_{a\leqslant x\leqslant b}|f^{(4)}(x)|$，$h=\max\limits_{0\leqslant i\leqslant n-1}h_i$.

分段三次埃尔米特插值函数 $H(x)$ 比分段线性插值函数 $I_h(x)$ 的效果有所改善，$H(x)$ 在插值区间 $[a,b]$ 内具有连续的一阶导数，但其二阶导数可能是间断的，而且分段三次埃尔米特插值要求给出节点处的导数值，在应用上较为不便.

5.8 三次样条插值

高次插值多项式光滑性较好，但是数值稳定性较差，且有时会出现龙格现象. 分段线性插值可以避免龙格现象，且计算简单，能够保证收敛，但是一阶导数间断，光滑性较差. 分段三次埃尔米特插值不仅需要提供节点处的导数值，而且仅有一阶光滑度，即一阶导数连续，这远不能满足科学计算和实际工程应用的需要. 例如，在飞机的机翼型线设计、船体放样设计中通常要求曲线具有二阶光滑度.

所谓样条，就是在船体、汽车或航天器的设计中使用的具有弹性的均匀窄木条. 早期工程师在制图时，用压铁压在样条的一些点上，强迫样条通过一组离散的型值点，而在其他地方任其自由弯曲. 当样条取得合适的形状之后，再沿着样条画出所需的曲线，这将是一条光顺的曲线，称为**样条曲线**.

样条曲线实际上是由分段三次曲线连接而成的，且在连接点处具有连续的二阶导数，从数学上加以概括就得到三次样条的概念.

5.8.1 三次样条插值函数

三次样条插值函数

定义 4 在区间 $[a,b]$ 内取定 $n+1$ 个节点：

$$a=x_0<x_1<x_2<\cdots<x_n=b$$

构造一个函数 $S(x)$，若其满足以下条件：

（1）$S(x)$ 在 $[a,b]$ 内有连续的二阶导数；

（2）$S(x)$ 在每个区间 $[x_i,x_{i+1}]$（$i=0,1,\cdots,n-1$）内是三次多项式.

则称 $S(x)$ 是以 $x_0,x_1,\cdots,x_n$ 为节点的**三次样条函数**. 若在节点 x_i 处给定函数值 $y_i=f(x_i)$（$i=0,1,\cdots,n$），且 $S(x)$ 满足以下条件：

$$S(x_i)=y_i, \quad i=0,1,\cdots,n \tag{5.69}$$

则称 $S(x)$ 为**三次样条插值函数**.

由定义可知，为求出三次样条插值函数 $S(x)$，需要在每个区间 $[x_i,x_{i+1}]$ 内求出一个三次插值多项式，即确定 4 个待定系数，共有 n 个区间，故一共需要确定 $4n$ 个系数. 因为 $S(x)$ 在 $[a,b]$ 内二阶导数连续，所以在节点 x_i（$i=1,2,\cdots,n-1$）处应该满足以下连续性条件：

$$\begin{cases} S(x_i-0)=S(x_i+0) \\ S'(x_i-0)=S'(x_i+0) \\ S''(x_i-0)=S''(x_i+0) \end{cases}, \quad i=1,2,\cdots,n-1 \tag{5.70}$$

可见，共有 $3n-3$ 个条件，再加上 $S(x)$ 满足插值条件 $S(x_i)=y_i$（$i=0,1,\cdots,n$），共有 $4n-2$ 个条件. 要想唯一确定 $S(x)$，还需添加两个条件. 通常在区间 $[a,b]$ 的端点 $a=x_0$，$b=x_n$ 处各附加一个条件，称为**边界条件**. 可根据实际问题的具体要求给定边界条件，常用的有以下三种.

（1）已知端点的一阶导数值，即

$$S'(x_0)=m_0, \quad S'(x_n)=m_n \tag{5.71}$$

（2）已知端点的二阶导数值，即

$$S''(x_0)=M_0, \quad S''(x_n)=M_n \tag{5.72}$$

特别地，当 $M_0=M_n=0$ 时，式（5.72）称为**自然边界条件**，由此确定的 $S(x)$ 称为**三次自然样条插值函数**.

（3）当 $f(x)$ 是以 x_n-x_0 为周期的周期函数时，要求 $S(x)$ 也是以 x_n-x_0 为周期的周期函数，此时的边界条件为

$$\begin{cases} S(x_0+0)=S(x_n-0) \\ S'(x_0+0)=S'(x_n-0) \\ S''(x_0+0)=S''(x_n-0) \end{cases} \tag{5.73}$$

实际上，由于 $f(x)$ 以 x_n-x_0 为周期，因此有 $f(x_0)=f(x_n)$，即 $y_0=y_n$，从而必有 $S(x_0+0)=S(x_n-0)$. 这样确定的 $S(x)$ 称为**周期样条插值函数**.

由连续性条件、插值条件以及一种边界条件可以唯一确定一个三次样条插值函数. 下面介绍求解 $S(x)$ 的一种常用方法——三弯矩方法.

5.8.2 三次样条插值函数的求解

三次样条插值函数 $S(x)$ 可以有多种求解方式，在此我们利用节点处的函数值和二阶导数值来表示 $S(x)$.

设 $S(x)$ 在节点 x_i 处的二阶导数值为 M_i，即

$$S''(x_i)=M_i, \quad i=0,1,\cdots,n$$

注意，$S(x)$ 在每个区间 $[x_i,x_{i+1}]$（$i=0,1,\cdots,n-1$）内均为三次多项式，所以 $S''(x)$ 在 $[x_i,x_{i+1}]$ 内是线性函数，由过两点 (x_i,M_i) 和 (x_{i+1},M_{i+1}) 的线性插值多项式可知，$S''(x)$ 在 $[x_i,x_{i+1}]$ 内的表达式如下：

$$S''(x)=M_i\frac{x_{i+1}-x}{h_i}+M_{i+1}\frac{x-x_i}{h_i}, \quad x\in[x_i,x_{i+1}] \tag{5.74}$$

式中，$h_i=x_{i+1}-x_i$. 对式（5.74）积分两次，得到 $S(x)$ 的表达式：

$$S(x)=\frac{M_i}{6h_i}(x_{i+1}-x)^3+\frac{M_{i+1}}{6h_i}(x-x_i)^3+ax+b\text{，}\qquad x\in[x_i,x_{i+1}] \tag{5.75}$$

式中，a 和 b 为待定系数. 根据插值条件：

$$S(x_i)=\frac{M_i}{6}h_i^2+ax_i+b=y_i$$

$$S(x_{i+1})=\frac{M_{i+1}}{6}h_i^2+ax_{i+1}+b=y_{i+1}$$

可求得

$$a=\frac{1}{h_i}\left(\left(y_{i+1}-\frac{M_{i+1}}{6}h_i^2\right)-\left(y_i-\frac{M_i}{6}h_i^2\right)\right)$$

$$b=\frac{1}{h_i}\left(x_{i+1}\left(y_i-\frac{M_i}{6}h_i^2\right)-x_i\left(y_{i+1}-\frac{M_{i+1}}{6}h_i^2\right)\right)$$

代入式（5.75），得到 $S(x)$ 在区间 $[x_i,x_{i+1}]$ 内的表达式：

$$S(x)=\frac{M_i}{6h_i}(x_{i+1}-x)^3+\frac{M_{i+1}}{6h_i}(x-x_i)^3+\left(y_i-\frac{M_ih_i^2}{6}\right)\frac{x_{i+1}-x}{h_i}+\left(y_{i+1}-\frac{M_{i+1}h_i^2}{6}\right)\frac{x-x_i}{h_i} \tag{5.76}$$

式中，$x\in[x_i,x_{i+1}]$，$i=0,1,\cdots,n-1$.

由式（5.76）可以看出，要求解 $S(x)$，关键是设法确定各个二阶导数值 M_i（$i=0,1,\cdots,n$）. 为此，对式（5.76）求导得

$$S'(x)=-M_i\frac{(x_{i+1}-x)^2}{2h_i}+M_{i+1}\frac{(x-x_i)^2}{2h_i}+\frac{y_{i+1}-y_i}{h_i}-\frac{M_{i+1}-M_i}{6}h_i \tag{5.77}$$

于是有

$$S'(x_i+0)=-\frac{h_i}{3}M_i-\frac{h_i}{6}M_{i+1}+\frac{y_{i+1}-y_i}{h_i}$$

类似地，可以求出 $S(x)$ 在区间 $[x_{i-1},x_i]$ 内的表达式，进而得

$$S'(x_i-0)=\frac{h_{i-1}}{6}M_{i-1}+\frac{h_{i-1}}{3}M_i+\frac{y_i-y_{i-1}}{h_{i-1}}$$

利用连续性条件 $S'(x_i-0)=S'(x_i+0)$（$i=1,2,\cdots,n-1$），可得

$$\frac{h_{i-1}}{6}M_{i-1}+\frac{h_i+h_{i-1}}{3}M_i+\frac{h_i}{6}M_{i+1}=\frac{y_{i+1}-y_i}{h_i}-\frac{y_i-y_{i-1}}{h_{i-1}}\text{，}\qquad i=1,2,\cdots,n-1 \tag{5.78}$$

引入记号

$$\mu_i=\frac{h_{i-1}}{h_{i-1}+h_i}\text{，}\quad \lambda_i=1-\mu_i=\frac{h_i}{h_{i-1}+h_i}$$

$$d_i=6\frac{f[x_i,x_{i+1}]-f[x_{i-1},x_i]}{h_{i-1}+h_i}=6f[x_{i-1},x_i,x_{i+1}]\text{，}\qquad i=1,2,\cdots,n-1$$

则式（5.78）可以改写为

$$\mu_iM_{i-1}+2M_i+\lambda_iM_{i+1}=d_i\text{，}\qquad i=1,2,\cdots,n-1 \tag{5.79}$$

式（5.79）给出了关于 $n+1$ 个未知量 M_i（$i=0,1,\cdots,n$）的 $n-1$ 个方程，由边界条件，可以补充两个方程，进而唯一确定一组 M_i（$i=0,1,\cdots,n$）的值.

对于第一种边界条件式（5.71），可以导出两个方程：

$$\begin{cases} 2M_0 + M_1 = \dfrac{6}{h_0}(f[x_0, x_1] - m_0) = d_0 \\ M_{n-1} + 2M_n = \dfrac{6}{h_{n-1}}(m_n - f[x_{n-1}, x_n]) = d_n \end{cases} \tag{5.80}$$

将式（5.79）和式（5.80）合并，可得关于 $n+1$ 个未知量 M_i（$i = 0,1,\cdots,n$）的 $n+1$ 阶线性方程组，写成矩阵形式为

$$\begin{pmatrix} 2 & 1 & & & & & \\ \mu_1 & 2 & \lambda_1 & & & & \\ & \mu_2 & 2 & \lambda_2 & & & \\ & & \ddots & \ddots & \ddots & & \\ & & & \mu_{n-2} & 2 & \lambda_{n-2} & \\ & & & & \mu_{n-1} & 2 & \lambda_{n-1} \\ & & & & & 1 & 2 \end{pmatrix} \begin{pmatrix} M_0 \\ M_1 \\ M_2 \\ \vdots \\ M_{n-2} \\ M_{n-1} \\ M_n \end{pmatrix} = \begin{pmatrix} d_0 \\ d_1 \\ d_2 \\ \vdots \\ d_{n-2} \\ d_{n-1} \\ d_n \end{pmatrix} \tag{5.81}$$

如果给出的是第二种边界条件式（5.72），则 M_0 和 M_n 为已知，此时式（5.79）恰为关于 $n-1$ 个未知量 M_i（$i = 1,2,\cdots,n-1$）的 $n-1$ 个方程所组成的线性方程组，写成矩阵形式为

$$\begin{pmatrix} 2 & \lambda_1 & & & \\ \mu_2 & 2 & \lambda_2 & & \\ & \ddots & \ddots & \ddots & \\ & & \mu_{n-2} & 2 & \lambda_{n-2} \\ & & & \mu_{n-1} & 2 \end{pmatrix} \begin{pmatrix} M_1 \\ M_2 \\ \vdots \\ M_{n-2} \\ M_{n-1} \end{pmatrix} = \begin{pmatrix} d_1 - \mu_1 M_0 \\ d_2 \\ \vdots \\ d_{n-2} \\ d_{n-1} - \lambda_{n-1} M_n \end{pmatrix} \tag{5.82}$$

由第三种边界条件式（5.73），可得

$$M_0 = M_n, \quad \mu_n M_{n-1} + 2M_n + \lambda_n M_1 = d_n \tag{5.83}$$

式中，

$$\mu_n = \frac{h_{n-1}}{h_{n-1} + h_0}, \quad \lambda_n = 1 - \mu_n = \frac{h_0}{h_{n-1} + h_0}$$

$$d_n = 6\frac{f[x_0, x_1] - f[x_{n-1}, x_n]}{h_0 + h_{n-1}}$$

将式（5.79）和式（5.83）合并，可得关于 M_i（$i = 1,2,\cdots,n$）的 n 阶线性方程组，写成矩阵形式为

$$\begin{pmatrix} 2 & \lambda_1 & & & \mu_1 \\ \mu_2 & 2 & \lambda_2 & & \\ & \ddots & \ddots & \ddots & \\ & & \mu_{n-1} & 2 & \lambda_{n-1} \\ \lambda_n & & & \mu_n & 2 \end{pmatrix} \begin{pmatrix} M_1 \\ M_2 \\ \vdots \\ M_{n-1} \\ M_n \end{pmatrix} = \begin{pmatrix} d_1 \\ d_2 \\ \vdots \\ d_{n-1} \\ d_n \end{pmatrix} \tag{5.84}$$

方程组（5.81）和方程组（5.82）都是三对角方程组，方程组（5.84）是循环三对角方程组，方程组中的每个方程都涉及三个 M_i，而 M_i 在力学上解释为细梁在 x_i 截面处的弯矩，故称上述方程组为**三弯矩方程**，可用追赶法进行求解. 解出 M_i（$i = 0,1,\cdots,n$）之后，代入式（5.76），即可得到三次样条插值函数 $S(x)$ 在每个区间内的表达式.

应该指出，此处推导三次样条插值函数时，是从其二阶导数为线性函数这一点出发的．我们也可以从三次埃尔米特插值多项式出发来建立三次样条插值函数的一类新的计算方案．此时，假定 $S'(x_i)=m_i$（$i=0,1,\cdots,n$），利用埃尔米特插值多项式给出 $S(x)$ 在任意区间内的表达式，再根据连续性条件 $S''(x_i-0)=S''(x_i+0)$，可以建立关于 m_i 的三对角方程组．方程组中每个方程都涉及三个 m_i，而 m_i 在力学上解释为细梁在 x_i 截面处的转角，故称这时的方程组为**三转角方程**，用追赶法即可解出 m_i，从而得到 $S(x)$ 的表达式．具体推导过程留给读者自己去完成．

例 9 已知 $f(x)$ 在节点 x_i（$i=0,1,2,3$）处的函数值（见表 5-9），求 $f(x)$ 满足边界条件 $S''(0)=1$ 和 $S''(3)=0$ 的三次样条插值函数．

解 由条件可知

$$x_0=0,\quad x_1=1,\quad x_2=2,\quad x_3=3,\quad y_0=0,\quad y_1=0,\quad y_2=1,\quad y_3=0$$

$$M_0=1,\quad M_3=0,\quad h_0=h_1=h_2=1$$

经计算得

$$\mu_1=\lambda_1=\frac{1}{2},\quad d_1=6f[x_0,x_1,x_2]=3,\quad \mu_2=\lambda_2=\frac{1}{2},\quad d_2=6f[x_1,x_2,x_3]=-6$$

由式（5.82）可得方程组：

$$\begin{cases}2M_1+\dfrac{1}{2}M_2=\dfrac{5}{2}\\ \dfrac{1}{2}M_1+2M_2=-6\end{cases}$$

表 5-9 例 9 函数值

x_i	0	1	2	3
y_i	0	0	1	0

解得 $M_1=\dfrac{32}{15}$，$M_2=-\dfrac{53}{15}$，根据式（5.76）可得 $S(x)$ 的表达式为

$$S(x)=\begin{cases}\dfrac{1}{90}(15(1-x)^3+32x^3-15(1-x)-32x), & x\in[0,1]\\ \dfrac{1}{90}(32(2-x)^3-53(x-1)^3-32(2-x)+143(x-1)), & x\in(1,2]\\ \dfrac{1}{90}(-53(3-x)^3+143(3-x)), & x\in(2,3]\end{cases}$$

三次样条插值应用

5.9 应用案例：应用三次样条插值函数实现曲线拟合

其他应用

在 5.8 节中，利用三次样条插值函数 $S(x)$ 的二阶导数 $S''(x)$ 在每个区间 $[x_i,x_{i+1}]$（$i=0,1,\cdots,n-1$）内都是线性函数的性质，推导出了计算 $M_i=S''(x_i)$（$i=0,1,\cdots,n$）的三对角方程组，这个方法称为三弯矩方法．

如果把样条看成弹性细梁，压铁看成作用在梁上的集中载荷，则样条曲线在力学上可模拟为梁在外加集中载荷作用下的弯曲变形曲线．设此曲线方程为 $S=S(x)$，由材料力学的理论可知，当梁弯曲时，其挠曲线的曲率与弯矩 $M(x)$ 成正比，而与梁的抗

弯刚度 EJ（E 为弹性系数，J 为梁的横截面惯性矩）成反比，即

$$\frac{|S''(x)|}{\left[1+(S'(x))^2\right]^{\frac{3}{2}}}=\frac{M(x)}{EJ} \tag{5.85}$$

式中，曲线斜率 $S'(x)$ 反映了梁截面的转角.

一般梁的变形很微小，从而转角也很小，所以通常有 $(S'(x))^2 \ll 1$. 若选取坐标轴正向与曲线凹向一致，则式（5.85）简化为

$$S''(x)=\frac{1}{EJ}M(x) \tag{5.86}$$

单独拿出相邻压铁之间的一段梁来看，在两端有集中作用力，而在梁内没有外力作用. 在这一段梁内，任一截面的弯矩 $M(x)$ 等于此截面一边的所有外力对该截面形心的力矩的代数和，因此 $M(x)$ 为一个线性函数. 在整个梁上，$M(x)$ 是连续的折线函数. 根据式（5.86），在整个梁上，样条函数 $S=S(x)$ 是分段三次插值多项式，且具有二阶连续导数. 以上即为三次样条插值函数定义的背景和依据.

在实际应用中，高速飞行器、船体放样、汽车外形设计等都广泛应用了三次样条插值. 表 5-10 给出了某飞行器头部剖面外形曲线的一些控制点数据. 若要研究剖面外形曲线的形状，则需拟合出其表达式. 由于飞行器头部的特殊性，剖面曲线一定要足够光滑，因此在自然边界条件下，采用三弯矩方法构造三次样条插值函数.

表 5-10 某飞行器头部剖面外形曲线控制点数据

x_i	0	70	130	210	337	578
y_i	0	57	78	103	135	182
x_i	776	1012	1142	1462	1841	
y_i	214	224	256	272	275	

根据式（5.82）可得三对角方程组：

$$\begin{pmatrix} 2 & \lambda_1 & & & \\ \mu_2 & 2 & \lambda_2 & & \\ & \ddots & \ddots & \ddots & \\ & & \mu_8 & 2 & \lambda_8 \\ & & & \mu_9 & 2 \end{pmatrix}\begin{pmatrix} M_1 \\ M_2 \\ \vdots \\ M_8 \\ M_9 \end{pmatrix}=\begin{pmatrix} d_1 \\ d_2 \\ \vdots \\ d_8 \\ d_9 \end{pmatrix}$$

式中，μ_i、λ_i 和 d_i 的计算结果见表 5-11.

采用解三对角方程组的追赶法，可求出所有的 M_i（$i=1,2,\cdots,9$），见表 5-11 的最后一列. 将 M_i 代入式（5.76），可得光滑的三次样条插值函数. 例如，当 $x\in[130,337)$ 时，三次样条插值函数的表达式为

$$S(x)=\begin{cases} -6.476\times10^{-6}(x-210)^3-0.9493(x-210)+1.3033(x-130), & 130\leqslant x<210 \\ 1.268\times10^{-6}(x-337)^3-0.83607(x-337)+1.0584(x-210), & 210\leqslant x<337 \end{cases}$$

表 5-11 计算结果

i	h_i	μ_i	λ_i	d_i	M_i
0	70				
1	60	0.53846	0.46154	−0.02143	−0.01115865
2	80	0.42857	0.57143	−0.00161	0.00192558
3	127	0.38647	0.61353	−0.00175	−0.00118306
4	241	0.34511	0.65489	−0.00093	−0.00021613
5	198	0.54897	0.45103	−0.00046	−0.00013430
6	236	0.45622	0.54378	−0.00048	−0.00015365
7	130	0.64481	0.35519	−0.00057	−0.00019925
8	320	0.28889	0.71111	−0.00056	−0.00020580
9	379	0.45780	0.54220	−0.00036	−0.00013351

习题 5

1．拉格朗日插值与牛顿插值有何异同？它们各有什么优缺点？

2．三次样条插值与分段三次埃尔米特插值有何区别？哪一个更优越？

3．填空

（1）设函数 $f(x)=2x^3-x+1$，则 $f(x)$ 以 $x_0=-1$，$x_1=0$，$x_2=1$，$x_3=2$ 为插值节点的三次插值多项式为__________，相应的插值余项为__________.

（2）设 $f(x)=x(x-1)(x-2)$，则 $f[0,1,2,3]=$__________.

（3）设 $f(x)=5x^4+2x^3+3x+1$，取等距节点 $x_k=0.1+kh$（$k=0,1,\cdots,5$），步长 $h=0.1$，则差分 $\Delta^4 f_0=$__________，$\Delta^5 f_0=$__________.

（4）设

$$S(x)=\begin{cases} x^3, & 0\leqslant x<1 \\ ax^2+bx+1, & 1\leqslant x\leqslant 2 \end{cases}$$

是以 0,1,2 为节点的三次样条插值函数，则 $a=$__________，$b=$__________.

（5）超定方程组 $\begin{cases} x_1-x_2=1 \\ 2x_1+x_2=2 \\ 3x_1-2x_2=0 \end{cases}$ 的最小二乘解 $x_1=$__________，$x_2=$__________.

4．确定形如 $y=ae^{bx}$ 的经验公式，使其与下列给定的数据相拟合：

x_i	1	2	3	4
y_i	60	30	20	15

5．给定数据：

x_i	1.0	1.4	1.8	2.2	2.6
y_i	0.931	0.473	0.297	0.224	0.168

求形如 $y=\dfrac{1}{a+bx}$ 的拟合曲线.

6．给出函数值如下：

x_i	-2	1	3	4
y_i	3	6	-2	9

（1）写出三次拉格朗日插值多项式；

（2）列出差商表，写出三次牛顿插值多项式.

7．已知 $\sin 30^\circ=\dfrac{1}{2}$，$\sin 45^\circ=\dfrac{\sqrt{2}}{2}$，$\sin 60^\circ=\dfrac{\sqrt{3}}{2}$，分别用一次插值和二次插值求 $\sin 50^\circ$ 的近似值，并估计误差.

8．设 $f(x)$ 在 $[a,b]$ 内有连续的二阶导数，且 $f(a)=f(b)=0$，证明：

$$\max_{a\leqslant x\leqslant b}|f(x)|\leqslant\frac{1}{8}(b-a)^2\max_{a\leqslant x\leqslant b}|f''(x)|$$

9．设 $x_0,x_1,\cdots,x_n$ 是彼此互异的插值节点，$l_i(x)$ 为拉格朗日插值基函数，证明：

（1）$\sum\limits_{i=0}^{n}(x_i-x)^k l_i(x)=0$（$k=1,2,\cdots,n$）；

（2）设 $p(x)$ 是首项系数为 a 的 $n+1$ 次多项式，则

$$p(x)=a\omega(x)+\sum_{i=0}^{n}p(x_i)l_i(x)$$

式中，$\omega(x)=(x-x_0)(x-x_1)\cdots(x-x_n)$.

10．给出 $\tan x$ 的函数值如下：

x	1.3	1.31	1.32	1.33
$\tan x$	3.6021	3.7471	3.9033	4.0723

分别用牛顿向前和向后插值多项式计算 $\tan 1.302$ 与 $\tan 1.325$ 的近似值.

11．已知 $f(1)=2$，$f'(1)=0$，$f(2)=3$，$f'(2)=-1$，求 $f(x)$ 的三次埃尔米特插值多项式 $H_3(x)$，并计算 $f(1.5)$.

12．给出 $f(x)$ 的函数值及导数值如下：

x_i	1/4	1	9/4
$f(x_i)$	1/8	1	27/8
$f'(x_i)$		3/2	

求一个次数不超过三次的埃尔米特插值多项式 $H_3(x)$，使之满足插值条件 $H_3(x_i)=f(x_i)$（$i=0,1,2$），$H_3'(x_1)=f'(x_1)$，并估计插值余项.

13．求一个次数不超过 4 次的多项式 $p(x)$，使它满足 $p(0)=p'(0)=0$，$p(1)=p'(1)=1$，$p'(2)=2$.

14．给定函数值如下：

x_i	1	2	3
y_i	2	4	2

求满足边界条件 $S'(1)=1$，$S'(3)=-1$ 的三次样条插值函数 $S(x)$.

15．已知 $y=f(x)$ 的函数值表如下：

x_i	0	1	3	4
y_i	−2	0	4	5

求满足自然边界条件 $S''(0)=S''(4)=0$ 的三次样条插值函数 $S(x)$，并计算 $f(2)$ 和 $f(3.5)$ 的近似值.

16．设 $f(x)=\mathrm{e}^x$，将区间 $[0,1]$ n 等分，等分点 $x_i=\dfrac{i}{n}$（$i=0,1,\cdots,n$）.

（1）求 $f(x)$ 在区间 $[0,1]$ 内的分段线性插值函数 $I_1(x)$；

（2）若要使误差 $\max\limits_{0\leqslant x\leqslant 1}|f(x)-I_1(x)|\leqslant\dfrac{1}{2}\times 10^{-6}$，则 n 至少应该取多大？

17．设节点 x_0,x_1,x_2 互异，$f(x)$ 具有二阶连续导数，证明：

（1）$f[x_0,x_1]=\int_0^1 f'(t_0x_0+t_1x_1)\mathrm{d}t_1$，$t_0+t_1=1$；

（2）$f[x_0,x_1,x_2]=\iint\limits_{\tau_2} f''(t_0x_0+t_1x_1+t_2x_2)\mathrm{d}t_1\mathrm{d}t_2$，$t_0+t_1+t_2=1$，$\tau_2=\{(t_1,t_2)\,|\,t_1\geqslant 0,t_2\geqslant 0,$ $t_1+t_2\leqslant 1\}$；

（3）将上述结论推广到一般情形.

应用题

1．图 5-7 是一只飞行的红毛鸭子. 为了近似画出鸭子身体上侧的曲线，已经沿曲线选定了一些点，并希望近似曲线通过这些点. 下表中列出了这样 21 个数据点的坐标，图 5-8 画出了坐标网格的图形. 值得注意的是，在曲线变化比较剧烈的地方采用了更多的点.

x	0.9	1.3	1.9	2.1	2.6	3.0	3.9	4.4	4.7	5.0	6.0
$f(x)$	1.3	1.5	1.85	2.1	2.6	2.7	2.4	2.15	2.05	2.1	2.25
x	7.0	8.0	9.2	10.5	11.3	11.6	12.0	12.6	13.0	13.3	
$f(x)$	2.3	2.25	1.95	1.4	0.9	0.7	0.6	0.5	0.4	0.25	

（1）根据给定的数据，构造三次自然样条插值函数来近似鸭子身体上侧的曲线；

（2）根据给定的数据，构造拉格朗日插值多项式来近似鸭子身体上侧的曲线；

（3）绘制出（1）和（2）构造的，三次自然样条插值函数和拉格朗日插值多项式的曲线，比较其优劣.

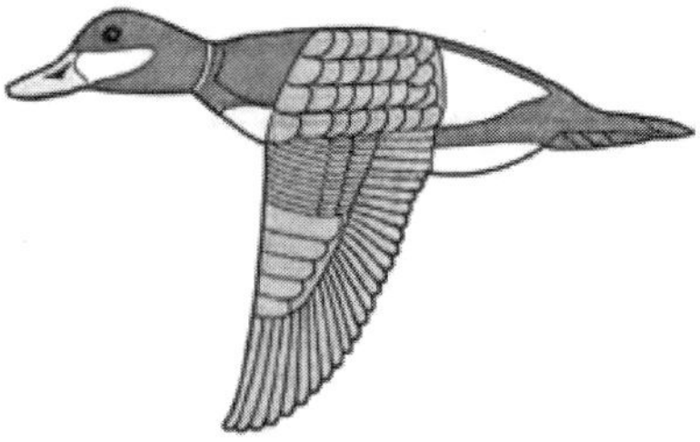

图 5-7

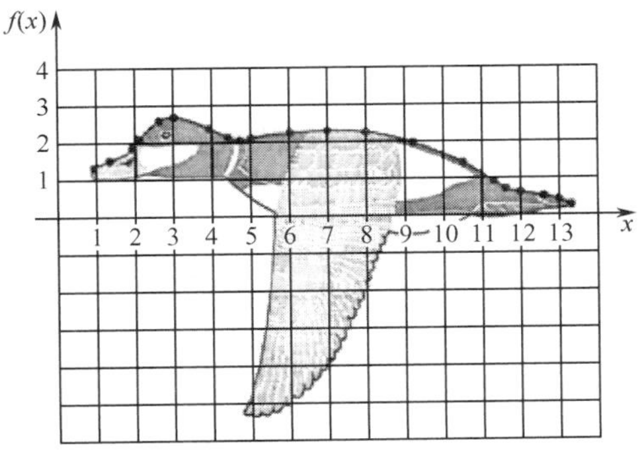

图 5-8

2．在一篇关于中等天蛾（拉丁名为 Pachysphinx modesta）幼虫利用能量的有效性论文中，L. Schroeder 用下表中的数据确定了幼虫重量 W（单位：克）和氧气消耗量 R（单位：毫升每小时）之间的关系：

W	R	W	R	W	R	W	R	W	R
0.017	0.154	0.025	0.23	0.020	0.181	0.020	0.180	0.025	0.234
0.087	0.296	0.111	0.357	0.085	0.260	0.119	0.299	0.233	0.537
0.174	0.363	0.211	0.366	0.171	0.334	0.210	0.428	0.783	1.47
1.11	0.531	0.999	0.771	1.29	0.87	1.32	1.15	1.35	2.48
1.74	2.23	3.02	2.01	3.04	3.59	3.34	2.83	1.69	1.44
4.09	3.58	4.28	3.28	4.29	3.40	5.48	4.15	2.75	1.84
5.45	3.52	4.58	2.96	5.30	3.88			4.83	4.66
5.96	2.40	4.68	5.10					5.53	6.94

从生物学的观点来看，可以假设它们之间的关系具有以下形式：

$$R = bW^a$$

（1）求如下形式的对数线性最小二乘拟合多项式：

$$\ln R = \ln b + a\ln W$$

（2）计算（1）中所求出的 W 与 R 之间近似关系式的误差：

$$E = \sum_{i=1}^{37}(R_i - bW_i^a)^2$$

（3）通过加入二次项 $c(\ln W)^2$ 来修正（1）中的对数线性最小二乘拟合多项式，求出对数线性二次最小二乘拟合多项式.

（4）计算（3）中所求出的 W 与 R 之间近似关系式的误差.

上机实验

1．设

$$f(x) = \frac{1}{1+x^2}, \qquad x \in [-5, 5]$$

在 $[-5,5]$ 内取 $n+1$ 个等距节点 $x_k=-5+10\frac{k}{n}$（$k=0,1,\cdots,n$）.

（1）构造当 $n=2,4,6,8,10$ 时的插值多项式 $L_n(x)$，并在同一张图上画出 $f(x)$ 和所有 $L_n(x)$ 的图形；

（2）构造当 $n=2,4,6,8,10$ 时的埃尔米特插值多项式 $H_{2n+1}(x)$，并在同一张图上画出 $f(x)$ 和所有 $H_{2n+1}(x)$ 的图形；

（3）对于 $n=10$，构造分段线性插值多项式和分段三次埃尔米特插值多项式，并将它们的图形与 $f(x)$ 的图形画在同一张图中；

（4）对于 $n=10$，构造三次样条插值函数 $S(x)$（自然边界条件），并在同一张图上画出 $f(x)$ 和 $S(x)$ 的图形.

2．已知机翼断面下的轮廓线上的某些点的坐标如下：

x_i	0	3	5	7	9	11	12	13	14	15
y_i	0	1.2	1.7	2.0	2.1	2.0	1.8	1.2	1.0	1.6

加工时需要求出 x 值每改变 0.1 时的 y 值，试用三次样条插值函数（自然边界条件）估计 y 值，并画出机翼断面下的轮廓线.

3．已知某天在各个整点时刻的温度如下：

时间 t	0	1	2	3	4	5	6	7	8	9	10	11
温度 $y(t)$	14	13	13	13	13	14	15	17	19	21	22	24
时间 t	12	13	14	15	16	17	18	19	20	21	22	23
温度 $y(t)$	27	30	31	30	28	26	24	23	21	19	17	16

使用最小二乘法，确定这一天的气温变化规律. 分别采用下列函数进行拟合：

（1）二次多项式；

（2）三次多项式；

（3）四次多项式；

（4）形如 $y(t)=a\mathrm{e}^{-b(t-c)^2}$ 的函数，式中，a、b 和 c 为待定常数.

分析误差，并作图比较效果.

第 6 章

数值微积分

6.1 数值积分的基本概念

6.1.1 求积公式与代数精度

在科学研究与工程技术应用中，经常要进行积分 $\int_a^b f(x)\mathrm{d}x$ 的计算. 若 $f(x)$ 在区间 $[a,b]$ 内可积，$F(x)$ 是 $f(x)$ 的一个原函数，则由牛顿-莱布尼兹（Newton-Leibniz）公式，有

$$\int_a^b f(x)\mathrm{d}x = F(b) - F(a)$$

牛顿-莱布尼兹公式提供了计算定积分的一种简便有效的方法，在微积分理论中具有非常重要的地位. 但是，在实际应用中这样做往往会遇到困难. 例如，有些被积函数的原函数无法用初等函数表示，如 $\sin x^2$、$\dfrac{\sin x}{x}$、e^{-x^2} 等；有些被积函数的原函数虽然能够用初等函数表示，表达式却非常复杂，不便于计算. 另外，在许多实际问题中，$f(x)$ 仅仅是由测量或数值计算给出的一张数据表，而没有解析表达式，这时也无法求出原函数. 在这些情况下，无法利用牛顿-莱布尼兹公式计算定积分，因此，有必要研究计算定积分的数值方法.

为计算定积分

$$I = \int_a^b f(x)\mathrm{d}x$$

构造如下形式的求积公式：

$$I_n = \sum_{k=0}^{n} A_k f(x_k) \tag{6.1}$$

式中，A_k 称为**求积系数**，x_k 称为**求积节点**，A_k 的选取仅与节点有关，而与被积函数 $f(x)$ 无关.

式（6.1）通常称为**机械求积公式**，其特点是将积分求值问题转化为函数值的计算，避免了求原函数的困难.

式（6.1）由节点 x_k 和系数 A_k 决定，每选择一组节点和系数，即可得到一个相应的求积公式. 一般来说，求积公式中的节点 x_k 和系数 A_k 可以按照所希望的方式随意选取. 自然，总是希望所构造的求积公式能够对尽可能多的函数准确成立，这就引出了如下代数精度的概念.

定义 1 如果某个求积公式对次数不超过 m 的多项式均能准确成立，但对 $m+1$ 次多项式不能准确成立，则称该求积公式具有 m **次代数精度**.

一般地，欲使求积公式具有 m 次代数精度，只需令其对次数不超过 m 的幂函数 $1, x, x^2, \cdots, x^m$ 都能准确成立即可.

例 1 确定下述公式的求积系数，使其代数精度尽可能高，并指出所构造的求积公式具有的代数精度：

$$\int_{-2}^{2} f(x)\mathrm{d}x \approx A_0 f(-1) + A_1 f(0) + A_2 f(1)$$

解 将 $f(x)=1, x, x^2$ 分别代入公式两端并令其左右相等，得

$$\begin{cases} A_0 + A_1 + A_2 = 4 \\ -A_0 + A_2 = 0 \\ A_0 + A_2 = \dfrac{16}{3} \end{cases}$$

解得 $A_0 = A_2 = \dfrac{8}{3}$，$A_1 = -\dfrac{4}{3}$，所得公式至少具有 2 次代数精度.

当 $f(x)=x^3$ 时，有

$$\int_{-2}^{2} x^3 \mathrm{d}x = 0 = \frac{8}{3}\times(-1)^3 - \frac{4}{3}\times 0^3 + \frac{8}{3}\times 1^3$$

当 $f(x)=x^4$ 时，有

$$\int_{-2}^{2} x^4 \mathrm{d}x = \frac{64}{5} \neq \frac{8}{3}\times(-1)^4 - \frac{4}{3}\times 0^4 + \frac{8}{3}\times 1^4 = \frac{16}{3}$$

因此所构造的求积公式 $\int_{-2}^{2} f(x)\mathrm{d}x \approx \dfrac{8}{3}f(-1) - \dfrac{4}{3}f(0) + \dfrac{8}{3}f(1)$ 具有 3 次代数精度.

6.1.2 插值型求积公式

常用的一类构造求积公式的方法是用简单函数对被积函数 $f(x)$ 做插值逼近. 设给定一组求积节点：

$$a \leqslant x_0 < x_1 < \cdots < x_n \leqslant b$$

已知函数 $f(x)$ 在这些点上的值，将这些点作为插值节点，构造 $f(x)$ 的 n 次拉格朗日插值多　项式：

插值型求积公式

$$L_n(x) = \sum_{k=0}^{n} l_k(x) f(x_k)$$

式中，$l_k(x)$（$k=0,1,\cdots,n$）是拉格朗日插值基函数. 用 $L_n(x)$ 的积分作为 $f(x)$ 积分的近似，得到如下求积公式：

$$I_n = \int_a^b L_n(x)\mathrm{d}x = \sum_{k=0}^{n} A_k f(x_k) \tag{6.2}$$

式中，求积系数为

$$A_k = \int_a^b l_k(x)\mathrm{d}x\,, \qquad k = 0,1,\cdots,n \tag{6.3}$$

按照如上方式构造的式（6.2）称为**插值型求积公式**.

下面考虑插值型求积公式（6.2）的截断误差：

$$R_n(f) = I - I_n$$

$R_n(f)$ 又称为**求积余项**. 由插值余项式可知

$$R_n(f) = \int_a^b [f(x) - L_n(x)]\mathrm{d}x = \int_a^b \frac{f^{(n+1)}(\xi)}{(n+1)!}\omega_{n+1}(x)\mathrm{d}x \tag{6.4}$$

式中，$\xi \in (a,b)$ 且与 x 有关，$\omega_{n+1}(x) = (x-x_0)(x-x_1)\cdots(x-x_n)$.

关于插值型求积公式的代数精度，我们有如下定理.

定理 1　有 $n+1$ 个节点的求积公式 $I_n = \sum\limits_{k=0}^{n} A_k f(x_k)$ 为插值型求积公式的充分必要条件是它至少具有 n 次代数精度.

证明　必要性. 设求积公式 I_n 是插值型求积公式，则由式（6.4），对任意次数不超过 n 的多项式 $f(x)$，都有

$$R_n(f) = I - I_n = 0$$

即 $I = I_n$，因此 I_n 对任意次数不超过 n 的多项式都能准确成立，所以它至少具有 n 次代数精度.

充分性. 设 I_n 至少具有 n 次代数精度，则它对拉格朗日插值基函数 $l_k(x)$ 准确成立，因此有

$$\int_a^b l_k(x)\mathrm{d}x = \sum_{j=0}^{n} A_j l_k(x_j)\,, \qquad k=0,1,\cdots,n$$

因为 $l_k(x_j) = 0\ (j = 0,1,\cdots,n,\ j \neq k)$ 且 $l_k(x_k) = 1$，所以

$$A_k = \int_a^b l_k(x)\mathrm{d}x\,, \qquad k = 0,1,\cdots,n$$

这说明求积公式 I_n 是插值型的.

6.2　牛顿-柯特斯公式

6.2.1　牛顿-柯特斯系数及常用求积公式

牛顿-柯特斯
公式

将区间 $[a,b]$ n 等分，步长为 $h = \dfrac{b-a}{n}$，节点为 $x_k = a + kh$（$k = 0,1,\cdots,n$），以这 $n+1$ 个等距节点为求积节点构造的插值型求积公式如下：

$$I_n = (b-a)\sum_{k=0}^{n} C_k^{(n)} f(x_k) \tag{6.5}$$

式（6.5），称为**牛顿-柯特斯（Newton-Cotes）公式**，式中，$C_k^{(n)}$ 称为**柯特斯（Cotes）系数**. 根据式（6.3），有

$$C_k^{(n)}=\frac{1}{b-a}\int_a^b l_k(x)\mathrm{d}x=\frac{1}{b-a}\int_a^b\prod_{\substack{i=0\\i\neq k}}^{n}\frac{x-x_i}{x_k-x_i}\mathrm{d}x$$

令 $x=a+th$，则有

$$C_k^{(n)}=\frac{h}{b-a}\int_0^n\prod_{\substack{i=0\\i\neq k}}^{n}\frac{t-i}{k-i}\mathrm{d}t=\frac{(-1)^{n-k}}{nk!(n-k)!}\int_0^n\prod_{\substack{i=0\\i\neq k}}^{n}(t-i)\mathrm{d}t \tag{6.6}$$

由式（6.6）可知，柯特斯系数与求积节点和积分区间无关，仅与节点的总数有关，且由于是多项式的积分，因而不难求得.

下面给出几个常见的牛顿-柯特斯公式.

（1）$n=1$. 此时，求积节点为 $x_0=a$，$x_1=b$，柯特斯系数为

$$C_0^{(1)}=-\int_0^1(t-1)\mathrm{d}t=\frac{1}{2}，\quad C_1^{(1)}=\int_0^1 t\mathrm{d}t=\frac{1}{2}$$

相应的求积公式为

$$I_1=\frac{b-a}{2}(f(a)+f(b))$$

称此公式为**梯形公式**，通常记为

$$T=\frac{b-a}{2}(f(a)+f(b)) \tag{6.7}$$

不难验证，梯形公式的代数精度为 1.

从几何的观点来看，积分 $\int_a^b f(x)\mathrm{d}x$ 即为由曲线 $y=f(x)$、直线 $x=a$ 和 $x=b$ 及 x 轴所围成的曲边梯形的面积，而梯形公式（6.7）是用顶点为 $(a,0)$、$(a,f(a))$、$(b,f(b))$ 和 $(b,0)$ 的梯形面积近似曲边梯形面积所得到的，如图 6-1 所示.

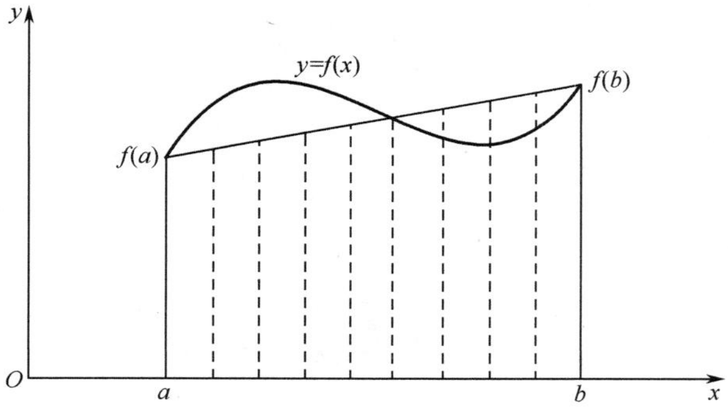

图 6-1

（2）$n=2$. 此时，求积节点为 $x_0=a$，$x_1=\frac{a+b}{2}$，$x_2=b$，柯特斯系数为

$$C_0^{(2)}=\frac{1}{4}\int_0^2(t-1)(t-2)\mathrm{d}t=\frac{1}{6}$$

$$C_1^{(2)}=-\frac{1}{2}\int_0^2 t(t-2)\mathrm{d}t=\frac{4}{6}$$

$$C_2^{(2)}=\frac{1}{4}\int_0^2 t(t-1)\mathrm{d}t=\frac{1}{6}$$

相应的求积公式为

$$I_2 = \frac{b-a}{6}\left(f(a)+4f\left(\frac{a+b}{2}\right)+f(b)\right)$$

称此公式为**辛普森（Simpson）公式**，通常记为

$$S = \frac{b-a}{6}\left(f(a)+4f\left(\frac{a+b}{2}\right)+f(b)\right) \tag{6.8}$$

它是用过三点的抛物线近似代替曲边梯形的曲边 $f(x)$ 所得到的，如图 6-2 所示. 可以证明，辛普森公式的代数精度为 3.

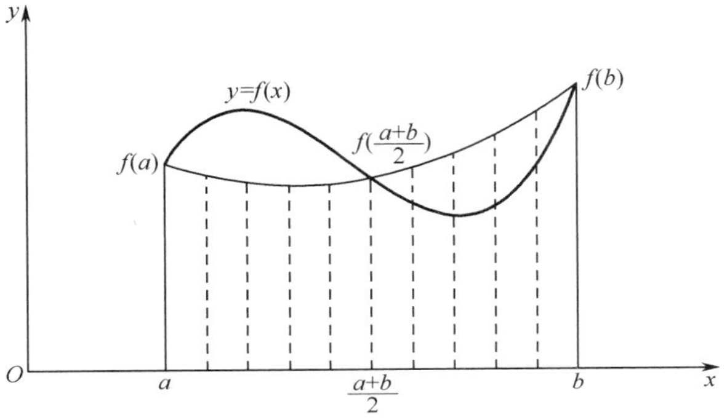

图 6-2

（3） $n=4$. 此时，求积节点为 $x_k = a+kh$（$k=0,1,2,3,4$），步长为 $h=\frac{b-a}{4}$，相应的求积公式称为**柯特斯公式**，其形式为

$$C = \frac{b-a}{90}(7f(x_0)+32f(x_1)+12f(x_2)+32f(x_3)+7f(x_4)) \tag{6.9}$$

由于柯特斯系数与函数表达式及积分区间均没有关系，因此可以事先计算出柯特斯系数，做成表格的形式，方便进行查阅. 表 6-1 列出了 $n=1,2,\cdots,8$ 时的柯特斯系数.

表 6-1　柯特斯系数表

n	$C_k^{(n)}$								
1	$\frac{1}{2}$	$\frac{1}{2}$							
2	$\frac{1}{6}$	$\frac{4}{6}$	$\frac{1}{6}$						
3	$\frac{1}{8}$	$\frac{3}{8}$	$\frac{3}{8}$	$\frac{1}{8}$					
4	$\frac{7}{90}$	$\frac{32}{90}$	$\frac{12}{90}$	$\frac{32}{90}$	$\frac{7}{90}$				
5	$\frac{19}{288}$	$\frac{75}{288}$	$\frac{50}{288}$	$\frac{50}{288}$	$\frac{75}{288}$	$\frac{19}{288}$			
6	$\frac{41}{840}$	$\frac{216}{840}$	$\frac{27}{840}$	$\frac{272}{840}$	$\frac{27}{840}$	$\frac{216}{840}$	$\frac{41}{840}$		
7	$\frac{751}{17280}$	$\frac{3577}{17280}$	$\frac{1323}{17280}$	$\frac{2989}{17280}$	$\frac{2989}{17280}$	$\frac{1323}{17280}$	$\frac{3577}{17280}$	$\frac{751}{17280}$	
8	$\frac{989}{28350}$	$\frac{5888}{28350}$	$-\frac{928}{28350}$	$\frac{10496}{28350}$	$-\frac{4540}{28350}$	$\frac{10496}{28350}$	$-\frac{928}{28350}$	$\frac{5888}{28350}$	$\frac{989}{28350}$

关于柯特斯系数 $C_k^{(n)}$，可以证明 $\sum_{k=0}^{n} C_k^{(n)}=1$，且有 $C_k^{(n)}=C_{n-k}^{(n)}$（$k=0,1,\cdots,n$），这从表 6-1 中也可以得到验证.

例 2　分别用梯形公式、辛普森公式和柯特斯公式计算积分 $I=\int_0^1 \mathrm{e}^x \mathrm{d}x$.

解　根据式（6.7）、式（6.8）和式（6.9），经计算得

$$T=\frac{1}{2}(\mathrm{e}^0+\mathrm{e}^1)=1.85914091$$

$$S=\frac{1}{6}(\mathrm{e}^0+4\mathrm{e}^{\frac{1}{2}}+\mathrm{e}^1)=1.71886115$$

$$C=\frac{1}{90}(7\mathrm{e}^0+32\mathrm{e}^{\frac{1}{4}}+12\mathrm{e}^{\frac{1}{2}}+32\mathrm{e}^{\frac{3}{4}}+7\mathrm{e}^1)=1.71828269$$

例 2 中所计算积分的精确值为 $I=1.718281828\cdots$. 比较上述计算结果可以发现，柯特斯公式的精度最高，当然它也付出了更高的代价，因为它需要计算 5 个函数值，而梯形公式仅需计算两个函数值.

6.2.2　误差估计

关于牛顿-柯特斯公式的求积余项 $R_n(f)=I-I_n$，我们不加证明地给出如下结论.

（1）若 n 为奇数，$f(x)\in C^{n+1}[a,b]$，则

$$R_n(f)=K_n h^{n+2} f^{(n+1)}(\eta),\qquad \eta\in[a,b] \tag{6.10}$$

式中，

$$K_n=\frac{1}{(n+1)!}\int_0^n t(t-1)\cdots(t-n)\mathrm{d}t$$

（2）若 n 为偶数，$f(x)\in C^{n+2}[a,b]$，则

$$R_n(f)=K_n h^{n+3} f^{(n+2)}(\eta),\qquad \eta\in[a,b] \tag{6.11}$$

式中，

$$K_n=\frac{1}{(n+2)!}\int_0^n t^2(t-1)\cdots(t-n)\mathrm{d}t$$

在式（6.10）中取 $n=1$，得到梯形公式的余项为

$$R_T=\frac{f''(\eta)}{2!}(b-a)^3\int_0^1 t(t-1)\mathrm{d}t=-\frac{f''(\eta)}{12}(b-a)^3,\qquad \eta\in[a,b] \tag{6.12}$$

在式（6.11）中取 $n=2$，得到辛普森公式的余项为

$$R_S=\frac{f^{(4)}(\eta)}{4!}h^5\int_0^2 t^2(t-1)(t-2)\mathrm{d}t=-\frac{f^{(4)}(\eta)}{2880}(b-a)^5,\qquad \eta\in[a,b] \tag{6.13}$$

同理，柯特斯公式的余项为

$$R_C=-\frac{2(b-a)}{945}\left(\frac{b-a}{4}\right)^6 f^{(6)}(\eta),\qquad \eta\in[a,b] \tag{6.14}$$

从上述结论可以看出，当 n 为奇数时，牛顿-柯特斯公式至少具有 n 次代数精度；当 n 为偶数时，牛顿-柯特斯公式至少具有 $n+1$ 次代数精度. 所以，通常人们更愿意使用 n 为偶数时的牛顿-柯特斯公式.

6.2.3 收敛性与稳定性

由于牛顿-柯特斯公式 I_n 是插值型求积公式，因此它至少具有 n 次代数精度. 随着 n 的增大，I_n 的代数精度也越来越高. 但是，由插值理论可知，随着插值多项式次数的增高，插值多项式序列不一定收敛于被插函数，同样，这里的求积公式 I_n 也不一定收敛于积分 I . 下面的例子可以给我们一个直观的印象.

例 3 使用牛顿-柯特斯公式，分别取 $n=2,4,6,8,10$ ，计算积分 $I=\int_{-4}^{4}\frac{1}{1+x^2}\,\mathrm{d}x$ ，并观察 n 的变化对积分收敛情况的影响.

解 该积分的精确解为

$$I=\int_{-4}^{4}\frac{1}{1+x^2}\,\mathrm{d}x=2\arctan 4\approx 2.6516$$

使用牛顿-柯特斯公式进行计算，分别取 $n=2,4,6,8,10$ ，得到的结果见表 6-2.

表 6-2 牛顿-柯特斯公式的计算结果

n	2	4	6	8	10
I_n	5.4902	2.2776	3.3288	1.9411	3.5956

可以看出，当 $n=4$ 时，计算结果较为接近积分的精确值. 当 n 增大时，I_n 的值并不会很快地趋于 I .

关于牛顿-柯特斯公式 I_n 的收敛性问题，人们已经证明，即使被积函数在积分区间上充分光滑，当 $n\to\infty$ 时，I_n 仍可能不收敛.

在利用求积公式计算积分时，通常 $f(x)$ 在节点 x_k 处的精确值 $f(x_k)$ 很难得到，实际上是用近似值 $\tilde{f}(x_k)$ 参与运算的，因此难免会产生误差. 为分析误差对计算结果的影响，需要考察求积公式的数值稳定性.

可以证明，对于牛顿-柯特斯公式，当柯特斯系数都为正时，求积公式是数值稳定的.

从表 6-1 可以看出，当 $n\leqslant 7$ 时，柯特斯系数全都是正的，此时的牛顿-柯特斯公式是数值稳定的；当 $n\geqslant 8$ 时，柯特斯系数开始出现负值，此时的稳定性得不到保证. 因此，在实际应用中通常采用低阶的牛顿-柯特斯公式.

6.2.4 复化求积公式

如前所述，高阶的牛顿-柯特斯公式具有较高的代数精度，但是数值稳定性很差，因此计算效果并不理想. 如果采用低阶的公式，则截断误差很大，常常达不到精度要求. 从式（6.12）

和式（6.13）可以看出，影响截断误差的一个重要因素是积分区间的长度，积分区间越小，则截断误差越小. 这就启发我们先把积分区间分成一些长度较小的子区间，在每个子区间上使用低阶的牛顿-柯特斯公式，再对结果进行求和，这样得到的求积公式称为复化求积公式.

（1）复化梯形公式. 将区间 $[a,b]$ n 等分，步长为 $h=\dfrac{b-a}{n}$，求积节点为 $x_k=a+kh$（$k=0,1,\cdots,n$）. 在每个子区间 $[x_k,x_{k+1}]$ 上使用梯形公式，得

复化求积公式

$$I=\int_a^b f(x)\mathrm{d}x=\sum_{k=0}^{n-1}\int_{x_k}^{x_{k+1}} f(x)\mathrm{d}x$$
$$=\frac{h}{2}\sum_{k=0}^{n-1}(f(x_k)+f(x_{k+1}))-\frac{1}{12}h^3\sum_{k=0}^{n-1}f''(\eta_k), \qquad x_k\leqslant\eta_k\leqslant x_{k+1}$$

略去余项，得

$$T_n=\frac{h}{2}\sum_{k=0}^{n-1}(f(x_k)+f(x_{k+1}))=\frac{h}{2}(f(a)+2\sum_{k=1}^{n-1}f(x_k)+f(b)) \tag{6.15}$$

式（6.15）称为**复化梯形公式**，其余项为

$$R_n(f)=I-T_n=-\frac{1}{12}h^3\sum_{k=0}^{n-1}f''(\eta_k), \qquad x_k\leqslant\eta_k\leqslant x_{k+1}$$

若 $f(x)\in C^2[a,b]$，则

$$\min_{a\leqslant x\leqslant b}f''(x)\leqslant\frac{1}{n}\sum_{k=0}^{n-1}f''(\eta_k)\leqslant\max_{a\leqslant x\leqslant b}f''(x)$$

根据介值定理，存在 $\eta\in(a,b)$，使得

$$f''(\eta)=\frac{1}{n}\sum_{k=0}^{n-1}f''(\eta_k)$$

于是复化梯形公式的余项为

$$R_n(f)=I-T_n=-\frac{b-a}{12}h^2f''(\eta), \qquad a<\eta<b \tag{6.16}$$

由式（6.16）可知，当 $f(x)\in C^2[a,b]$ 时，有

$$\lim_{n\to\infty}T_n=\int_a^b f(x)\mathrm{d}x$$

即复化梯形公式是收敛的.

（2）复化辛普森公式. 将区间 $[a,b]$ n 等分，步长为 $h=\dfrac{b-a}{n}$，求积节点为 $x_k=a+kh$（$k=0,1,\cdots,n$），子区间 $[x_k,x_{k+1}]$ 的中点记为 $x_{k+1/2}=x_k+\dfrac{h}{2}$.

在每个子区间 $[x_k,x_{k+1}]$ 上使用辛普森公式，得

$$I=\int_a^b f(x)\mathrm{d}x=\sum_{k=0}^{n-1}\int_{x_k}^{x_{k+1}} f(x)\mathrm{d}x$$
$$=\frac{h}{6}\sum_{k=0}^{n-1}(f(x_k)+4f(x_{k+1/2})+f(x_{k+1}))-\frac{1}{2880}h^5\sum_{k=0}^{n-1}f^{(4)}(\eta_k), \qquad x_k\leqslant\eta_k\leqslant x_{k+1}$$

略去余项，得

$$S_n=\frac{h}{6}\sum_{k=0}^{n-1}(f(x_k)+4f(x_{k+1/2})+f(x_{k+1}))$$
$$=\frac{h}{6}(f(a)+4\sum_{k=0}^{n-1}f(x_{k+1/2})+2\sum_{k=1}^{n-1}f(x_k)+f(b)) \tag{6.17}$$

式（6.17）称为**复化辛普森公式**，其余项为

$$R_n(f)=I-S_n=-\frac{1}{2880}h^5\sum_{k=0}^{n-1}f^{(4)}(\eta_k), \qquad x_k\leqslant\eta_k\leqslant x_{k+1}$$

与复化梯形公式类似，当 $f(x)\in C^4[a,b]$ 时，有

$$R_n(f)=I-S_n=-\frac{b-a}{2880}h^4f^{(4)}(\eta), \qquad a<\eta<b \tag{6.18}$$

由式（6.18）可知，当 $f(x)\in C^4[a,b]$ 时，有

$$\lim_{n\to\infty}S_n=\int_a^b f(x)\mathrm{d}x$$

即复化辛普森公式是收敛的.

在复化梯形公式和复化辛普森公式的余项式中，都出现了被积函数的高阶导数. 但事实上，只要被积函数是可积的，这两个求积公式就是收敛的，读者可自行证明这一点.

例 4 计算积分 $I=\int_0^{\pi}\mathrm{e}^x\cos x\mathrm{d}x$，若使用复化梯形公式，则需要将区间 $[0,\pi]$ 分成多少等份才能使误差不超过 10^{-3}？若使用复化辛普森公式，要达到同样的精度，则需要将区间 $[0,\pi]$ 分成多少等份？

解 被积函数 $f(x)=\mathrm{e}^x\cos x$，经计算可得 $f''(x)=-2\mathrm{e}^x\sin x$，$f^{(4)}(x)=-4\mathrm{e}^x\cos x$，从而有 $\max\limits_{0\leqslant x\leqslant\pi}|f''(x)|\leqslant 2\mathrm{e}^{\pi}$，$\max\limits_{0\leqslant x\leqslant\pi}|f^{(4)}(x)|\leqslant 4\mathrm{e}^{\pi}$.

使用复化梯形公式，根据余项表达式（6.16）可知，为使误差小于 10^{-3}，只需

$$\frac{\pi}{12}\left(\frac{\pi}{n}\right)^2\cdot 2\mathrm{e}^{\pi}\leqslant 10^{-3}$$

经计算得 $n\geqslant 345.8$，可取 $n=346$，即将区间 $[0,\pi]$ 分成 346 等份，可使误差不超过 10^{-3}.

使用复化辛普森公式，根据余项式（6.18）可知，要满足精度要求，只需

$$\frac{\pi}{2880}\left(\frac{\pi}{n}\right)^4\cdot 4\mathrm{e}^{\pi}\leqslant 10^{-3}$$

经计算得 $n\geqslant 9.95$，可取 $n=10$，即将区间 $[0,\pi]$ 分成 10 等份，可使误差不超过 10^{-3}.

注意，将积分区间分成 10 等份，若采用复化辛普森公式，只需要计算 21 个点处的函数值；若采用复化梯形公式，为了达到同样的精度，则需要计算 347 个点处的函数值，工作量相差巨大.

例 5 分别用复化梯形公式和复化辛普森公式计算积分 $I=\int_0^1\mathrm{e}^x\mathrm{d}x$.

解 该积分的精确值为

$$I=\int_0^1\mathrm{e}^x\mathrm{d}x=[\mathrm{e}^x]_0^1=\mathrm{e}-1=1.718281828\cdots$$

现用复化梯形公式和复化辛普森公式分别进行计算，根据 n 的不同选择，将所得到的结果及误差列在表 6-3 中.

表 6-3 例 5 计算结果及误差

复化梯形公式			复化梯形公式		
n	T_n	$R_n(f)$	n	T_n	$R_n(f)$
2	1.753931	3.56×10^{-2}	128	1.718291	9.17×10^{-6}
4	1.727222	8.94×10^{-3}	256	1.718284	2.17×10^{-6}
8	1.720519	2.24×10^{-3}	复化辛普森公式		
16	1.718841	5.59×10^{-4}	n	S_n	$R_n(f)$
32	1.718422	1.40×10^{-4}	2	1.718319	3.72×10^{-5}
64	1.718317	3.52×10^{-5}	4	1.718284	2.17×10^{-6}

从表 6-3 不难看出，复化梯形公式的收敛速度是相当慢的. 比较其中的两个结果 T_8 与 S_4，它们都需要提供 9 个点上的函数值，计算量基本相同，精度却差别很大. 与积分的精确值 I 进行比较，$S_4=1.718284$ 具有 6 位有效数字，而 $T_8=1.720519$ 只有两位有效数字，若要达到与 S_4 相同的精度，则需要计算 T_{256}，计算量增大很多.

6.3 龙贝格算法

6.3.1 变步长梯形求积算法

变步长梯形求积与理查森外推算法

复化求积公式有效地改善了求积精度，其截断误差随着 n 的增大而减小. 但是，要达到要求的计算精度，需选择合适的步长，这不是一件容易的事情. 可以利用前面的求积余项来估计步长 h，但这要用到被积函数的高阶导数，一般较难求出. 在实际应用中，通常将步长逐次折半，反复利用复化求积公式进行计算，直到相邻两次计算结果之差的绝对值小于给定的精度要求为止，这实际上是一种误差的事后估计方法.

对积分 $I=\int_a^b f(x)\mathrm{d}x$，将区间 $[a,b]$ n 等分，在每个子区间 $[x_k,x_{k+1}]$ 上应用梯形公式，得复化梯形公式：

$$T_n=\frac{h}{2}\sum_{k=0}^{n-1}(f(x_k)+f(x_{k+1})) \tag{6.19}$$

式中，$h=\dfrac{b-a}{n}$ 是步长. 将求积区间再二等分一次，这相当于在每个子区间 $[x_k,x_{k+1}]$ 上引入分点 $x_{k+1/2}=\dfrac{x_k+x_{k+1}}{2}$，然后在二等分之后的每个区间上应用梯形公式，求得 $[x_k,x_{k+1}]$ 上的积分值为

$$\frac{h}{4}(f(x_k)+2f(x_{k+1/2})+f(x_{k+1}))$$

注意，这里的 h 是二等分之前的步长. 将所有子区间 $[x_k,x_{k+1}]$ 上的积分值相加，就是将区

间 $[a,b]$ 分成 $2n$ 等份所得的复化梯形公式：

$$T_{2n}=\frac{h}{4}\sum_{k=0}^{n-1}(f(x_k)+f(x_{k+1}))+\frac{h}{2}\sum_{k=0}^{n-1}f(x_{k+1/2}) \tag{6.20}$$

利用式（6.19），得到 T_n 与 T_{2n} 之间的递推公式：

$$T_{2n}=\frac{1}{2}T_n+\frac{h}{2}\sum_{k=0}^{n-1}f(x_{k+1/2}) \tag{6.21}$$

根据式（6.16），复化梯形公式 T_n 和 T_{2n} 误差分别为

$$I-T_n=-\frac{b-a}{12}h^2 f''(\eta_1),\qquad a<\eta_1<b \tag{6.22}$$

$$I-T_{2n}=-\frac{b-a}{12}\left(\frac{h}{2}\right)^2 f''(\eta_2),\qquad a<\eta_2<b \tag{6.23}$$

若 $f''(x)$ 在 $[a,b]$ 内变化不大，可近似地认为 $f''(\eta_1)\approx f''(\eta_2)$，则根据式（6.22）和式（6.23），有

$$\frac{I-T_{2n}}{I-T_n}\approx\frac{1}{4}$$

整理得

$$I-T_{2n}\approx\frac{1}{3}(T_{2n}-T_n) \tag{6.24}$$

这表明，可以用二等分前、后两次计算结果的差来估计复化梯形公式的误差. 实际计算中，如果

$$|T_{2n}-T_n|<\varepsilon\ （允许误差） \tag{6.25}$$

则计算终止，T_{2n} 即为满足精度要求的近似值；否则，将区间再次二等分，继续计算，直到式（6.25）成立为止.

注意，将积分区间 n 等分，根据复化梯形公式计算 T_n 时，需要提供 $n+1$ 个分点处的函数值；再二等分一次，计算 T_{2n} 时，则需要提供 $2n+1$ 个分点处的函数值. 但是根据递推公式（6.21），只需计算 n 个新增分点 $x_{k+1/2}$ 处的函数值即可，这可以避免函数值的重复计算，从而使计算量减少了一半.

6.3.2　理查森外推算法

式（6.24）是一个误差的事后估计式，如果用这个误差值作为 T_{2n} 的一种修正，可以期望得到更精确的结果. 将

$$I\approx T_{2n}+\frac{1}{3}(T_{2n}-T_n)=\frac{4}{3}T_{2n}-\frac{1}{3}T_n \tag{6.26}$$

代入式（6.19）和式（6.21），则式（6.26）转化为

$$I\approx\frac{1}{3}T_n+\frac{2h}{3}\sum_{k=0}^{n-1}f(x_{k+1/2})=\frac{h}{6}\sum_{k=0}^{n-1}(f(x_k)+4f(x_{k+1/2})+f(x_{k+1}))$$

上式等号右端恰好是将区间 $[a,b]$ 分成 n 等份所得的复化辛普森公式 S_n，即有

$$S_n=\frac{4}{3}T_{2n}-\frac{1}{3}T_n \tag{6.27}$$

我们知道，复化梯形公式的误差阶是$O(h^2)$，而复化辛普森公式的误差阶是$O(h^4)$，这说明通过二等分前、后的两个复化梯形公式的线性组合可以得到精度更高的求积公式. 同理，可以将S_n和S_{2n}组合起来，得到精度比复化辛普森公式更高的求积公式. 上述过程可以一直进行下去，这种将二等分前、后的两个公式组合起来，得到精度更高的公式的方法，称为**理查森（Richardson）外推算法**，这是数值分析中的一个重要技巧. 事实上，理查森外推算法是建立在复化梯形公式误差的渐近展开式基础上的.

可以证明，复化梯形公式T_n的误差可以展开成级数形式，即有如下结果：

记$I=\int_a^b f(x)\mathrm{d}x$，将区间$[a,b]$ n等分，步长为$h=\dfrac{b-a}{n}$，相应的复化梯形公式为T_n，若$f(x)$在$[a,b]$内充分光滑，则有

$$I-T_n=a_1h^2+a_2h^4+a_3h^6+\cdots+a_sh^{2s}+\cdots \tag{6.28}$$

式中，$a_1,a_2,a_3,\cdots$是与h无关的常数.

将积分区间再二等分一次，则步长h减半，根据式（6.28），复化梯形公式T_{2n}的误差为

$$I-T_{2n}=a_1\left(\frac{h}{2}\right)^2+a_2\left(\frac{h}{2}\right)^4+a_3\left(\frac{h}{2}\right)^6+\cdots+a_s\left(\frac{h}{2}\right)^{2s}+\cdots \tag{6.29}$$

将式（6.28）乘以$\dfrac{1}{4}$，再与式（6.29）相减，整理后得

$$I-\left(\frac{4}{3}T_{2n}-\frac{1}{3}T_n\right)=\tilde{a}_2h^4+\tilde{a}_3h^6+\cdots+\tilde{a}_sh^{2s}+\cdots \tag{6.30}$$

式中，$\tilde{a}_2,\tilde{a}_3,\cdots$是与$h$无关的常数. 根据式（6.27），可将式（6.30）写为如下形式：

$$I-S_n=\tilde{a}_2h^4+\tilde{a}_3h^6+\cdots+\tilde{a}_sh^{2s}+\cdots \tag{6.31}$$

式中，S_n是将区间$[a,b]$分成n等份所得的复化辛普森公式，h是步长.

从式（6.31）出发，可以得到将积分区间分为$2n$等份的复化辛普森公式的误差：

$$I-S_{2n}=\tilde{a}_2\left(\frac{h}{2}\right)^4+\tilde{a}_3\left(\frac{h}{2}\right)^6+\cdots+\tilde{a}_s\left(\frac{h}{2}\right)^{2s}+\cdots \tag{6.32}$$

根据式（6.31）和式（6.32）可得

$$I-\left(\frac{16}{15}S_{2n}-\frac{1}{15}S_n\right)=\hat{a}_3h^6+\cdots+\hat{a}_sh^{2s}+\cdots \tag{6.33}$$

式中，$\hat{a}_3,\hat{a}_4,\cdots$是与$h$无关的常数. 记

$$C_n=\frac{16}{15}S_{2n}-\frac{1}{15}S_n \tag{6.34}$$

可以验证，C_n恰好是将区间$[a,b]$分成n等份所得的复化柯特斯公式. 由式（6.33）可知，C_n的误差阶为$O(h^6)$，即有

$$I-C_n=\hat{a}_3h^6+\cdots+\hat{a}_sh^{2s}+\cdots \tag{6.35}$$

从式（6.35）出发，利用外推方法还可得到误差阶为$O(h^8)$的求积公式：

$$R_n=\frac{64}{63}C_{2n}-\frac{1}{63}C_n \tag{6.36}$$

式（6.36）称为**龙贝格（Romberg）公式**.

将上述外推过程继续进行下去，就得到求数值积分的**龙贝格算法**.

6.3.3　龙贝格求积公式

在实用的数值积分方法中，龙贝格算法占有重要的地位，它是数值分析中使用理查森外推算法的范例.

龙贝格算法

为将理查森外推算法写成统一的形式，我们引入以下记号：

$$I_0^{(0)} = T = \frac{b-a}{2}(f(a)+f(b))$$

$$I_1^{(0)} = T_2$$

$$I_2^{(0)} = T_4$$

$$\cdots$$

$$I_k^{(0)} = T_{2^k}$$

$$\cdots$$

这里，$I_k^{(0)}$ 是将积分区间 2^k 等分后的复化梯形公式. 令

$$I_k^{(1)} = \frac{1}{4-1}(4I_{k+1}^{(0)} - I_k^{(0)}), \qquad k = 0,1,2,\cdots$$

由式（6.27）可知，$I_k^{(1)}$ 是复化辛普森公式. 重复这一过程，一般地，有

$$I_k^{(m)} = \frac{1}{4^m - 1}(4^m I_{k+1}^{(m-1)} - I_k^{(m-1)}), \qquad k = 0,1,2,\cdots \tag{6.37}$$

式（6.37）称为**龙贝格求积公式**. 龙贝格算法计算过程如下.

（1）给定计算精度 $\varepsilon > 0$，计算 $I_0^{(0)} = \frac{b-a}{2}(f(a)+f(b))$.

（2）对 $m = 1,2,\cdots$，做以下操作：

（a）按照递推公式（6.21）计算 $I_m^{(0)}$；

（b）根据式（6.37）逐个求出表 6-4 中第 m 行其余各元素；

（c）如果 $|I_0^{(m)} - I_0^{(m-1)}| < \varepsilon$，则转（3）.

（3）取 $I_0^{(m)}$ 为所求积分 I 的近似值，终止计算.

表 6-4　$I_k^{(m)}$ 表

$I_k^{(0)}$	$I_k^{(1)}$	$I_k^{(2)}$	$I_k^{(3)}$	$I_k^{(4)}$	$\cdots$
$I_0^{(0)}$					
$I_1^{(0)}$	$I_0^{(1)}$				
$I_2^{(0)}$	$I_1^{(1)}$	$I_0^{(2)}$			
$I_3^{(0)}$	$I_2^{(1)}$	$I_1^{(2)}$	$I_0^{(3)}$		
$I_4^{(0)}$	$I_3^{(1)}$	$I_2^{(2)}$	$I_1^{(3)}$	$I_0^{(4)}$	
$\vdots$	$\vdots$	$\vdots$	$\vdots$	$\vdots$	$\ddots$

例 6　用龙贝格算法计算积分 $\int_0^1 \frac{\sin x}{x}\mathrm{d}x$，要求误差不超过 $\varepsilon = 0.5\times 10^{-6}$.

解　被积函数 $f(x)=\dfrac{\sin x}{x}$，定义 $f(0)=\lim\limits_{x\to 0}\dfrac{\sin x}{x}=1$.

（1）在区间[0,1]内使用梯形公式得

$$I_0^{(0)}=\frac{1}{2}(f(0)+f(1))=0.920735492$$

（2）将区间[0,1]二等分，根据式（6.21），得

$$I_1^{(0)}=\frac{1}{2}I_0^{(0)}+\frac{1}{2}f\left(\frac{1}{2}\right)=0.939793285$$

再根据式（6.37），得

$$I_0^{(1)}=\frac{1}{4-1}(4I_1^{(0)}-I_0^{(0)})=0.946145883$$

此时 $|I_0^{(1)}-I_0^{(0)}|=2.541\times 10^{-2}>\varepsilon$.

（3）将区间[0,1]4等分，计算得

$$I_2^{(0)}=\frac{1}{2}I_1^{(0)}+\frac{1}{4}\left(f\left(\frac{1}{4}\right)+f\left(\frac{3}{4}\right)\right)=0.944513522$$

$$I_1^{(1)}=\frac{1}{4-1}(4I_2^{(0)}-I_1^{(0)})=0.946086934$$

$$I_0^{(2)}=\frac{1}{4^2-1}(4^2I_1^{(1)}-I_0^{(1)})=0.946083004$$

此时 $|I_0^{(2)}-I_0^{(1)}|=6.288\times 10^{-5}>\varepsilon$.

（4）将区间[0,1]8等分，计算得

$$I_3^{(0)}=\frac{1}{2}I_2^{(0)}+\frac{1}{8}\left(f\left(\frac{1}{8}\right)+f\left(\frac{3}{8}\right)+f\left(\frac{5}{8}\right)+f\left(\frac{7}{8}\right)\right)=0.945690864$$

$$I_2^{(1)}=\frac{1}{4-1}(4I_3^{(0)}-I_2^{(0)})=0.946083311$$

$$I_1^{(2)}=\frac{1}{4^2-1}(4^2I_2^{(1)}-I_1^{(1)})=0.946083069$$

$$I_0^{(3)}=\frac{1}{4^3-1}(4^3I_1^{(2)}-I_0^{(2)})=0.946083070$$

此时 $|I_0^{(3)}-I_0^{(2)}|=6.600\times 10^{-8}<\varepsilon$，计算终止，所得积分近似值为0.946083070.

计算结果可以形成表6-5.

表6-5　例6计算结果

$I_k^{(0)}$	$I_k^{(1)}$	$I_k^{(2)}$	$I_k^{(3)}$
0.920735492			
0.939793285	0.946145883		
0.944513522	0.946086934	0.946083004	
0.945690864	0.946083311	0.946083069	0.946083070

需要说明的是，对于光滑的函数，龙贝格求积公式收敛速度很快. 若被积函数只是连续的，虽然理论上龙贝格求积公式依然收敛，但实际计算时，收敛过程较为缓慢，此时可直接使用复化求积公式进行计算.

6.4　高斯型求积公式

6.4.1　求积公式的最高代数精度

本节研究带权函数的积分，首先给出权函数的定义.

定义 2　设$[a,b]$是有限或无限区间，如果$[a,b]$内的非负函数$\rho(x)$满足以下条件：

（1）$\int_a^b x^k\rho(x)\mathrm{d}x$（$k=0,1,2,\cdots$）存在且为有限值；

（2）对$[a,b]$内的非负连续函数$g(x)$，如果$\int_a^b \rho(x)g(x)\mathrm{d}x=0$，则在$[a,b]$内，$g(x)\equiv 0$.

则称$\rho(x)$为$[a,b]$内的一个**权函数**.

考虑如下形式积分的计算：

$$I=\int_a^b \rho(x)f(x)\mathrm{d}x$$

式中，$\rho(x)$是权函数. 与前面一样，我们构造如下形式的求积公式：

$$I_n=\sum_{k=0}^{n}A_k f(x_k) \tag{6.38}$$

式中，A_k（$k=0,1,\cdots,n$）是求积系数，x_k（$k=0,1,\cdots,n$）是求积节点. 同样，可以使用插值多项式替代被积函数来构造插值型求积公式，并可以同样地定义求积公式的代数精度. 从前面的讨论可知，具有$n+1$个节点的插值型求积公式其代数精度至少为n次.

构造求积公式时，求积节点的选取是第一步，当节点选定之后，构造插值函数，然后对插值函数积分，即可得到求积系数. 若求积节点取为积分区间的等距分点，则得到前面讨论的牛顿-柯特斯公式. 一个自然的问题是，能否适当地选取求积节点，使得式（6.38）的代数精度进一步提高？代数精度最高可达到多少次？

首先可以断言，不论求积节点如何选取，具有$n+1$个节点的插值型求积公式的代数精度不会超过$2n+1$次. 事实上，对任意选取的求积节点$x_0,x_1,\cdots,x_n$和任意给定的求积系数$A_1,A_2,\cdots,A_n$，取

$$f(x)=(x-x_0)^2(x-x_1)^2\cdots(x-x_n)^2$$

则$f(x)$是一个$2n+2$次多项式，并且

$$I=\int_a^b \rho(x)f(x)\mathrm{d}x>0$$

另外，由于$f(x_k)=0$（$k=0,1,\cdots,n$），所以有

$$I_n=\sum_{k=0}^{n}A_k f(x_k)=0$$

因此，对如此选取的$f(x)$，必有

$$I\neq I_n$$

这说明求积公式I_n对$2n+2$次多项式不能精确成立，因此其代数精度不会超过$2n+1$次.

为考察具有 $n+1$ 个节点的插值型求积公式能否达到 $2n+1$ 次代数精度，需要有关正交多项式的理论.

6.4.2　正交多项式

正交多项式

定义 3　设 $\rho(x)$ 是 $[a,b]$ 内的权函数，对任意给定的 $f(x),g(x)\in C[a,b]$，称

$$(f,g)=\int_a^b \rho(x)f(x)g(x)\mathrm{d}x \tag{6.39}$$

为函数 $f(x)$ 与 $g(x)$ 在 $[a,b]$ 内关于权函数 $\rho(x)$ 的**内积**. 若 $(f,g)=0$，则称 $f(x)$ 与 $g(x)$ 在 $[a,b]$ 内关于权函数 $\rho(x)$ **正交**.

对任意的 $f(x),g(x),h(x)\in C[a,b]$，$\alpha\in\mathbf{R}$，这里定义的内积具有下面的一些性质.

（1）对称性：$(f,g)=(g,f)$.

（2）非负性：$(f,f)\geqslant 0$，并且 $(f,f)=0$ 当且仅当 $f(x)\equiv 0$.

（3）齐次性：$(\alpha f,g)=\alpha(f,g)$.

（4）分配律：$(f+g,h)=(f,h)+(g,h)$.

定义 4　设有多项式序列 $\{Q_n(x)\}_{n=0}^{\infty}$，其中 $Q_n(x)$ 是 $[a,b]$ 上首项系数 $a_n\neq 0$ 的 n 次多项式，如果

$$(Q_i,Q_j)=\int_a^b \rho(x)Q_i(x)Q_j(x)\mathrm{d}x=\begin{cases}0, & i\neq j\\ A_i>0, & i=j\end{cases},\quad i,j=0,1,2,\cdots \tag{6.40}$$

则称 $\{Q_n(x)\}_{n=0}^{\infty}$ 在 $[a,b]$ 内关于权函数 $\rho(x)$ **正交**，称 $Q_n(x)$ 为 $[a,b]$ 内关于权函数 $\rho(x)$ 的 **n 次正交多项式**.

只要给定区间 $[a,b]$ 和权函数 $\rho(x)$，即可通过对幂函数 $\{1,x,x^2,\cdots,x^n,\cdots\}$ 采用逐个正交化的方法构造出正交多项式序列 $\{Q_n(x)\}_{n=0}^{\infty}$：

$$Q_0(x)=1$$

$$Q_n(x)=x^n-\sum_{j=0}^{n-1}\frac{(x^n,Q_j(x))}{(Q_j(x),Q_j(x))}Q_j(x),\qquad n=1,2,\cdots \tag{6.41}$$

正交多项式具有许多十分有用的性质，这里列举其中较为重要的几条.

正交多项式的性质：设 $\{Q_n(x)\}_{n=0}^{\infty}$ 为 $[a,b]$ 内关于权函数 $\rho(x)$ 的正交多项式序列，则

（1）任何次数不超过 n 的多项式 $p(x)$ 均可表示成 $Q_0(x),Q_1(x),\cdots,Q_n(x)$ 的线性组合；

（2）$Q_n(x)$ 与任何次数小于 n 的多项式正交；

（3）相邻的正交多项式之间存在递推关系：

$$\tilde{Q}_{n+1}(x)=(x-\alpha_n)\tilde{Q}_n(x)-\beta_n\tilde{Q}_{n-1}(x),\qquad n=1,2,\cdots \tag{6.42}$$

式中，$\tilde{Q}_n(x)$ 是 $Q_n(x)$ 除以其 n 次项系数所得的首项系数为 1 的正交多项式，而

$$\alpha_n=\frac{(x\tilde{Q}_n,\tilde{Q}_n)}{(\tilde{Q}_n,\tilde{Q}_n)},\quad \beta_n=\frac{(\tilde{Q}_n,\tilde{Q}_n)}{(\tilde{Q}_{n-1},\tilde{Q}_{n-1})},\qquad n=1,2,\cdots$$

（4）$Q_n(x)=0$（$n\geqslant 1$）的 n 个根都是区间 (a,b) 内的单根.

下面介绍数值分析中常用的**勒让德（Legendre）多项式**.

在区间 $[-1,1]$ 内关于权函数 $\rho(x)\equiv 1$ 的正交多项式称为勒让德多项式，通常用 $\mathrm{P}_0(x)$, $\mathrm{P}_1(x),\cdots,\mathrm{P}_n(x),\cdots$ 表示.

当然，可以通过对幂函数 $\{1,x,x^2,\cdots,x^n,\cdots\}$ 采用逐个正交化的方法构造出勒让德多项式. 除此之外，也可以通过其他方法得到 $P_n(x)$ 的表达式，例如，罗德里克（Rodrigue，1814）给出了勒让德多项式的简单表达式：

$$P_0(x)=1\,,\quad P_n(x)=\frac{1}{2^n n!}\frac{d^n}{dx^n}(x^2-1)^n\,,\qquad n=1,2,\cdots \tag{6.43}$$

容易验证，由式（6.43）给出的 $P_n(x)$ 的首项系数为 $\dfrac{(2n)!}{2^n(n!)^2}$，于是首项系数为 1 的勒让德多项式为

$$\tilde{P}_n(x)=\frac{n!}{(2n)!}\frac{d^n}{dx^n}(x^2-1)^n$$

勒让德多项式具有正交多项式的一般性质，特别地，$P_n(x)$ $(n\geqslant 1)$ 在区间 $[-1,1]$ 内有 n 个不同的实根，且勒让德多项式的递推公式为

$$(n+1)P_{n+1}(x)=(2n+1)xP_n(x)-nP_{n-1}(x)\,,\qquad n=1,2,\cdots \tag{6.44}$$

由 $P_0(x)=1$，$P_1(x)=x$，利用式（6.44）可以推出：

$$P_2(x)=\frac{1}{2}(3x^2-1)$$

$$P_3(x)=\frac{1}{2}(5x^3-3x)$$

$$P_4(x)=\frac{1}{8}(35x^4-30x^2+3)$$

$$P_5(x)=\frac{1}{8}(63x^5-70x^3+15x)$$

$$\cdots$$

图 6-3 给出了前 6 个勒让德多项式的图形.

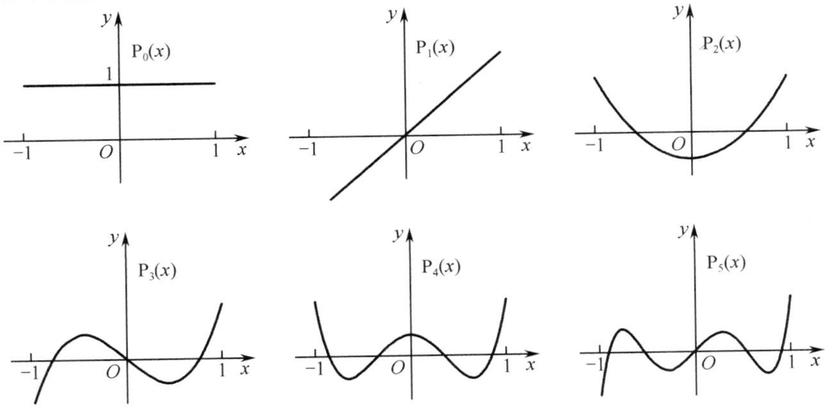

图 6-3

6.4.3　高斯型求积公式的一般理论

定义 5　如果求积公式 $I_n=\sum_{k=0}^{n}A_k f(x_k)$ 具有 $2n+1$ 次代数精度，则称其为**高斯型求积公式**，相应的求积节点 x_k $(k=0,1,\cdots,n)$ 称为**高斯点**.

下面的定理表明，确实存在代数精度为$2n+1$次的具有$n+1$个节点的插值型求积公式.

高斯型求积公式的一般理论

定理 2 插值型求积公式：

$$I_n=\sum_{k=0}^{n}A_k f(x_k)$$

具有$2n+1$次代数精度的充分必要条件是，以节点$x_0,x_1,\cdots,x_n$为根的多项式

$$\omega_{n+1}(x)=(x-x_0)(x-x_1)\cdots(x-x_n)$$

与任意次数不超过n的多项式在区间$[a,b]$内关于权函数$\rho(x)$正交.

证明 必要性. 假设求积公式$I_n=\sum_{k=0}^{n}A_k f(x_k)$具有$2n+1$次代数精度，则对任意次数不超过$n$的多项式$P(x)$，$\omega_{n+1}(x)P(x)$是次数不超过$2n+1$的多项式. 由假设可知

$$\int_a^b \rho(x)\omega_{n+1}(x)P(x)\mathrm{d}x=\sum_{k=0}^{n}A_k\omega_{n+1}(x_k)P(x_k)=0$$

即$\omega_{n+1}(x)$和多项式$P(x)$在区间$[a,b]$内关于权函数$\rho(x)$正交.

充分性. 假定$\omega_{n+1}(x)$与任意次数不超过n的多项式关于权函数$\rho(x)$正交. 对任意给定的次数不超过$2n+1$的多项式$f(x)$，用$\omega_{n+1}(x)$去除$f(x)$，得

$$f(x)=\omega_{n+1}(x)P(x)+r(x)$$

商式$P(x)$与余式$r(x)$都是次数不超过n的多项式. 因此，有

$$\int_a^b \rho(x)f(x)\mathrm{d}x=\int_a^b \rho(x)\omega_{n+1}(x)P(x)\mathrm{d}x+\int_a^b \rho(x)r(x)\mathrm{d}x=\int_a^b \rho(x)r(x)\mathrm{d}x$$

又因为$I_n=\sum_{k=0}^{n}A_k f(x_k)$是具有$n+1$个节点的插值型求积公式，故它对次数不超过$n$的多项式是精确成立的，所以

$$\int_a^b \rho(x)r(x)\mathrm{d}x=\sum_{k=0}^{n}A_k r(x_k)$$

注意到

$$\sum_{k=0}^{n}A_k\omega_{n+1}(x_k)P(x_k)=0$$

所以有

$$\int_a^b \rho(x)f(x)\mathrm{d}x=\sum_{k=0}^{n}A_k f(x_k)$$

这说明求积公式$I_n=\sum_{k=0}^{n}A_k f(x_k)$具有$2n+1$次代数精度.

从正交多项式的理论可知，在区间$[a,b]$内，存在关于权函数$\rho(x)$正交的多项式序列$\{\omega_k(x)\}_{k=0}^{\infty}$，且$\omega_k(x)$在$[a,b]$内恰有$k$个相异的实根. 根据定理2，正交多项式$\omega_{n+1}(x)$的$n+1$个根即为高斯型求积公式的求积节点. 有了求积节点后，再令求积公式对$f(x)=x^k$ $(k=0,1,\cdots,n)$精确成立，则得到关于求积系数$A_0,A_1,\cdots,A_n$的线性方程组，解此方程组即可得到求积系数，也可直接由拉格朗日插值基函数的积分得到求积系数.

高斯型求积公式的余项为

$$R_n(f)=I-I_n=\frac{f^{(2n+2)}(\xi)}{(2n+2)!}\int_a^b \rho(x)\omega_{n+1}^2(x)\mathrm{d}x \tag{6.45}$$

式中，$\xi \in [a,b]$，$\omega_{n+1}(x)=(x-x_0)(x-x_1)\cdots(x-x_n)$.

可以证明，高斯型求积公式的求积系数 A_k（$k=0,1,\cdots,n$）全是正的，因而高斯型求积公式是数值稳定的.

此外，关于高斯型求积公式的收敛性，有如下结论.

定理 3　若 $f(x)$ 在区间 $[a,b]$ 内连续，则高斯型求积公式是收敛的，即

$$\lim_{n\to\infty}\sum_{k=0}^{n} A_k f(x_k)=\int_a^b \rho(x)f(x)\mathrm{d}x$$

6.4.4　高斯-勒让德求积公式

在高斯型求积公式中，取权函数 $\rho(x)\equiv 1$，积分区间为 $[-1,1]$，则得如下形式的求积公式：

$$\int_{-1}^{1} f(x)\mathrm{d}x \approx \sum_{k=0}^{n} A_k f(x_k) \tag{6.46}$$

高斯型求积公式

我们知道，勒让德多项式是区间 $[-1,1]$ 内关于权函数 $\rho(x)\equiv 1$ 的正交多项式. 因此，勒让德多项式 $\mathrm{P}_{n+1}(x)$ 的 $n+1$ 个零点就是式（6.46）全部的求积节点. 形如式（6.46）的高斯型求积公式特别地称为**高斯-勒让德求积公式**.

当 $n=1$ 时，取 $\mathrm{P}_2(x)=\dfrac{1}{2}(3x^2-1)$ 的两个零点 $x_0=-\dfrac{1}{\sqrt{3}}$ 和 $x_1=\dfrac{1}{\sqrt{3}}$ 为求积节点，构造求积公式：

$$\int_{-1}^{1} f(x)\mathrm{d}x \approx A_0 f\left(-\frac{1}{\sqrt{3}}\right)+A_1 f\left(\frac{1}{\sqrt{3}}\right)$$

令它对 $f(x)=1,x$ 都精确成立，可计算出 $A_0=1$，$A_1=1$，从而得到两点高斯-勒让德求积公式：

$$\int_{-1}^{1} f(x)\mathrm{d}x \approx f\left(-\frac{1}{\sqrt{3}}\right)+f\left(\frac{1}{\sqrt{3}}\right) \tag{6.47}$$

式（6.47）具有 3 次代数精度，其余项为

$$R_1(f)=\frac{1}{135}f^{(4)}(\xi),\quad \xi\in[-1,1]$$

类似地，可得三点高斯-勒让德求积公式为

$$\int_{-1}^{1} f(x)\mathrm{d}x \approx \frac{5}{9}f\left(-\frac{\sqrt{15}}{5}\right)+\frac{8}{9}f(0)+\frac{5}{9}f\left(\frac{\sqrt{15}}{5}\right) \tag{6.48}$$

式（6.48）具有 5 次代数精度.

表 6-6 列出了当 $n=0,1,\cdots,5$ 时的高斯-勒让德求积公式的求积节点和系数.

表 6-6　高斯-勒让德求积公式的求积节点和系数

n	x_k	A_k
0	0.00000000	2.00000000
1	±0.57735027	1.00000000
2	±0.77459667	0.55555556
	0.00000000	0.88888889
3	±0.86113631	0.34785485
	±0.33998104	0.65214515
4	±0.90617985	0.23692689
	±0.53846931	0.47862867
	0.00000000	0.56888889
5	±0.93246951	0.17132449
	±0.66120939	0.36076157
	±0.23861919	0.46791393

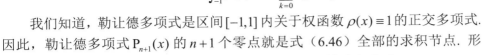

对区间$[a,b]$内的定积分$\int_a^b f(x)\mathrm{d}x$，可以通过自变量的变换

$$x=\frac{b-a}{2}t+\frac{a+b}{2}$$

将其转换为区间$[-1,1]$内的积分

$$\int_a^b f(x)\mathrm{d}x=\frac{b-a}{2}\int_{-1}^1 f\left(\frac{b-a}{2}t+\frac{a+b}{2}\right)\mathrm{d}t \tag{6.49}$$

对等号右端的积分可以使用高斯-勒让德求积公式进行计算.

例 7 用高斯-勒让德求积公式计算积分$\int_0^1 \mathrm{e}^x\mathrm{d}x$.

解 由于积分区间不为$[-1,1]$，因此先做变量替换$x=\frac{t+1}{2}$，有

$$\int_0^1 \mathrm{e}^x\mathrm{d}x=\frac{1}{2}\int_{-1}^1 \mathrm{e}^{\frac{t+1}{2}}\mathrm{d}t$$

分别利用两点、三点和五点高斯-勒让德求积公式，经计算得

$$I_2=\frac{1}{2}\mathrm{e}^{\frac{0.57735027+1}{2}}+\frac{1}{2}\mathrm{e}^{\frac{-0.57735027+1}{2}}=1.71789638$$

$$\begin{aligned}I_3&=0.55555556\times\left(\frac{1}{2}\mathrm{e}^{\frac{0.77459667+1}{2}}+\frac{1}{2}\mathrm{e}^{\frac{-0.77459667+1}{2}}\right)+0.88888889\times\frac{1}{2}\mathrm{e}^{\frac{0+1}{2}}\\&=1.71828109\end{aligned}$$

同理，$I_5=1.71828184$.

在例2中，同样计算了积分$\int_0^1 \mathrm{e}^x\mathrm{d}x$. 当时，我们分别使用了梯形公式、辛普森公式和柯特斯公式，这三个公式的计算量分别与两点、三点和五点高斯-勒让德公式相同. 比较例2和例7的计算结果不难发现，高斯-勒让德求积公式要精确得多，三点的公式已经具有了6位有效数字，而五点的公式达到了8位有效数字.

6.5 数值微分

6.5.1 中点方法

数值微分

在微分学中，通常可以利用导数定义或求导法则求得函数的导数. 但若函数由表格形式给出，就不能采用上述方法了，因此有必要研究求函数导数的数值方法.

数值微分就是利用函数值的线性组合近似函数在某点的导数值. 由高等数学的理论可知，导数定义为差商的极限，即有

$$\begin{aligned}f'(a)&=\lim_{h\to 0}\frac{f(a+h)-f(a)}{h}\\&=\lim_{h\to 0}\frac{f(a)-f(a-h)}{h}=\lim_{h\to 0}\frac{f(a+h)-f(a-h)}{2h}\end{aligned}$$

当h较小时，可用差商近似导数，这样便得到如下几种数值微分公式.

（1）用向前差商近似导数：

$$f'(a) \approx \frac{f(a+h)-f(a)}{h} \tag{6.50}$$

（2）用向后差商近似导数：

$$f'(a) \approx \frac{f(a)-f(a-h)}{h} \tag{6.51}$$

（3）用中心差商近似导数：

$$f'(a) \approx \frac{f(a+h)-f(a-h)}{2h} \tag{6.52}$$

式中，增量 h 称为步长.

用中心差商近似导数的方法称为**中点方法**，相应地，式（6.52）称为**中点公式**，它事实上是式（6.50）和式（6.51）的算术平均.

为了利用前述公式计算导数 $f'(a)$ 的近似值，首先必须选取合适的步长，为此需要进行误差分析. 分别将 $f(a+h)$ 和 $f(a-h)$ 在 $x=a$ 处进行泰勒（Taylor）展开，得

$$f(a+h)=f(a)+hf'(a)+\frac{h^2}{2!}f''(a)+\frac{h^3}{3!}f'''(a)+\frac{h^4}{4!}f^{(4)}(a)+\cdots \tag{6.53}$$

$$f(a-h)=f(a)-hf'(a)+\frac{h^2}{2!}f''(a)-\frac{h^3}{3!}f'''(a)+\frac{h^4}{4!}f^{(4)}(a)-\cdots \tag{6.54}$$

由式（6.53）和式（6.54）可得截断误差分别为

$$\frac{f(a+h)-f(a)}{h}-f'(a)=\frac{h}{2!}f''(a)+\frac{h^2}{3!}f'''(a)+\frac{h^3}{4!}f^{(4)}(a)+\cdots \tag{6.55}$$

$$\frac{f(a)-f(a-h)}{h}-f'(a)=-\frac{h}{2!}f''(a)+\frac{h^2}{3!}f'''(a)-\frac{h^3}{4!}f^{(4)}(a)+\cdots \tag{6.56}$$

以及

$$\frac{f(a+h)-f(a-h)}{2h}-f'(a)=\frac{h^2}{3!}f'''(a)+\frac{h^4}{5!}f^{(5)}(a)+\cdots \tag{6.57}$$

由此得知，式（6.50）和式（6.51）的截断误差的阶是 $O(h)$，式（6.52）的截断误差的阶是 $O(h^2)$，因此中点公式更为常用.

下面考虑中点公式. 从式（6.57）来看，步长 h 越小，计算结果就越精确. 但从舍入误差的角度看，当 h 很小时，$f(a+h)$ 与 $f(a-h)$ 很接近，两个相近的数值直接相减会造成有效数字的严重损失，因此，步长 h 又不宜取太小.

例 8　用中点公式对不同 h 取值求 $f(x)=\sqrt{x}$ 在 $x=2$ 处的导数值，计算公式为

$$f'(2) \approx G(h)=\frac{\sqrt{2+h}-\sqrt{2-h}}{2h}$$

解　取 4 位小数，计算结果见表 6-7.

表 6-7　中点公式计算结果

h	$G(h)$	h	$G(h)$	h	$G(h)$
1	0.3660	0.050	0.3530	0.0010	0.3500
0.5	0.3564	0.010	0.3500	0.0005	0.3000
0.1	0.3535	0.005	0.3500	0.0001	0.3000

导数 $f'(2)$ 的精确值为 0.353553，可见，当 $h=0.1$ 时逼近效果最好. 如果进一步缩小或增大步长，则逼近效果会变差.

在实际计算中，通常可把截断误差和舍入误差结合起来考虑，选择最佳的步长. 例如，在例 8 中，若在计算 $f(2+h)$ 和 $f(2-h)$ 时分别有舍入误差 ε_1 和 ε_2，令 $\varepsilon=\max\{|\varepsilon_1|,|\varepsilon_2|\}$，则计算 $f'(2)$ 的舍入误差上界为

$$\delta=\left|G(h)-\frac{(f(2+h)+\varepsilon_1)-(f(2-h)+\varepsilon_2)}{2h}\right|\leqslant\frac{|\varepsilon_1|+|\varepsilon_2|}{2h}\leqslant\frac{\varepsilon}{h}$$

它表明，h 越小，舍入误差 δ 越大. 结合式（6.57），可得计算 $f'(2)$ 的误差上界为

$$E(h)=\frac{h^2}{6}M+\frac{\varepsilon}{h}$$

式中，$M\geqslant\max\limits_{|x-a|\leqslant h}|f'''(x)|$. 当 $h=\sqrt[3]{3\varepsilon/M}$ 时，$E(h)$ 取得最小值. 此时 $f'''(x)=\frac{3}{8}x^{-\frac{5}{2}}$，$M=\max\limits_{1.9\leqslant x\leqslant 2.1}\left|\frac{3}{8}x^{-\frac{5}{2}}\right|\leqslant 0.07536$，假定 $\varepsilon=\frac{1}{2}\times 10^{-4}$，则 $h\approx 0.125$，这与表 6-7 中的计算结果基本相符.

6.5.2 插值型求导公式

对于以列表（见表 6-8）形式给出函数值的函数 $y=f(x)$，利用插值法，可以构造 n 次插值多项式 $P_n(x)$ 作为 $f(x)$ 的近似. 由于多项式的导数容易求得，我们取 $P_n(x)$ 的导数 $P_n'(x)$ 作为 $f'(x)$ 的近似值，这样建立的数值微分公式：

$$f'(x)\approx P_n'(x) \tag{6.58}$$

统称为**插值型求导公式**.

表 6-8　函数值表

x	x_0	x_1	x_2	…	x_n
y	y_0	y_1	y_2	…	y_n

式（6.58）的截断误差可由插值多项式的余项得到. 由于

$$f(x)-P_n(x)=\frac{f^{(n+1)}(\xi)}{(n+1)!}\omega_{n+1}(x)$$

式中，$\xi\in[a,b]$ 且与 x 有关，$\omega_{n+1}(x)=(x-x_0)(x-x_1)\cdots(x-x_n)$，所以式（6.58）的截断误差为

$$f'(x)-P_n'(x)=\frac{f^{(n+1)}(\xi)}{(n+1)!}\omega_{n+1}'(x)+\frac{\omega_{n+1}(x)}{(n+1)!}\frac{\mathrm{d}}{\mathrm{d}x}f^{(n+1)}(\xi) \tag{6.59}$$

在式（6.59）中，由于 ξ 是 x 的未知函数，因此无法对第 2 项中的 $\frac{\mathrm{d}}{\mathrm{d}x}f^{(n+1)}(\xi)$ 做出估计. 一般来讲，对任意给定的点 x，误差 $f'(x)-P_n'(x)$ 是无法预估的. 但是，如果求某个节点 x_k 处的导数值，则由于 $\omega_{n+1}(x_k)=0$，式（6.59）中第 2 项变为 0，这时求导公式的截断误差为

$$f'(x_k)-P_n'(x_k)=\frac{f^{(n+1)}(\xi)}{(n+1)!}\omega_{n+1}'(x_k) \tag{6.60}$$

下面考察节点处的导数值. 为简化讨论，假定所给的节点是等距的.

（1）两点公式

设已给出两个节点 x_0 和 x_1 上的函数值 $f(x_0)$ 和 $f(x_1)$，做线性插值多项式，得

$$P_1(x)=\frac{x-x_1}{x_0-x_1}f(x_0)+\frac{x-x_0}{x_1-x_0}f(x_1)$$

对上式两端求导，记 $h=x_1-x_0$，有

$$P_1'(x)=\frac{1}{h}(-f(x_0)+f(x_1))$$

于是可得两点公式：

$$f'(x_0)\approx\frac{1}{h}(-f(x_0)+f(x_1)) \tag{6.61}$$

$$f'(x_1)\approx\frac{1}{h}(-f(x_0)+f(x_1)) \tag{6.62}$$

由式（6.60）可知，两点公式的截断误差分别为

$$R_1(x_0)=f'(x_0)-P_1'(x_0)=-\frac{h}{2}f''(\xi) \tag{6.63}$$

$$R_1(x_1)=f'(x_1)-P_1'(x_1)=\frac{h}{2}f''(\eta) \tag{6.64}$$

（2）三点公式

设已给出三个节点 x_0、$x_1=x_0+h$ 和 $x_2=x_0+2h$ 上的函数值 $f(x_0)$、$f(x_1)$ 和 $f(x_2)$，做二次插值多项式，得

$$P_2(x)=\frac{(x-x_1)(x-x_2)}{(x_0-x_1)(x_0-x_2)}f(x_0)+\frac{(x-x_0)(x-x_2)}{(x_1-x_0)(x_1-x_2)}f(x_1)+\frac{(x-x_0)(x-x_1)}{(x_2-x_0)(x_2-x_1)}f(x_2)$$

对上式两端求导，有

$$P_2'(x)=\frac{2x-x_1-x_2}{2h^2}f(x_0)-\frac{2x-x_0-x_2}{h^2}f(x_1)+\frac{2x-x_0-x_1}{2h^2}f(x_2)$$

于是可得三点公式：

$$f'(x_0)\approx\frac{1}{2h}(-3f(x_0)+4f(x_1)-f(x_2)) \tag{6.65}$$

$$f'(x_1)\approx\frac{1}{2h}(f(x_2)-f(x_0)) \tag{6.66}$$

$$f'(x_2)\approx\frac{1}{2h}(f(x_0)-4f(x_1)+3f(x_2)) \tag{6.67}$$

式（6.66）就是我们所熟悉的中点公式. 由式（6.60）可知，三点公式的截断误差分别为

$$R_2(x_0)=f'(x_0)-P_2'(x_0)=\frac{h^2}{3}f'''(\xi_0) \tag{6.68}$$

$$R_2(x_1)=f'(x_1)-P_2'(x_1)=-\frac{h^2}{6}f'''(\xi_1) \tag{6.69}$$

$$R_2(x_2)=f'(x_2)-P_2'(x_2)=\frac{h^2}{3}f'''(\xi_2) \tag{6.70}$$

如果要求 $f(x)$ 的二阶导数，可用 $P_2''(x)$ 作为 $f''(x)$ 的近似值，于是有

$$f''(x_k) \approx P_2''(x_k) = \frac{1}{h^2}(f(x_0) - 2f(x_1) + f(x_2))\text{，}\quad k = 0,1,2$$

其截断误差为

$$f''(x_k) - P_2''(x_k) = O(h^2)\text{，}\quad k = 0,1,2$$

值得指出的是，除插值多项式外，还可利用 $f(x)$ 的三次样条插值函数 $S(x)$ 来构造数值微分公式. 三次样条插值函数 $S(x)$ 作为 $f(x)$ 的近似，不但函数值很接近，导数值也很接近，因此利用 $S(x)$ 可得到如下求导公式：

$$f^{(k)}(x) \approx S^{(k)}(x)\text{，}\qquad k = 0,1,2$$

读者可自行推导节点处求导公式的具体形式，并进行误差分析.

6.6　应用案例：卫星轨道长度计算问题

数值微分的应用

许多天体都沿着近似于椭圆的轨道运行. 若用 a 表示椭圆长半轴的长度，c 表示焦点到椭圆中心的距离，则椭圆周长的计算公式为

$$S = 4a\int_0^{\frac{\pi}{2}}\sqrt{1-\left(\frac{c}{a}\right)^2\sin^2 t}\,\mathrm{d}t$$

此积分称为椭圆形积分. 椭圆形积分的原函数无法用初等函数表示，因此无法用牛顿-莱布尼兹公式计算出 S 的精确值，只能求数值积分.

我国第一颗人造地球卫星的轨道即为一个椭圆，地球位于椭圆的一个焦点上. 卫星的近地点距离 $h = 439$ km，远地点距离 $H = 2384$ km，地球半径 $R = 6371$ km，于是椭圆的长半轴长度为

$$a = \frac{1}{2}(2R + h + H) = 7782.5\text{（km）}$$

焦点到椭圆中心距离为

$$c = \frac{1}{2}(H - h) = 972.5\text{（km）}$$

因此卫星的轨道周长为

$$S = 31130 \times I$$

式中，积分 $I = \int_0^{\frac{\pi}{2}}\sqrt{1-\left(\frac{972.5}{7782.5}\right)^2\sin^2 t}\,\mathrm{d}t$.

下面用不同的数值积分方法计算卫星的轨道长度 S .

（1）采用复化辛普森公式.

分别取 $n = 1,2,4,8$ ，计算结果见表 6-9.

表 6-9　复化辛普森公式计算结果

n	1	2	4	8
S_n	1.56464829248	1.56464627408	1.56464627407	1.56464627407

取 S_8 进行计算，得卫星轨道长度：

$$S \approx 31130 \times S_8 = 48707.438512\text{（km）}$$

（2）采用龙贝格求积公式，计算结果见表 6-10.

表 6-10 龙贝格求积公式计算结果

$I_k^{(0)}$	$I_k^{(1)}$	$I_k^{(2)}$	$I_k^{(3)}$
1.56464021873			
1.56464627404	1.56464829248		
1.56464627407	1.56464627408	1.56464613952	
1.56464627407	1.56464627407	1.56464627407	1.56464627621

取 $I_0^{(3)}$ 进行计算，得卫星轨道长度：

$$S \approx 31130 \times I_0^{(3)} = 48707.438578\text{（km）}$$

（3）采用高斯-勒让德求积公式，做变量替换 $t = \frac{\pi}{4}(u+1)$，得

$$I = \frac{\pi}{4}\int_{-1}^{1}\sqrt{1-\left(\frac{972.5}{7782.5}\right)^2 \sin^2\left(\frac{\pi}{4}(u+1)\right)}\mathrm{d}u$$

利用三点的公式进行计算，可得 $I_3 = 1.56464641785$；若用五点的公式计算，则有 $I_5 = 1.56464628208$. 取 I_5 计算卫星的轨道长度，可得

$$S \approx 31130 \times I_5 = 48707.438761\text{（km）}$$

习题 6

1．什么是龙贝格算法？它有什么优点？

2．什么是高斯型求积公式？它的求积节点是如何确定的？

3．牛顿-柯特斯公式和高斯型求积公式的节点分布有什么不同？对同样数目的节点，哪个求积公式更精确？

4．填空

（1）设计算积分 $I = \int_a^b f(x)\mathrm{d}x$ 的插值型求积公式为 $I_n = \sum_{k=0}^{n} A_k f(x_k)$，则 I_n 至少具有________次代数精度，且求积系数之和 $\sum_{k=0}^{n} A_k =$____________.

（2）计算积分 $I = \int_1^2 f(x)\mathrm{d}x$ 的辛普森公式是____________.

（3）设 R_n 是计算积分 $I = \int_a^b f(x)\mathrm{d}x$ 的龙贝格公式，根据龙贝格算法，将 R_n 和 R_{2n} 组合得到的精度更高的求积公式为____________.

（4）计算积分 $I = \int_a^b f(x)\mathrm{d}x$ 的两点高斯-勒让德求积公式为______，该公式具有________次代数精度.

（5）设 $f(x)$ 的三阶导数连续，$h>0$，则 $f'(x_0) - \frac{1}{h}\left(f\left(x_0+\frac{h}{2}\right) - f\left(x_0-\frac{h}{2}\right)\right) =$________.

5．确定下列求积公式中的待定参数 A_k 与 x_k，使其代数精度尽可能高，并指明所构造的求积公式具有几次代数精度：

（1）$\int_0^{3h} f(x)\mathrm{d}x \approx A_0 f(0) + A_1 f(h) + A_2 f(2h)$；

（2）$\int_{-2h}^{2h} f(x)\mathrm{d}x \approx A_0 f(-h) + A_1 f(0) + A_2 f(h)$；

（3）$\int_{-h}^{h} f(x)\mathrm{d}x \approx A_0 f(-h) + A_1 f(x_1)$；

（4）$\int_0^1 f(x)\mathrm{d}x \approx A_0 f(0) + A_1 f(1) + A_2 f'(0)$.

6．用梯形公式和辛普森公式计算积分 $I = \int_0^1 \mathrm{e}^{-x}\mathrm{d}x$ 并估计误差.

7．分别用复化梯形公式和复化辛普森公式计算下列积分：

（1）$\int_0^1 \frac{x}{4+x^2}\mathrm{d}x$，取 $n=8$；

（2）$\int_1^9 \sqrt{x}\mathrm{d}x$，取 $n=4$；

（3）$\int_0^{\pi/6} \sqrt{4-\sin^2\varphi}\mathrm{d}\varphi$，取 $n=6$.

8．若 $f''(x)>0$，证明用梯形公式计算积分 $I = \int_a^b f(x)\mathrm{d}x$ 所得结果比精确值大，并说明其几何意义.

9．若用复化梯形公式计算积分 $I = \int_1^3 \mathrm{e}^x \sin x\mathrm{d}x$，区间 $[1,3]$ 应该分成多少等份才能使截断误差不超过 10^{-6}？若改用复化辛普森公式，要达到同样的精度，区间 $[1,3]$ 应分成多少等份？

10．设 T_n、S_n 和 C_n 是将积分区间 $[a,b]$ 分成 n 等份，并在每个区间内分别使用梯形公式、辛普森公式和柯特斯公式所得的复化求积公式，验证它们之间的关系式：

$$S_n = \frac{4}{3}T_{2n} - \frac{1}{3}T_n,\quad C_n = \frac{16}{15}S_{2n} - \frac{1}{15}S_n$$

11．用龙贝格算法计算积分 $I = \int_0^3 x\sqrt{1+x^2}\mathrm{d}x$，使误差不超过 10^{-5}.

12．用两点及三点高斯-勒让德求积公式计算积分 $I = \int_0^1 x^2\mathrm{e}^x\mathrm{d}x$.

13．用下列方法计算积分 $I = \int_1^3 \frac{1}{x}\mathrm{d}x$，并比较结果.

（1）龙贝格算法；

（2）三点及五点高斯-勒让德求积公式；

（3）将积分区间分成4等份，用复化两点高斯-勒让德求积公式.

14．已知 $f(x) = \frac{1}{(1+x)^2}$ 的函数值表如下：

x	1.0	1.1	1.2
$f(x)$	0.2500	0.2268	0.2066

用三点公式分别计算 $f'(x)$ 在 $x=1.0, 1.1, 1.2$ 处的值，并估计误差.

15．证明：数值微分公式

$$f'(x_0)\approx\frac{1}{12h}(f(x_0-2h)-8f(x_0-h)+8f(x_0+h)-f(x_0+2h))$$

对任意次数不超过 4 次的多项式精确成立，并求出其截断误差表达式.

16．证明：只要积分 $I=\int_a^b f(x)\mathrm{d}x$ 存在，则当 $n\to\infty$ 时，复化梯形公式形成的序列 $\{T_n\}$ 就收敛于积分的精确值 I .

17*．构造如下形式的求积公式，使其代数精度尽可能高，其中 x_0 、 x_1 和 x_2 是三个不同的求积节点， c 是求积系数：

$$\int_{-1}^{1}f(x)\mathrm{d}x\approx c(f(x_0)+f(x_1)+f(x_2))$$

18．构造下列形式的高斯型求积公式：

$$\int_0^1\frac{1}{\sqrt{x}}f(x)\mathrm{d}x\approx A_0f(x_0)+A_1f(x_1)$$

应用题

1．为了模拟刹车片（如图 6-4 所示）的热特征，需要近似计算刹车片的“面积平均的线温度”，它由下式给出：

$$T=\frac{\int_{r_e}^{r_0}T(r)r\theta_p\mathrm{d}r}{\int_{r_e}^{r_0}r\theta_p\mathrm{d}r}$$

式中， r_e 表示刹车片密切接触的内半径， r_0 表示刹车片密切接触的外半径， θ_p 表示刹车片抱紧的角度，$T(r)$ 表示刹车片上 r 点处的温度（单位℉），它的值通过分析热方程得到. 假设已知：

$$r_e=0.308\text{ft}，\quad r_0=0.478\text{ft}，\quad \theta_p=0.7051\text{rad}$$

刹车片上不同点处的温度由表 6-11 列出，要求近似计算 T 的值.

表 6-11　应用题 1

r/ft	T(r)/℉	r/ft	T(r)/℉
0.308	640	0.410	1114
0.325	794	0.427	1152
0.342	885	0.444	1204
0.359	943	0.461	1222
0.376	1034	0.478	1239
0.393	1064		

注：1ft=30.48cm.

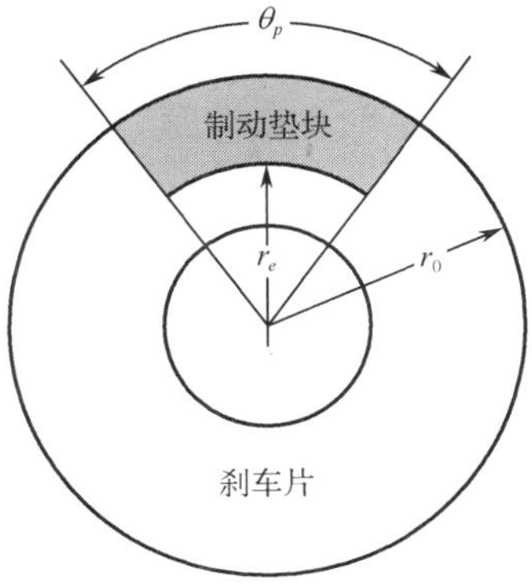

图 6-4

2．阿基米德通过计算半径为 1 的圆的内切和外切正多边形的周长得到圆周率 π 的近似值. n 边内切正多边形的周长为

$$p_n = n\sin\left(\frac{\pi}{n}\right)$$

n 边外切正多边形的周长为

$$q_n = n\tan\left(\frac{\pi}{n}\right)$$

这两个值分别给出了 π 值的上、下限.

（1）利用正弦和正切函数的泰勒展开式，p_n 和 q_n 可写成如下形式：

$$p_n = a_0 + a_1 h^2 + a_2 h^4 + \cdots$$
$$q_n = b_0 + b_1 h^2 + b_2 h^4 + \cdots$$

式中，$h = \dfrac{1}{n}$. 求出精确的 a_0 和 b_0.

（2）设 $p_6 = 3.0000$，$p_{12} = 3.1058$，用理查森外推算法计算 π 值的更好的近似；类似地，设 $q_6 = 3.4641$，$q_{12} = 3.2154$，用理查森外推算法计算 π 值的更好的近似.

上机实验

1．分别用变步长梯形求积算法和龙贝格算法计算下面积分，要求误差不超过 10^{-4}，并比较它们的计算量：

$$I = \int_1^3 \left(\frac{10}{x}\right)^2 \sin\frac{10}{x}\,\mathrm{d}x$$

2．对积分 $I = \int_0^1 \mathrm{e}^{-x^2}\mathrm{d}x$，应用下列方法进行计算：

（1）分别采用 $n = 50, 100, 200$ 的复化梯形公式；

（2）采用变步长梯形求积算法，要求误差不超过 0.5×10^{-6}；

（3）采用龙贝格算法，要求误差不超过 0.5×10^{-6}；

（4）将积分区间 4 等分，分别采用复化两点、三点和五点高斯-勒让德求积公式.

第 7 章

常微分方程的数值解法

7.1 引言

在科学和工程计算中，会涉及物理、力学等很多种类的微分方程，这些方程往往不能通过解析方法进行求解，或者解析解形式过于复杂而不能应用. 而数值解法只需要求解方程在离散点上的近似值或得到解的近似表达式即可，有着较强的实用性，因此研究求解微分方程问题的数值解法是非常必要的.

本章主要讨论常微分方程初值问题：

$$\begin{cases} y' = f(x,y), \quad a \leqslant x \leqslant b \\ y(a) = y_0 \end{cases} \tag{7.1}$$

的数值解法. 所谓数值方法求解初值问题，就是寻求解 $y(x)$ 在一系列离散点

$$a \leqslant x_0 < x_1 < x_2 < \cdots < x_N \leqslant b$$

上的近似值 $y_1, y_2, \cdots, y_N$. 求解过程是按递推公式顺着节点依次向后推进的，即由已知的 $y_0, y_1, \cdots, y_i$ 求出 y_{i+1} . 为简单起见，假定节点 $x_0, x_1, \cdots, x_N$ 是等距的，即 $x_i = a + ih$（$i = 0,1,\cdots,N$），这里 N 为某个正整数，$h = \dfrac{b-a}{N}$ 称为步长.

定理 1 设函数 $f(x,y)$ 在区域 $D = \{(x,y) | a \leqslant x \leqslant b, y \in \mathbf{R}\}$ 上连续，且在区域 D 内满足李普希茨（Lipschitz）条件，即存在常数 L>0，使得

$$|f(x,y_1) - f(x,y_2)| \leqslant L|y_1 - y_2|, \quad \forall (x,y) \in D \tag{7.2}$$

则初值问题（7.1）的解 $y = y(x)$ 存在且唯一.

满足定理 1 的初值问题（7.1）的解是存在且唯一的. 定理 1 中 L 的大小反映了初值问题（7.1）右端函数 $f(x,y)$ 关于 y 变化的快慢，当 L 比较小时，解对初始值和右端函数相对不敏感，可视为好条件，若 L 较大则可认为是坏条件，即病态问题. 本章均在初值问题（7.1）的解存在且唯一的条件下讨论其数值解法.

7.2 简单数值计算方法

7.2.1 欧拉法

简单数值计算方法

欧拉（Euler）法是计算常微分方程初值问题的最基本方法，而欧拉公式的推导方法很多，以下介绍从几何角度出发通过“以直代曲”的思想进行推导的方法.

初值问题(7.1)的解 $y=y(x)$ 称为它的积分曲线，积分曲线上一点 (x,y) 的切线斜率等于函数 $f(x,y)$ 在该点的值. 欧拉法的思想是在每个小区间内用直线近似代替积分曲线，在整个区间上用折线近似代替积分曲线（见图 7-1）.

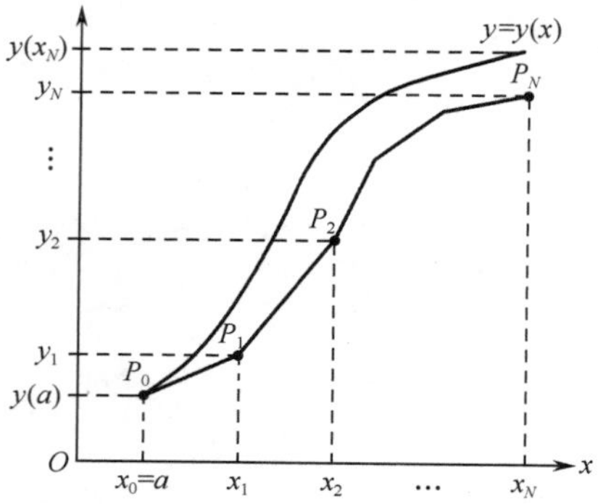

图 7-1

欧拉法具体过程如下.

（1）求 $y(x_1)$ 的近似值. 过积分曲线上点 $P_0(x_0,y_0)$ 作切线 L_1，其斜率为 $f(x_0,y_0)$，L_1 的方程为

$$y=y_0+f(x_0,y_0)(x-x_0)$$

切线 L_1 与直线 $x=x_1$ 的交点 $P_1(x_1,y_1)$ 的纵坐标为 y_1，取 y_1 作为 $y(x_1)$ 的近似值，即

$$y_1=y_0+f(x_0,y_0)(x_1-x_0)=y_0+hf(x_0,y_0)$$

（2）求 $y(x_2)$ 的近似值. 继续上述过程，过积分曲线上点 $P_1(x_1,y_1)$，以 $f(x_1,y_1)$ 为斜率作射线，L_2 方程为

$$y=y_1+f(x_1,y_1)(x-x_1)$$

射线 L_2 与直线 $x=x_2$ 的交点 $P_2(x_2,y_2)$ 的纵坐标为 y_2，取 y_2 作为 $y(x_2)$ 的近似值，即

$$y_2=y_1+f(x_1,y_1)(x_2-x_1)=y_1+hf(x_1,y_1)$$

（3）求 $y(x_{i+1})$ 的近似值. 重复上述过程，假设折线已经推进到点 $P_i(x_i,y_i)$，过点 $P_i(x_i,y_i)$ 以 $f(x_i,y_i)$ 为斜率作射线，该射线与直线 $x=x_{i+1}$ 交于点 P_{i+1}，取点 P_{i+1} 的纵坐标 y_{i+1} 作为 $y(x_{i+1})$ 的近似值，即

$$y_{i+1}=y_i+hf(x_i,y_i) \tag{7.3}$$

由初始值 $y(x_0)=y_0$，利用递推公式（7.3）可以逐步求出 $y(x_1),y(x_2),\cdots,y(x_N)$ 的近似值 $y_1,y_2,\cdots,y_N$，式（7.3）称为**欧拉公式**.

例 1　用欧拉公式计算下列初值问题（取步长 h=0.2）:

$$\begin{cases} y'=y-x^2+1, & 0\leqslant x\leqslant 2.0 \\ y(0)=0.5 \end{cases}$$

解　由于 $a=0$，$b=2.0$，$h=0.2$，$N=\dfrac{b-a}{h}=10$，$x_i=0.2i$，因此欧拉公式为

$$y_{i+1}=y_i+hf(x_i,y_i)=y_i+0.2(y_i-x_i^2+1), \qquad i=0,1,\cdots,10$$

由 $y(0)=0.5$ 进行递推计算得

$$y(0.2) \approx y_1 = y_0 + 0.2(y_0 - x_0^2 + 1) = 0.8$$
$$y(0.4) \approx y_2 = y_1 + 0.2(y_1 - x_1^2 + 1) = 1.152$$
$$\cdots$$

具体计算结果见表 7-1 的前两列. 该问题的精确解为 $y(x) = (x+1)^2 - 0.5e^x$，表 7-1 第 3 列给出了 $y(x)$ 在各点处的值，最后一列给出了欧拉公式的误差。

表 7-1　例 1 计算结果

x_i	欧拉公式 y_i	精确解 $y(x_i)$	欧拉公式误差 $\lvert y_i - y(x_i)\rvert$
0.0	0.5000000	0.5000000	0.0
0.2	0.8000000	0.8292986	2.9×10^{-2}
0.4	1.1520000	1.2140877	6.2×10^{-2}
0.6	1.5504000	1.6489406	9.8×10^{-2}
0.8	1.9884800	2.1272295	1.3×10^{-1}
1.0	2.4581760	2.6408591	1.8×10^{-1}
1.2	2.9498112	3.1799415	2.3×10^{-1}
1.4	3.4517734	3.7324000	2.8×10^{-1}
1.6	3.9501281	4.2834838	3.3×10^{-1}
1.8	4.4281538	4.8151763	3.8×10^{-1}
2.0	4.8657845	5.3054720	4.3×10^{-1}

由表 7-1 可以看出，随着 i 的增大，欧拉公式计算所得近似解的误差也在不断增大，由此可见，欧拉公式的精度很差. 从几何上来看，假设 $y_i = y(x_i)$，即顶点 P_i 落在积分曲线 $y = y(x)$ 上，那么按欧拉公式作出的射线 P_iP_{i+1} 便是 $y = y(x)$ 过点 P_i 的切线，得到的点 P_{i+1} 明显偏离了积分曲线上的点 Q_{i+1}（图 7-2）.

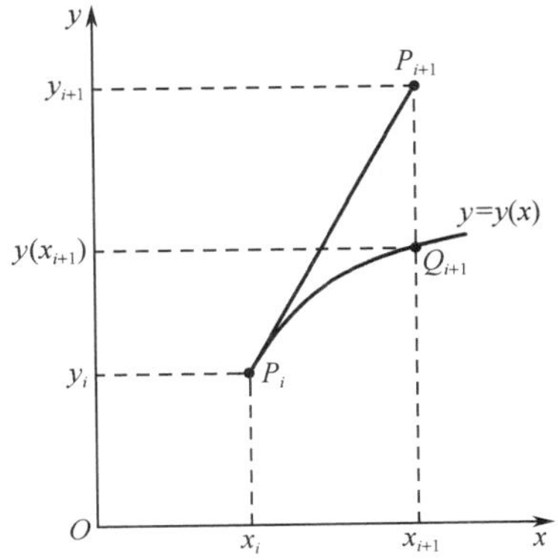

图 7-2

下面分析欧拉公式所产生的截断误差. 由前面 i 个计算值 $y_1, y_2, \cdots, y_i$ 得到的 y_{i+1} 与精确解之差 $y(x_{i+1}) - y_{i+1}$ 称为该方法的**整体截断误差**. 整体截断误差包括递推公式本身所产生的误差和前面计算结果误差的累积，因此整体截断误差的推导通常是烦琐的. 为简化分析，一般假定 y_i 是精确的，即在 $y_i = y(x_i)$ 的前提下估计 $y(x_{i+1}) - y_{i+1}$ 的误差，此误差称为**局部截断误差**.

定义 1　如果一种方法的局部截断误差为 $O(h^{p+1})$，则称该方法的计算精度为 p 阶.

局部截断误差

下面估计欧拉公式的局部截断误差. 假设 $y_i = y(x_i)$，在 x_i 附近对 $y(x_{i+1})$ 进行泰勒（Taylor）展开，可得

$$
\begin{aligned}
T_{i+1} &= y(x_{i+1}) - y_{i+1} = y(x_{i+1}) - [y(x_i) + hf(x_i, y(x_i))] \\
&= y(x_i + h) - [y(x_i) + hy'(x_i)] \\
&= y(x_i) + y'(x_i)h + \frac{y''(x_i)}{2}h^2 + \cdots - [y(x_i) + hy'(x_i)] \\
&= \frac{y''(x_i)}{2}h^2 + O(h^3) = O(h^2)
\end{aligned} \tag{7.4}
$$

这表明欧拉公式的计算精度是一阶的，其局部截断误差为 $T_{i+1} = \frac{y''(x_i)}{2}h^2 + O(h^3)$，称 $\frac{y''(x_i)}{2}h^2$ 为局部截断误差主项.

7.2.2　隐式欧拉法

构造求解初值问题（7.1）的递推公式的方法很多，下面采用差商近似导数的方法来给出其求解的隐式欧拉公式.

在 x_{i+1} 点处列出微分方程

$$
y'(x_{i+1}) = f(x_{i+1}, y(x_{i+1})) \tag{7.5}
$$

用差商 $\frac{y(x_{i+1}) - y(x_i)}{h}$ 代替导数 $y'(x_{i+1})$，可得

$$
\frac{y(x_{i+1}) - y(x_i)}{h} \approx f(x_{i+1}, y(x_{i+1}))
$$

用 y_i 代替 $y(x_i)$，y_{i+1} 代替 $y(x_{i+1})$，可得

$$
y_{i+1} = y_i + hf(x_{i+1}, y_{i+1}) \tag{7.6}
$$

式（7.6）称为**隐式欧拉公式**，也称为**后退的欧拉公式**.

隐式欧拉公式和欧拉公式有很大的区别. 欧拉公式是关于 y_{i+1} 的一个直接递推公式，它是显式公式，因此计算方便. 隐式欧拉公式等号右边含有未知的 y_{i+1}，它实际上是关于 y_{i+1} 的一个方程，通常不能直接算出 y_{i+1}，因此它是隐式公式，计算不方便. 但相对于欧拉公式，隐式欧拉公式的数值稳定性较好.

对隐式公式，通常用迭代法求解，而迭代过程的实质就是使公式逐步显式化. 首先利用欧拉公式得到迭代初始值 $y_{i+1}^{(0)}$，然后代入隐式欧拉公式（7.6）的右端，使之转化为显式公式，具体迭代公式如下：

$$
\begin{cases}
y_{i+1}^{(0)} = y_i + hf(x_i, y_i) \\
y_{i+1}^{(k+1)} = y_i + hf(x_{i+1}, y_{i+1}^{(k)}), \quad k = 0,1,2,\cdots
\end{cases} \tag{7.7}
$$

由于 $f(x_i, y_i)$ 对 y 满足李普希茨条件，将式（7.7）和式（7.6）相减可以得到

$$
\left|y_{i+1}^{(k+1)} - y_{i+1}\right| = h\left|f(x_{i+1}, y_{i+1}^{(k)}) - f(x_{i+1}, y_{i+1})\right| \leqslant hL\left|y_{i+1}^{(k)} - y_{i+1}\right|
$$

由此可知，只要选取的 h 充分小，使得

$$
hL < 1
$$

则当 $k \to \infty$ 时，有 $y_{i+1}^{(k+1)} \to y_{i+1}$，这说明迭代公式（7.7）是收敛的.

再考察隐式欧拉公式的局部截断误差. 假设 $y_i = y(x_i)$，则

$$
\begin{aligned}
T_{i+1} &= y(x_{i+1}) - [y(x_i) + hf(x_{i+1}, y(x_{i+1}))] \\
&= y(x_i + h) - [y(x_i) + hy'(x_i + h)] \\
&= y(x_i) + hy'(x_i) + \frac{h^2}{2} y''(x_i) + \frac{h^3}{3!} y'''(x_i) + \cdots - [y(x_i) + hy'(x_i) + h^2 y''(x_i) + \cdots] \\
&= -\frac{h^2}{2} y''(x_i) + O(h^3) = O(h^2)
\end{aligned} \tag{7.8}
$$

这表明隐式欧拉公式的计算精度是一阶的，其局部截断误差为 $T_{i+1} = -\dfrac{y''(x_i)}{2} h^2 + O(h^3)$.

7.2.3　梯形法

比较欧拉公式与隐式欧拉公式的局部截断误差，即式（7.4）与（7.8），如果将这两种方法进行算术平均，可消除局部截断误差的主要部分 $\pm \dfrac{y''(x_i)}{2} h^2$，从而获得更高精度的计算公式，其形式如下：

$$
y_{i+1} = y_i + \frac{h}{2}(f(x_i, y_i) + f(x_{i+1}, y_{i+1})), \qquad i = 0,1,\cdots,N-1 \tag{7.9}
$$

式（7.9）称为**梯形公式**.

由于梯形公式是隐式公式，因此仍然需要迭代求解，迭代公式如下：

$$
\begin{cases}
y_{i+1}^{(0)} = y_i + hf(x_i, y_i) \\
y_{i+1}^{(k+1)} = y_i + \dfrac{h}{2}(f(x_i, y_i) + f(x_{i+1}, y_{i+1}^{(k)})), \qquad k = 0,1,2,\cdots
\end{cases} \tag{7.10}
$$

为了分析迭代公式的收敛性，将式（7.10）和式（7.9）相减，得

$$
y_{i+1}^{(k+1)} - y_{i+1} = \frac{h}{2}[f(x_{i+1}, y_{i+1}^{(k)}) - f(x_{i+1}, y_{i+1})]
$$

由于 $f(x_i, y_i)$ 对 y 满足李普希茨条件，因此有

$$
\left| y_{i+1}^{(k+1)} - y_{i+1} \right| = \frac{h}{2} \left| f(x_{i+1}, y_{i+1}^{(k)}) - f(x_{i+1}, y_{i+1}) \right| \leqslant \frac{hL}{2} \left| y_{i+1}^{(k)} - y_{i+1} \right|
$$

由此可知，只要 $\dfrac{hL}{2} < 1$，迭代公式（7.10）就会收敛于解 y_{i+1}.

再估计梯形公式的局部截断误差. 假设 $y_i = y(x_i)$，则有

$$
\begin{aligned}
T_{i+1} &= y(x_{i+1}) - [y(x_i) + \frac{h}{2}(f(x_i, y(x_i)) + f(x_{i+1}, y(x_{i+1})))] \\
&= y(x_i + h) - [y(x_i) + \frac{h}{2}(y'(x_i) + y'(x_i + h))] \\
&= y(x_i) + hy'(x_i) + \frac{h^2}{2} y''(x_i) + \frac{h^3}{3!} y'''(x_i) + \cdots - \\
&\quad \{y(x_i) + \frac{h}{2}[y'(x_i) + y'(x_i) + hy''(x_i) + \frac{h^2}{2} y'''(x_i)]\} \\
&= -\frac{h^3}{12} y'''(x_i) + O(h^4) = O(h^3)
\end{aligned}
$$

可以看出，梯形公式的计算精度是二阶的，确实比前两种方法的精度提高了.

7.2.4 改进欧拉法

改进欧拉法

欧拉法是显式算法，计算量小，但精度差. 梯形法虽然提高了精度，但其是隐式算法，在计算时需要迭代求解，计算量较大. 为了控制计算量、简化算法，在实际计算时可将欧拉公式与梯形公式联合使用.

先用欧拉公式求得一个初步的近似值 $\overline{y}_{i+1}$，称为预测值，再用梯形公式将预测值进行校正，得到 y_{i+1}，称为校正值. 具体公式如下：

$$\begin{cases} \text{预测} & \overline{y}_{i+1} = y_i + hf(x_i, y_i) \\ \text{校正} & y_{i+1} = y_i + \dfrac{h}{2}(f(x_i, y_i) + f(x_{i+1}, \overline{y}_{i+1})) \end{cases} \tag{7.11}$$

这样建立起来的预测-校正系统（7.11）通常称为改进欧拉公式，又称欧拉预测-校正公式.

改进欧拉公式也可以写成

$$y_{i+1} = y_i + \frac{h}{2}(f(x_i, y_i) + f(x_i + h, y_i + hf(x_i, y_i))) \tag{7.12}$$

为便于计算机编程，通常将改进欧拉公式改写成以下形式：

$$\begin{cases} y_p = y_i + hf(x_i, y_i) \\ y_c = y_i + hf(x_{i+1}, y_p) \\ y_{i+1} = \dfrac{y_p + y_c}{2}, \qquad i = 0, 1, \cdots, N-1 \end{cases} \tag{7.13}$$

或

$$\begin{cases} y_{i+1} = y_i + \dfrac{h}{2}(k_1 + k_2) \\ k_1 = f(x_i, y_i) \\ k_2 = f(x_{i+1}, y_i + hk_1), \qquad i = 0, 1, \cdots, N-1 \end{cases} \tag{7.14}$$

例 2 用改进欧拉公式计算下面的初值问题（取步长 h= 0.2）：

$$\begin{cases} y' = y - x^2 + 1, \quad 0 \leqslant x \leqslant 2.0 \\ y(0) = 0.5 \end{cases}$$

并与欧拉公式比较误差的大小.

解 由于 $a = 0$，$b = 2.0$，$h = 0.2$，$N = 10$，$x_i = 0.2i$，$y_0 = 0.5$，因此改进欧拉公式为

$$\begin{cases} y_p = y_i + hf(x_i, y_i) = y_i + h(y_i - x_i^2 + 1) \\ y_c = y_i + hf(x_{i+1}, y_p) = y_i + 0.2(y_p - x_{i+1}^2 + 1) \\ y_{i+1} = \dfrac{y_p + y_c}{2} \end{cases}$$

由 $y(0) = 0.5$ 进行递推计算得

$$y_p = y_0 + h(y_0 - x_0^2 + 1) = 0.8$$

$$y_c = y_0 + 0.2(y_p - x_1^2 + 1) = 0.852$$

$$y_1 = \frac{y_p + y_c}{2} = 0.826$$

其余计算结果见表 7-2，表中还给出了欧拉公式误差.

表 7-2 例 2 计算结果

x_i	改进欧拉公式 y_i	精确解 $y(x_i)$	改进欧拉公式误差 $\lvert y_i - y(x_i)\rvert$	欧拉公式误差 $\lvert y_i - y(x_i)\rvert$
0.0	0.5000000	0.5000000	0.0	0.0
0.2	0.8260000	0.8292986	3.2×10^{-3}	2.9×10^{-2}
0.4	1.2069200	1.2140877	7.1×10^{-3}	6.2×10^{-2}
0.6	1.6372424	1.6489406	1.1×10^{-2}	9.8×10^{-2}
0.8	2.1102357	2.1272295	1.6×10^{-2}	1.3×10^{-1}
1.0	2.6176876	2.6408591	2.3×10^{-2}	1.8×10^{-1}
1.2	3.1495789	3.1799415	3.0×10^{-2}	2.3×10^{-1}
1.4	3.6936862	3.7324000	3.8×10^{-2}	2.8×10^{-1}
1.6	4.2350972	4.2834838	4.8×10^{-2}	3.3×10^{-1}
1.8	4.7556185	4.8151763	5.9×10^{-2}	3.8×10^{-1}
2.0	5.2330546	5.3054720	7.2×10^{-2}	4.3×10^{-1}

由表 7-2 可以看出，与例 1 用欧拉公式的计算结果相比较，改进欧拉公式明显改善了精度.

下面研究改进欧拉公式的局部截断误差. 假设 $y_i = y(x_i)$，将 $y(x_{i+1})$ 在 x_i 处进行泰勒展开：

$$\begin{aligned} y(x_{i+1}) &= y(x_i + h) \\ &= y(x_i) + y'(x_i)h + \frac{y''(x_i)}{2}h^2 + O(h^3) \end{aligned}$$

由于

$$k_1 = f(x_i, y_i) = f(x_i, y(x_i)) = y'(x_i)$$

$$\begin{aligned} k_2 &= f(x_{i+1}, y_i + hk_1) \\ &= f(x_i + h, y(x_i) + hk_1) \\ &= f(x_i, y(x_i)) + hf_x(x_i, y(x_i)) + hk_1 f_y(x_i, y(x_i)) + O(h^2) \\ &= y'(x_i) + h[f_x(x_i, y(x_i)) + y'(x_i) f_y(x_i, y(x_i))] + O(h^2) \\ &= y'(x_i) + hy''(x_i) + O(h^2) \end{aligned}$$

因此

$$y_{i+1} = y_i + \frac{h}{2}(k_1 + k_2) = y_i(x_i) + y_i'(x_i)h + \frac{y_i''(x_i)}{2}h^2 + O(h^3)$$

于是有

$$T_{i+1} = y(x_{i+1}) - y_{i+1} = O(h^3)$$

这表明改进欧拉公式的局部截断误差为 $O(h^3)$，其具有二阶精度.

7.3 龙格-库塔方法

龙格-库塔（Runge-Kutta）方法是一种在工程上应用广泛的高精度单步算法.

7.3.1 龙格-库塔方法的基本思想

龙格-库塔方法

对一阶常微分方程

$$\begin{cases} y' = f(x, y), & a \leqslant x \leqslant b \\ y(a) = y_0 \end{cases}$$

的解 $y = y(x)$，根据微分中值定理，存在 $\xi(x_i < \xi < x_{i+1})$，使得

$$\frac{y(x_{i+1}) - y(x_i)}{h} = y'(\xi)$$

于是有

$$y(x_{i+1}) = y(x_i) + hy'(\xi) = y(x_i) + hf(\xi, y(\xi)) \tag{7.15}$$

式中，$f(\xi, y(\xi))$ 称为 $y = y(x)$ 在区间 $[x_i, x_{i+1}]$ 内的平均斜率，记为 k^*，即

$$k^* = f(\xi, y(\xi))$$

由此可见，只要对平均斜率 k^* 提供一种近似，那么由式（7.15）就可以相应得到一种计算公式. 欧拉公式相当于仅取了 x_i 一个点上的斜率 $f(x_i, y_i)$ 作为平均斜率 k^* 的近似值，因此其计算精度非常低. 改进欧拉公式相当于利用 x_i 和 x_{i+1} 两个点上的斜率 k_1 和 k_2 的算术平均作为 k^* 的近似值，因此精度有所提高.

由此可以进一步设想，如果在 $[x_i, x_{i+1}]$ 内多预测几个点的斜率，然后利用它们的加权平均作为 k^* 的近似值，则可以构造出具有更高精度的计算公式，这就是龙格-库塔方法的基本思想.

7.3.2 二阶龙格-库塔公式

在区间 $[x_i, x_{i+1}]$ 内任取一点 $x_{i+p} = x_i + ph$，$0 < p \leqslant 1$，用 x_i 和 x_{i+p} 两个点的斜率 k_1 和 k_2 加权平均近似平均斜率 k^*，即

$$y_{i+1} = y_i + h(\lambda_1 k_1 + \lambda_2 k_2)$$

式中，λ_1 和 λ_2 为待定系数，$k_1 = f(x_i, y_i)$，$k_2 = f(x_{i+p}, y_{i+p})$，$y_{i+p}$ 由欧拉公式给出，即 $y_{i+p} = y_i + phk_1$. 这样构造的计算公式具有如下形式：

$$\begin{cases} y_{i+1} = y_i + h(\lambda_1 k_1 + \lambda_2 k_2) \\ k_1 = f(x_i, y_i) \\ k_2 = f(x_i + ph, y_i + phk_1) \end{cases} \tag{7.16}$$

式（7.16）中含有三个待定系数 λ_1、λ_2 和 p. 通过适当选择这些待定系数的值，可以使式（7.16）具有二阶精度.

假定 $y_i = y(x_i)$，将 $y(x_{i+1})$ 在 x_i 处进行泰勒展开：

$$y(x_{i+1}) = y(x_i + h) = y(x_i) + y'(x_i)h + \frac{y''(x_i)}{2}h^2 + O(h^3) \tag{7.17}$$

由于

$$
\begin{aligned}
k_1 &= f(x_i, y_i) = y'(x_i) \\
k_2 &= f(x_{i+p}, y_i + phk_1) \\
&= f(x_i, y_i) + ph[f_x(x_i, y_i) + f(x_i, y_i) f_y(x_i, y_i)] + O(h^2) \\
&= y'(x_i) + phy''(x_i) + O(h^2)
\end{aligned}
$$

代入式（7.16），得

$$y_{i+1} = y_i + (\lambda_1 + \lambda_2)hy'(x_i) + \lambda_2 ph^2 y''(x_i) + O(h^3) \tag{7.18}$$

比较式（7.17）和式（7.18）的系数，欲使式（7.16）具有二阶精度，需要满足以下条件：

$$\lambda_1 + \lambda_2 = 1,\quad \lambda_2 p = \frac{1}{2} \tag{7.19}$$

把满足上述条件式（7.19）的式（7.16）统称为**二阶龙格-库塔公式**.

特别地，当 $p=1$，$\lambda_1 = \lambda_2 = \frac{1}{2}$ 时，二阶龙格-库塔公式变为改进的欧拉公式.

当 $p=\frac{1}{2}$，$\lambda_1 = 0$，$\lambda_2 = 1$ 时，二阶龙格-库塔公式称为变形的欧拉公式，其形式如下：

$$
\begin{cases}
y_{i+1} = y_i + hk_2 \\
k_1 = f(x_i, y_i) \\
k_2 = f\left(x_i + \dfrac{h}{2}, y_i + \dfrac{h}{2}k_1\right)
\end{cases}
$$

7.3.3　三阶龙格-库塔公式

为了进一步提高精度，在区间 $[x_i, x_{i+1}]$ 内除点 x_{i+p} 外可再取一点 $x_{i+q} = x_i + qh$（$p < q \leqslant 1$），用三个点 x_i、x_{i+p} 和 x_{i+q} 的斜率 k_1、k_2 和 k_3 加权平均作为平均斜率 k^* 的近似值，此时计算公式为

$$y_{i+1} = y_i + h(\lambda_1 k_1 + \lambda_2 k_2 + \lambda_3 k_3) \tag{7.20}$$

式中，k_1 和 k_2 仍取式（7.16）的形式.

为了预测点 x_{i+q} 处的斜率 k_3，首先在区间 $[x_i, x_{i+1}]$ 内使用二阶龙格-库塔公式求 y_{i+q}，即

$$y_{i+q} = y_i + qh(\mu_1 k_1 + \mu_2 k_2)$$

于是得到

$$k_3 = f(x_{i+q}, y_{i+q}) = f(x_i + qh, y_i + qh(\mu_1 k_1 + \mu_2 k_2))$$

这样构造的计算公式具有如下形式：

$$
\begin{cases}
y_{i+1} = y_i + h(\lambda_1 k_1 + \lambda_2 k_2 + \lambda_3 k_3) \\
k_1 = f(x_i, y_i) \\
k_2 = f(x_i + ph, y_i + phk_1) \\
k_3 = f(x_i + qh, y_i + qh(\mu_1 k_1 + \mu_2 k_2))
\end{cases} \tag{7.21}
$$

利用泰勒展开式，适当选择参数 p、q、λ_1、λ_2、λ_3、μ_1 和 μ_2，使式（7.21）具有三阶精度，即 $y(x_{i+1}) - y_{i+1} = O(h^4)$. 仿照二阶龙格-库塔公式的处理方法，要使式（7.21）具有三阶精度，这些参数需要满足以下条件：

$$\lambda_2 p + \lambda_3 q = \frac{1}{2},\quad \lambda_1 + \lambda_2 + \lambda_3 = 1,\quad \lambda_2 p^2 + \lambda_3 q^2 = \frac{1}{3},\quad \mu_1 + \mu_2 = 1,\quad \lambda_3 pq\mu_2 = \frac{1}{6} \tag{7.22}$$

把满足上述条件式（7.22）的式（7.21）统称为**三阶龙格-库塔公式**.

下面是常用的一种三阶龙格-库塔公式：

$$\begin{cases} y_{i+1} = y_i + \dfrac{h}{6}(k_1 + 4k_2 + k_3) \\ k_1 = f(x_i, y_i) \\ k_2 = f\left(x_i + \dfrac{h}{2}, y_i + \dfrac{h}{2}k_1\right) \\ k_3 = f(x_{i+1}, y_i + h(-k_1 + 2k_2)) \end{cases}$$

7.3.4　四阶龙格-库塔公式

继续按上述处理过程，可得到一系列的四阶龙格-库塔公式. 最常用的一种经典四阶龙格-库塔公式的具体形式如下：

$$\begin{cases} y_{i+1} = y_i + \dfrac{h}{6}(k_1 + 2k_2 + 2k_3 + k_4) \\ k_1 = f(x_i, y_i) \\ k_2 = f\left(x_i + \dfrac{h}{2}, y_i + \dfrac{h}{2}k_1\right) \\ k_3 = f\left(x_i + \dfrac{h}{2}, y_i + \dfrac{h}{2}k_2\right) \\ k_4 = f(x_{i+1}, y_i + hk_3) \end{cases} \tag{7.23}$$

经典四阶龙格-库塔公式（7.23）每步均需要计算 4 个函数 $f(x,y)$ 的值. 可以验证，其具有四阶精度.

例 3　取步长 $h = 0.2$，用经典四阶龙格-库塔公式求解以下初值问题：

$$\begin{cases} y' = y - x^2 + 1, \quad 0 \leqslant x \leqslant 2.0 \\ y(0) = 0.5 \end{cases}$$

解　这里 $f(x,y) = y - x^2 + 1$，$x_0 = 0$，$y_0 = 0.5$，$h = 0.2$，$N = 10$，$x_i = 0.2i$，于是当 $i = 0$ 时，有

$$k_1 = f(x_0, y_0) = y_0 - x_0^2 + 1 = 1.5$$

$$k_2 = f\left(x_0 + \frac{h}{2}, y_0 + \frac{h}{2}k_1\right) = y_0 + \frac{h}{2}k_1 - \left(x_0 + \frac{h}{2}\right)^2 + 1 = 1.64$$

$$k_3 = f\left(x_0 + \frac{h}{2}, y_0 + \frac{h}{2}k_2\right) = y_0 + \frac{h}{2}k_2 - \left(x_0 + \frac{h}{2}\right)^2 + 1 = 1.654$$

$$k_4 = f(x_0 + h, y_0 + hk_3) = y_0 + hk_3 - (x_0 + h)^2 + 1 = 1.7908$$

可得 $y_1 = y_0 + \dfrac{h}{6}(k_1 + 2k_2 + 3k_3 + k_4) = 0.8292933\cdots$，其余计算结果见表 7-3.

表 7-3　例 3 计算结果

x_i	经典四阶龙格-库塔公式 y_i	精确解 $y(x_i)$	经典四阶龙格-库塔公式误差 $\lvert y_i - y(x_i)\rvert$	改进欧拉公式误差 $\lvert y_i - y(x_i)\rvert$
0	0.5000000	0.5000000	0.0	0.0
0.2	0.8292933	0.8292986	5.3×10^{-6}	3.2×10^{-3}
0.4	1.2140762	1.2140877	1.1×10^{-5}	7.1×10^{-3}
0.6	1.6489220	1.6489406	1.8×10^{-5}	1.1×10^{-2}
0.8	2.1272027	2.1272295	2.6×10^{-5}	1.6×10^{-2}
1.0	2.6408227	2.6408591	3.6×10^{-5}	2.3×10^{-2}
1.2	3.1798942	3.1799415	4.7×10^{-5}	3.0×10^{-2}
1.4	3.7323401	3.7324000	5.9×10^{-5}	3.8×10^{-2}
1.6	4.2834095	4.2834838	7.4×10^{-5}	4.8×10^{-2}
1.8	4.8150857	4.8151763	9.0×10^{-5}	5.9×10^{-2}
2.0	5.3053630	5.3054720	1.0×10^{-4}	7.2×10^{-2}

由于龙格-库塔公式的推导基于泰勒展开式，因此它要求 $y(x)$ 具有较好的光滑性. 如果 $y(x)$ 光滑性差，那么使用四阶龙格-库塔公式求得的数值解，其精度可能不如改进欧拉公式. 实际计算时，应针对问题的具体特点选择合适的算法.

7.4　线性多步法

7.4.1　线性多步法的基本思想

至此，前面所构造的求解初值问题（7.1）的计算公式在计算 y_{i+1} 时仅用到它前面一个 y_i 的值，这类方法称为单步法. 但此时 $y_0, y_1, \cdots, y_{i-1}, y_i$ 的值均已算出，如果在计算 y_{i+1} 时，利用前面已经算出的 $m+1$ 个值 $y_{i-m}, \cdots, y_{i-1}, y_i$，则有望构造出精度更高的公式，这就是线性多步法的基本思想.

一般的线性多步公式可表示如下：

$$\begin{aligned} y_{i+1} &= \alpha_0 y_i + \alpha_1 y_{i-1} + \cdots + \alpha_k y_{i-m} + h(\beta_{-1} f_{i+1} + \beta_0 f_i + \beta_1 f_{i-1} + \cdots + \beta_m f_{i-m}) \\ &= \sum_{k=0}^{m} (\alpha_k y_{i-k}) + h \sum_{k=-1}^{m} (\beta_k f_{i-k}) \end{aligned} \tag{7.24}$$

式中，y_{i+1} 为 $y(x_{i+1})$ 的近似值，$f_{i-k} = f(x_{i-k}, y_{i-k})$，$\alpha_k$ 和 β_k 为常数，且 α_0 和 β_0 不全为 0. 当 $\beta_{-1} = 0$ 时，称式（7.24）为显式多步公式；当 $\beta_{-1} \neq 0$ 时，称式（7.24）为隐式多步公式. 隐式多步公式与梯形公式一样，计算时要用迭代法求 y_{i+1}.

线性多步公式（7.24）的局部截断误差定义也与单步公式类似.

定义 2　设 $y(x)$ 是初值问题（7.1）的精确解，线性多步公式（7.24）在 x_{i+1} 处的局部截断误差定义为

$$T_{i+1} = y(x_{i+1}) - \sum_{k=0}^{m} \alpha_k y(x_{i-k}) - h \sum_{k=-1}^{m} \beta_k y'(x_{i-k}) \tag{7.25}$$

若 $T_{i+1}=O(h^{p+1})$，则称线性多步公式（7.24）是 p 阶的.

推导多步法公式的途径很多，主要是数值积分和泰勒展开式两种方法，本节介绍基于数值积分的方法.

7.4.2　基于数值积分的方法

将方程 $y'=f(x,y)$ 的两端从 x_i 到 x_{i+1} 求积分，得

$$y(x_{i+1})=y(x_i)+\int_{x_i}^{x_{i+1}}f(x,y(x))\mathrm{d}x \tag{7.26}$$

只要对积分项 $\int_{x_i}^{x_{i+1}}f(x,y(x))\mathrm{d}x$ 提供某种求积公式，即可由式（7.26）得到求解初值问题（7.1）的递推公式.

例如，用左矩形公式近似计算积分项 $\int_{x_i}^{x_{i+1}}f(x,y(x))\mathrm{d}x$，即

$$\int_{x_i}^{x_{i+1}}f(x,y(x))\mathrm{d}x\approx hf(x_i,y(x_i))$$

代入式（7.26）得

$$y(x_{i+1})\approx y(x_i)+hf(x_i,y(x_i))$$

对其离散化可导出欧拉公式. 同理，利用右矩形公式可以推导出隐式欧拉公式.

若用梯形公式近似计算积分项 $\int_{x_i}^{x_{i+1}}f(x,y(x))\mathrm{d}x$，即

$$\int_{x_i}^{x_{i+1}}f(x,y(x))\mathrm{d}x\approx\frac{h}{2}[f(x_i,y(x_i))+f(x_{i+1},y(x_{i+1}))]$$

代入式（7.26）得

$$y(x_{i+1})\approx y(x_i)+\frac{h}{2}[f(x_i,y(x_i))+f(x_{i+1},y(x_{i+1}))]$$

对其离散化可导出梯形公式.

基于插值理论可以建立一系列的插值型求积公式，运用这些求积公式便可以导出求解微分方程的一系列计算公式. 一般地，设已构造出 $f(x,y(x))$ 的 m 次插值多项式 $P_m(x)$，那么，积分 $\int_{x_i}^{x_{i+1}}P_m(x)\mathrm{d}x$ 即可作为 $\int_{x_i}^{x_{i+1}}f(x,y(x))\mathrm{d}x$ 的近似值，从而得到

$$y_{i+1}=y_i+\int_{x_i}^{x_{i+1}}P_m(x)\mathrm{d}x \tag{7.27}$$

7.4.3　阿当姆斯显式公式与隐式公式

设节点为等距节点，$x_k=x_i-(i-k)h$，$k=i,i-1,\cdots,i-m$. 以点 $x_i,x_{i-1},\cdots,x_{i-m}$ 作为插值节点，构造函数 $f(x,y(x))$ 的 m 次牛顿向后插值多项式 $N_m(x)$，有

$$f(x,y(x))=N_m(x)+R_m(x)$$

在区间 $[x_i,x_{i+1}]$ 上进行积分，得

$$\int_{x_i}^{x_{i+1}}f(x,y(x))\mathrm{d}x=\int_{x_i}^{x_{i+1}}N_m(x)\mathrm{d}x+\int_{x_i}^{x_{i+1}}R_m(x)\mathrm{d}x$$

式中，$R_m(x)$ 为牛顿向后插值多项式的余项.

进行变量代换，令 $x = x_i + th$（$t \in [0,1]$），得

$$\int_{x_i}^{x_{i+1}} f(x,y(x))\mathrm{d}x = \int_{x_i}^{x_{i+1}} N_m(x)\mathrm{d}x + \int_{x_i}^{x_{i+1}} R_m(x)\mathrm{d}x = h\int_0^1 N_m(x_i+th)\mathrm{d}t + h\int_0^1 R_m(x_i+th)\mathrm{d}t$$

略去上式中的余项，有

$$\int_{x_i}^{x_{i+1}} f(x,y(x))\mathrm{d}x \approx h\int_0^1 N_m(x_i+th)\mathrm{d}t = h\sum_{k=0}^{m}(-1)^k\int_0^1\binom{-t}{k}\mathrm{d}t\nabla^k f_{i-k}$$

将上式代入式（7.27），于是有

$$y_{i+1} = y_i + h\sum_{k=0}^{m}\alpha_k\nabla^k f_{i-k} \tag{7.28}$$

式中，$\alpha_k = (-1)^k\int_0^1\binom{-t}{k}\mathrm{d}t$，$\binom{-t}{k} = \dfrac{-t(-t+1)\cdots(-t+k-1)}{k!}$，$\alpha_k$ 的部分取值在表 7-4 中列出.

表 7-4　α_k 的部分取值

k	0	1	2	3	4	…
α_k	1	$\frac{1}{2}$	$\frac{5}{12}$	$\frac{3}{8}$	$\frac{251}{720}$	…

在实际计算时，将式（7.28）中的差分用函数值表示往往更方便. 利用差分性质

$$\nabla^k f_{i-k} = \sum_{q=0}^{k}(-1)^q\binom{k}{q}f_{i-q}$$

将式（7.28）改写成

$$y_{i+1} = y_i + h\sum_{q=0}^{m}\beta_{mq}f_{i-q} \tag{7.29}$$

式中，系数 $\beta_{mq} = (-1)^q\sum_{k=q}^{m}\binom{k}{q}\alpha_k$ 与 m 值有关，其部分取值见表 7-5. 式（7.29）称为**阿当姆斯（Adams）显式公式**，其局部截断误差为

$$T_{i+1} = h\int_0^1 R_m(x_i+th)\mathrm{d}t = \alpha_{m+1}h^{m+2}y^{(m+2)}(\xi_i),\qquad \xi_i \in [x_{i-m}, x_{i+1}] \tag{7.30}$$

由此可知，式（7.29）的计算精度为 $m+1$ 阶.

表 7-5　阿当姆斯显式公式系数的部分取值

q	0	1	2	3
β_{0q}	1			
β_{1q}	$\frac{3}{2}$	$-\frac{1}{2}$		
β_{2q}	$\frac{23}{12}$	$-\frac{16}{12}$	$\frac{5}{12}$	
β_{3q}	$\frac{55}{24}$	$-\frac{59}{24}$	$\frac{37}{24}$	$-\frac{9}{24}$

当 $m=0$ 时，式（7.29）为欧拉公式.

当 $m=1$ 时，式（7.29）为阿当姆斯两步显式公式：

$$y_{i+1} = y_i + \frac{h}{2}(3f_i - f_{i-1}),\qquad i = 1,2,\cdots,N-1$$

其局部截断误差为

$$T_{i+1}=\alpha_2 h^3 y^{(3)}(\xi_i)=\frac{5}{12}h^3 y^{(3)}(\xi),\qquad \xi\in(x_{i-1},x_{i+1})$$

当 $m=2$ 时，式（7.29）为阿当姆斯三步显式公式：

$$y_{i+1}=y_i+\frac{h}{12}(23f_i-16f_{i-1}+5f_{i-2}),\qquad i=2,\cdots,N-1$$

其局部截断误差为

$$T_{i+1}=\alpha_3 h^4 y^{(4)}(\xi_i)=\frac{3}{8}h^4 y^{(4)}(\xi),\qquad \xi\in(x_{i-2},x_{i+1})$$

当 $m=3$ 时，式（7.29）为

$$y_{i+1}=y_i+\frac{h}{24}(55f_i-59f_{i-1}+37f_{i-2}-9f_{i-3}),\qquad i=3,\cdots,N-1 \tag{7.31}$$

式（7.31）即常用的阿当姆斯四步显式公式，由前面的 4 个点的值计算出下一点的值，其局部截断误差为

$$T_{i+1}=\alpha_{m+1}h^{m+2}y^{m+2}(\xi_i)=\frac{251}{720}h^5 y^{(5)}(\xi),\qquad \xi\in(x_{i-3},x_{i+1}) \tag{7.32}$$

故式（7.31）的计算精度为 4 阶.

从上面的推导过程可以看出，我们用 $f(x,y)$ 在 $[x_{i-m},x_i]$ 区间上的插值多项式 $N_m(x)$ 来逼近 $f(x,y(x))$ 在 $[x_i,x_{i+1}]$ 区间上的表达式，实际上是一个外推过程得到的显式公式.

下面利用内插方法，即利用 $f(x,y)$ 在 $[x_{i-m},x_{i+1}]$ 区间上的插值多项式 $N_m(x)$ 来逼近 $f(x,y(x))$ 在 $[x_i,x_{i+1}]$ 区间上的表达式，从而推导出阿当姆斯隐式公式.

以点 $x_{i+1},x_i,\cdots,x_{i-m+1}$ 作为插值节点，构造函数 $f(x,y(x))$ 的 m 次牛顿向后插值多项式 $N_m(x)$，有

$$f(x,y(x))=N_m(x)+R_m(x)$$

在区间 $[x_i,x_{i+1}]$ 上进行积分，得

$$\int_{x_i}^{x_{i+1}}f(x,y(x))\mathrm{d}x=\int_{x_i}^{x_{i+1}}N_m(x)\mathrm{d}x+\int_{x_i}^{x_{i+1}}R_m(x)\mathrm{d}x$$

式中，$R_m(x)$ 为牛顿向后插值多项式的余项. 类似于阿当姆斯显式公式的推导，可以得到公式：

$$y_{i+1}=y_i+h\sum_{k=0}^{m}\alpha_k^*\nabla^k f_{i-k+1} \tag{7.33}$$

式中，$\alpha_k^*=(-1)^k\int_0^1\begin{pmatrix}-t\\k\end{pmatrix}\mathrm{d}t$，$\alpha_k^*$ 的部分取值在表 7-6 中列出.

表 7-6　α_k^* 的部分取值

k	0	1	2	3	4	…
α_k^*	1	$-\frac{1}{2}$	$-\frac{1}{12}$	$-\frac{1}{24}$	$-\frac{19}{720}$	…

将式（7.33）中的差分用函数值表示，可得

$$y_{i+1}=y_i+h\sum_{q=0}^{m}\beta_{mq}^{*}f_{i-q+1} \tag{7.34}$$

式中，系数 $\beta_{mq}^{*}=(-1)^q\sum_{k=q}^{m}\binom{k}{q}\alpha_k^{*}$，表 7-7 给出了 β_{mq}^{*} 的部分取值．式（7.34）称为**阿当姆斯隐式公式**，其局部截断误差为

$$T_{i+1}=\alpha_{m+1}^{*}h^{m+2}y^{(m+2)}(\eta_i) \tag{7.35}$$

由此可知，式（7.34）的计算精度为 $m+1$ 阶.

表 7-7　阿当姆斯隐式公式系数的部分取值

q	0	1	2	3
β_{0q}^{*}	1			
β_{1q}^{*}	$\frac{1}{2}$	$\frac{1}{2}$		
β_{2q}^{*}	$\frac{5}{12}$	$\frac{8}{12}$	$-\frac{1}{12}$	
β_{3q}^{*}	$\frac{9}{24}$	$\frac{19}{24}$	$-\frac{5}{24}$	$\frac{1}{24}$

当 $m=0$ 时，式（7.34）为隐式欧拉公式.

当 $m=1$ 时，式（7.34）为梯形公式.

当 $m=2$ 时，式（7.34）为阿当姆斯两步隐式公式：

$$y_{i+1}=y_i+\frac{h}{12}(5f_{i+1}+8f_i-f_{i-1}),\qquad i=1,2,\cdots,N-1$$

其局部截断误差为

$$T_{i+1}=-\frac{1}{24}h^3y^{(3)}(\eta),\qquad \eta\in(x_{i-1},x_{i+1})$$

当 $m=3$ 时，式（7.34）变为

$$y_{i+1}=y_i+\frac{h}{24}(9f_{i+1}+19f_i-5f_{i-1}+f_{i-2}),\qquad i=2,3,\cdots,N-1 \tag{7.36}$$

式（7.36）即常用的阿当姆斯三步隐式公式，由前面的三个点的值用迭代法计算出下一个点的值，其局部截断误差为

$$T_{i+1}=-\frac{19}{720}h^5y^{(5)}(\eta),\qquad \eta\in(x_{i-2},x_{i+1}) \tag{7.37}$$

故式（7.36）的计算精度为 4 阶.

例 4　用阿当姆斯四步显式公式及阿当姆斯三步隐式公式求解初值问题：

$$\begin{cases} y'=y-x^2+1, & 0\leqslant x\leqslant 2.0 \\ y(0)=0.5 \end{cases}$$

步长 $h=0.2$．本例用到的初始值由精确解 $y(x)=(x+1)^2-0.5\mathrm{e}^x$ 计算得到.

解 使用阿当姆斯四步显式公式，由式（7.31）可得

$$y_{i+1}=y_i+\frac{h}{24}(55f_i-59f_{i-1}+37f_{i-2}-9f_{i-3}),\qquad i=3,4,\cdots,9 \tag{7.38}$$

式中，$f_i=y_i-x_i^2+1$，$x_i=ih$，$h=0.2$，于是式（7.38）化为

$$y_{i+1}=\frac{h}{24}(35y_i-11.8y_{i-1}+7.4y_{i-2}-1.8y_{i-3}-0.192i^2-0.192i+4.736)$$

使用阿当姆斯三步隐式公式，由式（7.36）可得

$$y_{i+1}=y_i+\frac{h}{24}(9f_{i+1}+19f_i-5f_{i-1}+f_{i-2}),\qquad i=2,3,\cdots,9$$

上式可化为

$$y_{i+1}=\frac{1}{24}(1.8y_{i+1}+27.8y_i-y_{i-1}+0.2y_{i-2}-0.192i^2-0.192i+4.736) \tag{7.39}$$

由式（7.39）直接求出 y_{i+1}，而不用迭代法，得到

$$y_{i+1}=\frac{1}{22.2}(27.8y_i-y_{i-1}+0.2y_{i-2}-0.192i^2-0.192i+4.736),\quad i=2,3,\cdots,9$$

计算结果见表 7-8. 可以看出，阿当姆斯隐式公式较显式公式的计算精度更高.

表 7-8 例 4 计算结果

x_i	精确解 $y(x_i)$	阿当姆斯四步显式公式		阿当姆斯三步隐式公式	
		y_i	$\lvert y(x_i)-y_i\rvert$	y_i	$\lvert y(x_i)-y_i\rvert$
0.0	0.500000				
0.2	0.8292986				
0.4	1.2140877				
0.6	1.6489406			1.6489341	6.5×10^{-6}
0.8	2.1272295	2.1273124	8.2×10^{-5}	2.1272136	1.5×10^{-5}
1.0	2.6408591	2.6410810	2.2×10^{-4}	2.6408298	2.9×10^{-5}
1.2	3.1799415	3.1803480	4.0×10^{-4}	3.1798937	4.7×10^{-5}
1.4	3.7324000	3.7330601	6.6×10^{-4}	3.7323270	7.3×10^{-5}
1.6	4.2834838	4.2844931	1.0×10^{-3}	4.2833767	1.0×10^{-4}
1.8	4.8151763	4.8166575	1.4×10^{-3}	4.8150236	1.5×10^{-4}
2.0	5.3054720	5.3075838	2.1×10^{-3}	5.3052587	2.1×10^{-4}

7.4.4 阿当姆斯预测-校正公式

显式的线性多步公式计算简单，其精度比隐式公式差；隐式公式由于每步都要迭代求解，计算量较大. 为了避免迭代求解，可将显式与隐式公式相结合，组成预测-校正公式. 例如，在式（7.11）中用欧拉公式做预测，再用梯形公式做校正，得到改进欧拉公式，它是一个二阶的预测-校正公式. 在一般情况下，预测公式与校正公式都取同阶的显式公式和隐式公式相匹配. 以四阶公式为例，可用阿当姆斯四步显式公式（7.31）做预测，再用阿当姆斯三步隐式公

式（7.36）做校正，得到以下公式.

$$\begin{cases}\text{预测P：}\ y_{i+1}^{\mathrm{P}}=y_i+\dfrac{h}{24}(55f_i-59f_{i-1}+37f_{i-2}-9f_{i-3})\\ \text{求值E：}\ f_{i+1}^{\mathrm{P}}=f(x_{i+1},y_{i+1}^{\mathrm{P}})\\ \text{校正C：}\ y_{i+1}^{\mathrm{C}}=y_i+\dfrac{h}{24}(9f_{i+1}^{\mathrm{P}}+19f_i-5f_{i-1}+f_{i-2})\\ \text{求值E：}\ f_{i+1}=f(x_{i+1},y_{i+1}^{\mathrm{C}})\end{cases}\tag{7.40}$$

式（7.40）称为**四阶阿当姆斯预测-校正公式**（PECE 公式）.

依据式（7.31）的局部截断误差式（7.32），可得式（7.40）预测 P 的局部截断误差为

$$y(x_{i+1})-y_{i+1}^{\mathrm{P}}\approx\frac{251}{720}h^5y^{(5)}(x_i)$$

再依据式（7.36）的局部截断误差式（7.37），可得式（7.40）校正 C 的局部截断误差为

$$y(x_{i+1})-y_{i+1}^{\mathrm{C}}\approx-\frac{19}{720}h^5y^{(5)}(x_i)$$

上面两式相减可得

$$h^5y^{(5)}(x_i)\approx-\frac{720}{270}(y_{i+1}^{\mathrm{P}}-y_{i+1}^{\mathrm{C}})$$

于是有

$$y(x_{i+1})-y_{i+1}^{\mathrm{P}}\approx-\frac{251}{270}(y_{i+1}^{\mathrm{P}}-y_{i+1}^{\mathrm{C}})$$

$$y(x_{i+1})-y_{i+1}^{\mathrm{C}}\approx\frac{19}{270}(y_{i+1}^{\mathrm{P}}-y_{i+1}^{\mathrm{C}})$$

并令

$$y_{i+1}^{\mathrm{PM}}=y_{i+1}^{\mathrm{P}}+\frac{251}{270}(y_{i+1}^{\mathrm{C}}-y_{i+1}^{\mathrm{P}})$$

$$y_{i+1}=y_{i+1}^{\mathrm{C}}-\frac{19}{270}(y_{i+1}^{\mathrm{C}}-y_{i+1}^{\mathrm{P}})$$

显然 y_{i+1}^{PM} 和 y_{i+1} 比 y_{i+1}^{P} 和 y_{i+1}^{C} 更好，但应注意 y_{i+1}^{PM} 的表达式中 y_{i+1}^{C} 是未知的，因此改成如下形式：

$$y_{i+1}^{\mathrm{PM}}=y_{i+1}^{\mathrm{P}}+\frac{251}{270}(y_i^{\mathrm{C}}-y_{i+1}^{\mathrm{P}})$$

下面给出修正（Modification）的预测-校正公式（PEMECME 公式）.

$$\begin{cases}\text{预测P：}\ y_{i+1}^{\mathrm{P}}=y_i+\dfrac{h}{24}(55f_i-59f_{i-1}+37f_{i-2}-9f_{i-3})\\ \text{修正M：}\ y_{i+1}^{\mathrm{PM}}=y_{i+1}^{\mathrm{P}}+\dfrac{251}{270}(y_i^{\mathrm{C}}-y_{i+1}^{\mathrm{P}})\\ \text{求值E：}\ f_{i+1}^{\mathrm{PM}}=f(x_{i+1},y_{i+1}^{\mathrm{PM}})\\ \text{校正C：}\ y_{i+1}^{\mathrm{C}}=y_i+\dfrac{h}{24}(9f_{i+1}^{\mathrm{PM}}+19f_i-5f_{i-1}+f_{i-2})\\ \text{修正M：}\ y_{i+1}=y_{i+1}^{\mathrm{C}}-\dfrac{19}{270}(y_{i+1}^{\mathrm{C}}-y_{i+1}^{\mathrm{P}})\\ \text{求值E：}\ f_{i+1}=f(x_{i+1},y_{i+1})\end{cases}\tag{7.41}$$

经过修正后的 PEMECME 公式比 PECE 公式的计算精度提高了一阶.

例 5 取步长 $h=0.2$，利用四阶阿当姆斯预测-校正公式求解初值问题：

$$\begin{cases} y' = y - x^2 + 1, & 0 \leqslant x \leqslant 2.0 \\ y(0) = 0.5 \end{cases}$$

解 由经典四阶龙格-库塔公式计算得到前 4 个初始近似值：

$y(0)=0.5000000$，$y(0.2)\approx y_1=0.8292933$，$y(0.4)\approx y_2=1.2140762$，$y(0.6)\approx y_3=1.6389220$

由阿当姆斯四步显式公式得到近似 $y(0.8)$ 的预测值：

$$y_4^{\mathrm{P}} = y_3 + \frac{0.2}{24}(55f(x_3,y_3) - 59f(x_2,y_2) + 37f(x_1,y_1) - 9f(x_0,y_0)) = 2.1272892$$

再由阿当姆斯三步隐式公式得到预测值的校正值：

$$y_4^{\mathrm{C}} = y_3 + \frac{0.2}{24}(9f(x_4,y_4^{\mathrm{P}}) + 19f(x_3,y_3) - 5f(x_2,y_2) + f(x_1,y_1)) = 2.1272056$$

计算结果见表 7-9.

表 7-9 例 5 计算结果

x_i	精确解 $y(x_i)$	四阶阿当姆斯预测-校正公式		经典四阶龙格-库塔公式	
		y_i	$\lvert y(x_i)-y_i\rvert$	y_i	$\lvert y(x_i)-y_i\rvert$
0.0	0.500000	0.5000000	0.0	0.5000000	0.0
0.2	0.8292986	0.8292933	5.3×10^{-6}	0.8292933	5.3×10^{-6}
0.4	1.2140877	1.2140762	1.1×10^{-5}	1.2140762	1.1×10^{-5}
0.6	1.6489406	1.6489220	1.8×10^{-5}	1.6489220	1.8×10^{-5}
0.8	2.1272295	2.1272056	2.3×10^{-5}	2.1272027	2.6×10^{-5}
1.0	2.6408591	2.6408286	3.0×10^{-5}	2.6408227	3.6×10^{-5}
1.2	3.1799415	3.1799026	3.8×10^{-5}	3.1798942	4.7×10^{-5}
1.4	3.7324000	3.7323505	4.9×10^{-5}	3.7323401	5.9×10^{-5}
1.6	4.2834838	4.2834208	6.3×10^{-5}	4.2834095	7.4×10^{-5}
1.8	4.8151763	4.8151964	2.0×10^{-5}	4.8150857	9.0×10^{-5}
2.0	5.3054720	5.3053707	1.0×10^{-4}	5.3053630	1.0×10^{-4}

7.5 一阶方程组与高阶方程

7.5.1 一阶方程组

一阶方程组与高阶方程

考虑一阶方程组的初值问题：

$$y_i' = f_i(x, y_1, \cdots, y_n), \qquad x\in[a,b],\ i=1,2,\cdots,n$$

其初始条件为

$$y_i(a) = y_i^0, \qquad i=1,2,\cdots,n$$

若采用向量的记号，记 $\boldsymbol{y}=(y_1,y_2,\cdots,y_n)^{\mathrm{T}}$，$\boldsymbol{F}=(f_1,f_2,\cdots,f_n)^{\mathrm{T}}$，$\boldsymbol{y}_0=(y_1^0,y_2^0,\cdots,y_n^0)^{\mathrm{T}}$，则上述方程组的初值问题可表示为

$$\begin{cases} \boldsymbol{y}' = \boldsymbol{F}(x, \boldsymbol{y}) \\ \boldsymbol{y}(a) = \boldsymbol{y}_0 \end{cases} \tag{7.42}$$

向量方程组（7.42）在形式上与初值问题（7.1）相同. 因此前面关于单个方程的初值问题求解公式均适用于求解向量方程组（7.42）的初值问题，相应的理论也可得到.

求解向量方程组（7.42）初值问题的四阶龙格-库塔公式为

$$\begin{cases} \boldsymbol{y}_{i+1} = \boldsymbol{y}_i + \dfrac{h}{6}(\boldsymbol{k}_1 + 2\boldsymbol{k}_2 + 3\boldsymbol{k}_3 + \boldsymbol{k}_4) \\ \boldsymbol{k}_1 = \boldsymbol{f}(x_i, \boldsymbol{y}_i) \\ \boldsymbol{k}_2 = \boldsymbol{f}\left(x_i + \dfrac{h}{2}, \boldsymbol{y}_i + \dfrac{h}{2}\boldsymbol{k}_1\right) \\ \boldsymbol{k}_3 = \boldsymbol{f}\left(x_i + \dfrac{h}{2}, \boldsymbol{y}_i + \dfrac{h}{2}\boldsymbol{k}_2\right) \\ \boldsymbol{k}_4 = \boldsymbol{f}(x_i + h, \boldsymbol{y}_i + h\boldsymbol{k}_3) \end{cases}$$

在实际计算中，一般采用分量形式，即对 $i = 1, 2, \cdots, n$，有

$$\begin{cases} y_{i,k+1} = y_{i,k} + \dfrac{h}{6}(k_{1,i} + 2k_{2,i} + 2k_{3,i} + k_{4,i}) \\ k_{1,i} = f_i(x_k, y_{1,k}, y_{2,k}, \cdots, y_{n,k}) \\ k_{2,i} = f_i\left(x_k + \dfrac{h}{2}, y_{1,k} + \dfrac{h}{2}k_{1,1}, y_{2,k} + \dfrac{h}{2}k_{1,2}, \cdots, y_{n,k} + \dfrac{h}{2}k_{1,n}\right) \\ k_{3,i} = f_i\left(x_k + \dfrac{h}{2}, y_{1,k} + \dfrac{h}{2}k_{2,1}, y_{2,k} + \dfrac{h}{2}k_{2,2}, \cdots, y_{n,k} + \dfrac{h}{2}k_{2,n}\right) \\ k_{4,i} = f_i(x_k + h, y_{1,k} + hk_{3,1}, y_{2,k} + hk_{3,2}, \cdots, y_{n,k} + hk_{3,n}) \end{cases}$$

为了帮助理解这一公式的计算过程，考察两个方程的特殊情形：

$$\begin{cases} y' = f(x, y, z) \\ z' = g(x, y, z) \\ y(x_0) = y_0,\ \ z(x_0) = z_0 \end{cases}$$

求解上述初值问题的四阶龙格-库塔公式具有以下形式：

$$\begin{cases} y_{i+1} = y_i + \dfrac{h}{6}(k_1 + 2k_2 + 2k_3 + k_4) \\ z_{i+1} = z_i + \dfrac{h}{6}(l_1 + 2l_2 + 2l_3 + l_4) \\ k_1 = f(x_i, y_i, z_i),\ \ l_1 = g(x_i, y_i, z_i) \\ k_2 = f\left(x_i + \dfrac{h}{2}, y_i + \dfrac{h}{2}k_1, z_i + \dfrac{h}{2}l_1\right),\ \ l_2 = g\left(x_i + \dfrac{h}{2}, y_i + \dfrac{h}{2}k_1, z_i + \dfrac{h}{2}l_1\right) \\ k_3 = f\left(x_i + \dfrac{h}{2}, y_i + \dfrac{h}{2}k_2, z_i + \dfrac{h}{2}l_2\right),\ \ l_3 = g\left(x_i + \dfrac{h}{2}, y_i + \dfrac{h}{2}k_2, z_i + \dfrac{h}{2}l_2\right) \\ k_4 = f(x_i + h, y_i + hk_3, z_i + hl_3),\ \ l_4 = g(x_i + h, y_i + hk_3, z_i + hl_3) \end{cases} \tag{7.43}$$

这仍是单步法，利用点 x_i 上的值 y_i 和 z_i，由式（7.43）依次计算 k_1、l_1、k_2、l_2、k_3、l_3、

k_4、l_4、y_{i+1}和z_{i+1}，这时，y_{i+1}和z_{i+1}即为点x_{i+1}上的$y(x)$和$z(x)$的近似值.

7.5.2 化高阶方程为一阶方程组

高阶方程初值问题，原则上可归结为一阶方程组. 考虑n阶方程的初值问题：

$$\begin{cases} y^{(n)} = f(x, y, y', \cdots, y^{(n-1)}) \\ y(a) = y_0,\ y'(a) = y_0,\ \cdots,\ y^{(n-1)}(a) = y_0^{(n-1)} \end{cases} \tag{7.44}$$

引进以下新变量：

$$y_1 = y,\ y_2 = y',\ \cdots,\ y_n = y^{(n-1)}$$

可将式（7.44）化为下列一阶方程组的初值问题：

$$\begin{cases} y_1' = y_2 \\ y_2' = y_3 \\ \quad \vdots \\ y_{n-1}' = y_n \\ y_n' = f(x, y_1, y_2, \cdots, y_n) \\ y_1(a) = y_0,\ y_2(a) = y_0',\ \cdots,\ y_n(a) = y_0^{(n-1)} \end{cases} \tag{7.45}$$

不难证明式（7.44）和式（7.45）是彼此等价的.

特别地，考虑二阶方程的初值问题：

$$\begin{cases} y'' = f(x, y, y') \\ y(a) = y_0,\ y'(a) = y_0' \end{cases} \tag{7.46}$$

引进新的变量$z = y'$，式（7.46）可化为下列一阶方程组的初值问题：

$$\begin{cases} y' = z \\ z' = f(x, y, z) \\ y(x_0) = y_0,\ z(x_0) = y_0' \end{cases} \tag{7.47}$$

针对这个问题应用四阶龙格-库塔公式（7.43），有

$$\begin{cases} y_{i+1} = y_i + \dfrac{h}{6}(k_1 + 2k_2 + 2k_3 + k_4) \\ z_{i+1} = z_i + \dfrac{h}{6}(l_1 + 2l_2 + 2l_3 + l_4) \\ k_1 = z_i,\ l_1 = f(x_i, y_i, z_i) \\ k_2 = z_i + \dfrac{h}{2}l_1,\ l_2 = f\left(x_i + \dfrac{h}{2}, y_i + \dfrac{h}{2}k_1, z_i + \dfrac{h}{2}l_1\right) \\ k_3 = z_i + \dfrac{h}{2}l_2,\ l_3 = f\left(x_i + \dfrac{h}{2}, y_i + \dfrac{h}{2}k_2, z_i + \dfrac{h}{2}l_2\right) \\ k_4 = z_i + hl_3,\ l_4 = f(x_i + h, y_i + hk_3, z_i + hl_3) \end{cases} \tag{7.48}$$

如果消去k_1、k_2、k_3和k_4，则式（7.48）可进一步简化为

$$
\begin{cases}
y_{i+1} = y_i + hz_i + \dfrac{h^2}{6}(l_1 + l_2 + l_3) \\
z_{i+1} = z_i + \dfrac{h}{6}(l_1 + 2l_2 + 2l_3 + l_4) \\
l_1 = f(x_i, y_i, z_i) \\
l_2 = f\left(x_i + \dfrac{h}{2}, y_i + \dfrac{h}{2}z_i, z_i + \dfrac{h}{2}l_1\right) \\
l_3 = f\left(x_i + \dfrac{h}{2}, y_i + \dfrac{h}{2}z_i + \dfrac{h^2}{4}l_1, z_i + \dfrac{h}{2}l_2\right) \\
l_4 = f\left(x_i + h, y_i + hz_i + \dfrac{h^2}{2}l_2, z_i + hl_3\right)
\end{cases} \tag{7.49}
$$

例 6　使用四阶龙格-库塔公式（7.43）求解二阶方程的初值问题：

$$
\begin{cases}
y'' - 2y' + 2y = \mathrm{e}^{2x}\sin x, \quad 0 \leqslant x \leqslant 1.0 \\
y(0) = -0.4,\ y'(0) = -0.6
\end{cases}
$$

取步长 $h = 0.1$.

解　设 $y_1 = y$ 和 $y_2 = y'$，可将二阶方程转化为一阶方程组的初值问题：

$$
\begin{cases}
y_1' = y_2 \\
y_2' = \mathrm{e}^{2x}\sin x - 2y_1 + 2y_2 \\
y_1(0) = -0.4,\ y_2(0) = -0.6
\end{cases}
$$

使用四阶龙格-库塔公式（7.43）求这个问题的近似解，取 $h = 0.1$，初始条件为 $y_{1,0} = -0.4$ 和 $y_{2,0} = -0.6$. 当 $i = 0$ 时，有

$$k_{1,1} = hf_1(x_0, y_{1,0}, y_{2,0}) = hy_{2,0} = -0.06$$

$$k_{1,2} = hf_2(x_0, y_{1,0}, y_{2,0}) = h(\mathrm{e}^{2x_0}\sin x_0 - 2y_{1,0} + 2y_{2,0}) = -0.04$$

$$k_{2,1} = hf_1\left(x_0 + \frac{h}{2}, y_{1,0} + \frac{1}{2}k_{1,1}, y_{2,0} + \frac{1}{2}k_{1,2}\right) = h\left(y_{2,0} + \frac{1}{2}k_{1,2}\right) = -0.062$$

$$
\begin{aligned}
k_{2,2} &= hf_2\left(x_0 + \frac{h}{2}, y_{1,0} + \frac{1}{2}k_{1,1}, y_{2,0} + \frac{1}{2}k_{1,2}\right) \\
&= h\left(\mathrm{e}^{2(x_0+0.05)}\sin(x_0 + 0.05) - 2\left(y_{1,0} + \frac{1}{2}k_{1,1}\right) + 2\left(y_{2,0} + \frac{1}{2}k_{1,2}\right)\right) \\
&= -0.03247644757
\end{aligned}
$$

$$k_{3,1} = h\left(y_{2,0} + \frac{1}{2}k_{2,2}\right) = -0.06162832238$$

$$
\begin{aligned}
k_{3,2} &= h\left(\mathrm{e}^{2(x_0+0.05)}\sin(x_0 + 0.05) - 2\left(y_{1,0} + \frac{1}{2}k_{2,1}\right) + 2\left(y_{2,0} + \frac{1}{2}k_{2,2}\right)\right) \\
&= -0.03152409237
\end{aligned}
$$

$$k_{4,1} = h(y_{2,0} + k_{3,2}) = -0.06315240924$$

$$k_{4,2} = h(\mathrm{e}^{2(x_0+0.1)}\sin(x_0+0.1) - 2(y_{1,0}+k_{3,1}) + 2(y_{2,0}+k_{3,2})) = -0.02178637298$$

所以，有

$$y_{1,1} = y_{1,0} + \frac{1}{6}(k_{1,1} + 2k_{2,1} + 2k_{3,1} + k_{4,1}) = -0.4617333423$$

$$y_{2,1} = y_{2,0} + \frac{1}{6}(k_{1,2} + 2k_{2,2} + 2k_{3,2} + k_{4,2}) = -0.6316312421$$

对 $i = 1,2,\cdots,10$ 继续进行计算，其余计算结果见表 7-10，表中将近似解与精确解进行了比较.

表 7-10　$y_{1,i}$ 和 $y_{2,i}$ 的值

x_i	$y(x_i)=y_1(x_i)$	$y_{1,i}$	$y'(x_i)=y_2(x_i)$	$y_{2,i}$	$\lvert y(x_i)-y_{1,i}\rvert$	$\lvert y'(x_i)-y_{2,i}\rvert$
0.0	−0.400000	−0.400000	−0. 600000	−0. 600000	0	0
0.1	−0.461733	−0.461733	−0.631630	−0.631631	3.7×10^{-7}	7.75×10^{-7}
0.2	−0.525559	−0.525560	−0.640147	−0.640149	8.3×10^{-7}	1.01×10^{-6}
0.3	−0.588600	−0. 588601	−0. 613663	−0. 613664	1.39×10^{-6}	8.34×10^{-7}
0.4	−0.646610	−0.646612	−0.536582	−0.536582	2.03×10^{-6}	1.79×10^{-7}
0.5	−0.693564	−0.693567	−0.388740	−0.388738	2.71×10^{-6}	5.96×10^{-7}
0.6	−0.721148	−0.721152	−0.144383	−0.144381	3.41×10^{-6}	7.75×10^{-7}
0.7	−0.718149	−0.718153	0.228997	0.228997	4.05×10^{-6}	2.03×10^{-6}
0.8	−0.669707	−0.669711	0.771982	0.771992	4.56×10^{-6}	5.30×10^{-6}
0.9	−0.556438	−0.556443	1.534764	1.534782	4.76×10^{-6}	9.54×10^{-6}
1.0	−0.353394	−0.353399	2.578741	2.578766	4.50×10^{-6}	1.34×10^{-5}

7.6　应用案例：闭电路中电流的计算问题

基尔霍夫定律说明，在一个闭电路中所有瞬时电压变化的总和为 0. 这个定律意味着在一个含有电阻 R、电容 C、电感 L、电压源 $E(t)$ 的闭电路中，电流 $I(t)$ 满足以下方程：

$$LI'(t) + RI(t) + \frac{1}{C}\int I(t)\mathrm{d}t = E(t)$$

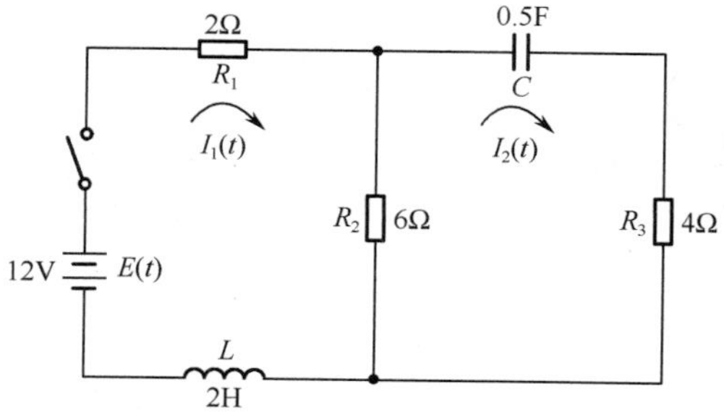

图 7-3

在图 7-3 所示电路中，左环路和右环路的电流 $I_1(t)$ 和 $I_2(t)$ 分别是以下方程组的解：

$$\begin{cases} 2I_1(t) + 6(I_1(t) - I_2(t)) + 2I_1'(t) = 12 \\ \dfrac{1}{0.5}\int I_2(t)\mathrm{d}t + 4I_2(t) + 6(I_2(t) - I_1(t)) = 0 \end{cases}$$

假设电路中的开关在时刻 $t=0$ 是闭合的，即 $I_1(0)=0$ 和 $I_2(0)=0$. 在第 1 个方程中求解出 $I_1'(t)$，对第 2 个方程求导，并代替 $I_1'(t)$，得到

$$I_1'(t) = f_1(t, I_1, I_2) = -4I_1 + 3I_2 + 6,\ \ I_1(0) = 0$$

$$I_2'(t) = f_2(t, I_1, I_2) = 0.6I_1' - 0.2I_2 = -2.4I_1 + 1.6I_2 + 3.6,\ \ I_2(0) = 0$$

这个方程组的精确解为

$$I_1(t)=-3.375\mathrm{e}^{-2t}+1.875\mathrm{e}^{-0.4t}+1.5\text{（A）}$$

$$I_2(t)=-2.25\mathrm{e}^{-2t}+2.25\mathrm{e}^{-0.4t}\text{（A）}$$

把四阶龙格-库塔公式（7.43）应用到这个方程组中，取 $h=0.1$．因为 $I_{1,0}=I_1(0)=0$，$I_{2,0}=I_2(0)=0$，所以有

$$k_{1,1}=hf_1(t_0,I_{1,0},I_{2,0})=0.1f_1(0,0,0)=0.1\times(-4\times0+3\times0+6)=0.6$$

$$k_{1,2}=hf_2(t_0,I_{1,0},I_{2,0})=0.1f_2(0,0,0)=0.1\times(-2.4\times0+1.6\times0+3.6)=0.36$$

$$\begin{aligned}k_{2,1}&=hf_1\left(t_0+\frac{1}{2}h,I_{1,0}+\frac{1}{2}k_{1,1},I_{2,0}+\frac{1}{2}k_{1,2}\right)\\&=0.1f_1(0.05,0.3,0.18)\\&=0.1\times(-4\times0.3+3\times0.18+6)=0.534\end{aligned}$$

$$\begin{aligned}k_{2,2}&=hf_2\left(t_0+\frac{1}{2}h,I_{1,0}+\frac{1}{2}k_{1,1},I_{2,0}+\frac{1}{2}k_{1,2}\right)\\&=0.1f_2(0.05+0.3+0.18)\\&=0.1\times(-2.4\times0.3+1.6\times0.18+3.6)=0.3168\end{aligned}$$

以类似方式得到其余各项：

$$k_{3,1}=0.1f_1(0.05,0.267,0.1584)=0.54072$$

$$k_{3,2}=0.1f_2(0.05,0.267,0.1584)=0.321264$$

$$k_{4,1}=0.1f_1(0.1,0.54072,0.321264)=0.4800912$$

$$k_{4,2}=0.1f_2(0.1,0.54072,0.321264)=0.28162944$$

因而，有

$$\begin{aligned}I_1(0.1)\approx I_{1,1}&=I_{1,0}+\frac{1}{6}(k_{1,1}+2k_{2,1}+2k_{3,1}+k_{4,1})\\&=0+\frac{1}{6}\times(0.6+2\times0.534+2\times0.54072+0.4800912)\\&=0.5382552\text{（A）}\end{aligned}$$

$$I_2(0.1)\approx I_{2,1}=I_{2,0}+\frac{1}{6}(k_{1,2}+2k_{2,2}+2k_{3,2}+k_{4,2})=0.3196263\text{（A）}$$

表7-11中的其余各项均可采用类似方式得到.

表7-11　$I_{1,i}$ 和 $I_{2,i}$ 的值和误差

t_i	$I_{1,i}$/A	$I_{2,i}$/A	$\lvert I_1(t_i)-I_{1,i}\rvert$	$\lvert I_2(t_i)-I_{2,i}\rvert$
0.0	0	0	0	0
0.1	0.538255	0.319626	0.8285×10^{-5}	0.5803×10^{-5}
0.2	0.968498	0.568782	0.1514×10^{-4}	0.9596×10^{-5}
0.3	1.310717	0.760733	0.1907×10^{-4}	0.1216×10^{-4}
0.4	1.581263	0.906321	0.2098×10^{-4}	0.1311×10^{-4}
0.5	1.793505	1.014402	0.2193×10^{-4}	0.1240×10^{-4}

习题 7

1．判断下列命题是否正确.

（1）一阶常微分方程右端 $f(x,y)$ 连续就一定存在唯一解.

（2）算法的阶越高，计算结果就越精确.

（3）显式公式的优点是计算简单且稳定性好.

（4）隐式公式的优点是稳定性好且收敛阶高.

（5）在用数值解法求解常微分方程初值问题时，截断误差和舍入误差互不相关.

2．证明：初值问题

$$\begin{cases} y' = 1 + x\sin(xy), & 0 \leqslant x \leqslant 2 \\ y(0) = 0 \end{cases}$$

的解存在且唯一.

3．用欧拉法和改进欧拉法求解下列各初值问题（取步长 $h = 0.2$ ），并将结果与精确解进行比较.

（1）$\begin{cases} y' = xe^{3x} - 2y，0 \leqslant x \leqslant 1 \\ y(0) = 0 \end{cases}$，精确解为$y(x) = \dfrac{1}{5}xe^{3x} - \dfrac{1}{25}e^{3x} + \dfrac{1}{25}e^{-2x}$.

（2）$\begin{cases} y' = 1 + (x-y)^2，2 \leqslant x \leqslant 3 \\ y(2) = 1 \end{cases}$，精确解为$y(x) = x + \dfrac{1}{1-x}$.

4．用梯形法和改进欧拉法求解初值问题：

$$\begin{cases} y' = x + y, & 0 \leqslant x \leqslant 0.5 \\ y(0) = 1 \end{cases}$$

取步长 $h = 0.1$ ，并与精确解 $y = -x - 1 + 2e^x$ 进行比较.

5. 用改进欧拉法计算下面积分分别在 $x = 0.25, 0.5, 0.75, 1$ 时的近似值（至少保留 6 位小数）.

$$y = \int_0^x e^{-t^2} dt$$

提示：采用数值积分方法无疑可以求近似值. 另外，通过求导，可以把该积分问题化解为微分问题，于是有$\begin{cases} y' = e^{-x^2} \\ y(0) = 0 \end{cases}$，对此可采用求解常微分方程初值问题的数值解法求 $y(0.25)$ 、$y(0.5)$ 、 $y(0.75)$ 和 $y(1)$ 的近似值.

6．用经典四阶龙格-库塔方法求解初值问题：

$$\begin{cases} y' = \sqrt{x + y}, & 0 \leqslant x \leqslant 1 \\ y(0) = 1 \end{cases}$$

取步长 $h = 0.2$ ，至少保留 5 位小数.

7．分别用欧拉法、改进欧拉法和经典四阶龙格-库塔法求解初值问题：

$$\begin{cases} y' = \cos 2x + \sin 3x, & 0 \leqslant x \leqslant 1 \\ y(0) = 1 \end{cases}$$

取步长 h=0.25，并与精确解 $y(x) = \dfrac{1}{2}\sin 2x - \dfrac{1}{3}\cos 3x + \dfrac{4}{3}$ 进行比较.

8．通过将辛普森公式应用到积分：

$$y(x_{i+1})-y(x_{i-1})=\int_{x_{i-1}}^{x_{i+1}} f(x,y(x))\mathrm{d}x$$

推导求解初值问题（7.1）的递推公式.

9．对初值问题 $y'+y=0$， $y(0)=1$，用梯形法求出的近似解为

$$y_n=\left(\frac{2-h}{2+h}\right)^n$$

证明：当步长 $h\to 0$ 时， $y_n\to \mathrm{e}^{-x}$.

10．证明：对任意参数 t，以下龙格-库塔公式是二阶的.

$$\begin{cases} y_{n+1}=y_n+\dfrac{h}{2}(K_2+K_3) \\ K_1=f(x_n,y_n) \\ K_2=f(x_n+th,y_n+thK_1) \\ K_3=f(x_n+(1-t)h,y_n+(1-t)hK_1) \end{cases}$$

提示：本题所求解的初值问题为 $y'=f(x,y)$， $y(x_0)=\eta$. 为建立一个数值求解公式并指明其阶数，泰勒展开式是最常用的方法. 观察本题特点，除用到一元函数的泰勒展开式外，还要将 K_2 和 K_3 中的 f 在 (x_n,y_n) 点处进行二元函数的泰勒展开，以便进行整理.

11．写出与下列常微分方程等价的一阶常微分方程组.

（1）范德波尔（Van der Pol）方程 $y''=y'(1-y^2)-y$；

（2）布拉修斯（Blasius）方程 $y'''=-yy''$；

（3）两体问题的牛顿第二运动定律：

$$y_1''=-GMy_1/(y_1^2+y_2^2)^{\frac{3}{2}}$$

$$y_2''=-GMy_2/(y_1^2+y_2^2)^{\frac{3}{2}}$$

12．用四阶龙格-库塔方法求解二阶方程的初值问题（取步长 $h=0.2$）：

$$\begin{cases} y''=3y'-2y, & 0\leqslant x\leqslant 1 \\ y(0)=1, & y'(0)=1 \end{cases}$$

应用题

1．设子弹的初速度 $v(0)=8\text{m/s}$，质量 $m=0.11\text{kg}$，垂直向上发射，由于重力 $F_g=-mg$ 和空气阻力 $F_r=-kv|v|$ 的影响，其速度逐渐变慢，这里 $g=9.8\text{m/s}^2$， $k=0.002\text{kg/m}$. 速度 v 满足如下微分方程：

$$mv'=-mg-kv|v|$$

（1）求在 $0.1\text{s},0.2\text{s},\cdots,1.0\text{s}$ 后的速度；

（2）精确到0.1s，确定子弹何时达到最高点并开始下落.

2．考虑一个涉及社会上与众不同的人的繁衍问题模型. 假设在时刻 t（单位为年），社会上人口数量为 $x(t)$，所有与众不同的人之间所繁衍的后代也是与众不同的，而由普通人所参与的后代繁衍会产生固定比例为 r 的与众不同的人. 如果将所有人的出生率和死亡率分别假定为常数 b 和 d，又如果普通的人和与众不同的人的婚配是任意的，则此问题可以用微分方程表示为

$$\frac{\mathrm{d}x(t)}{\mathrm{d}t}=(b-d)x(t) \text{ 和 } \frac{\mathrm{d}x_n(t)}{\mathrm{d}t}=(b-d)x_n(t)+rb(x(t)-x_n(t))$$

式中，$x_n(t)$ 表示在时刻 t 人口数量中与众不同的人的数量.

（1）引入变量 $p(t)=\dfrac{x_n(t)}{x(t)}$，用来表示在时刻 t 与众不同的人的比例. 证明：上述方程可以结合并化简为一个微分方程，即

$$\frac{\mathrm{d}p(t)}{\mathrm{d}t}=rb(1-p(t))$$

（2）假定 $p(0)=0.01$，$b=0.02$，$d=0.015$，$r=0.1$，当步长 $h=1$（单位为年）时，利用四阶龙格-库塔法从 $t=0$ 到 $t=50$ 求解 $p(t)$ 的近似值.

（3）精确求出微分方程的解 $p(t)$，并将（2）中计算得到的 $t=50$ 的结果与精确解进行比较.

上机实验

1．编写使用欧拉公式、改进欧拉公式、经典四阶龙格-库塔公式求解常微分方程初值问题的程序，并以本章习题第 7 题为例实现数值解与精确解的比较.

2．下列常微分方程组是 Lorenz 提出的，表示的是大气环流的粗略模型：

$$\begin{cases} y_1'=\sigma(y_2-y_1) \\ y_2'=ry_1-y_2-y_1y_3 \\ y_3'=y_1y_2-by_3 \end{cases}$$

取 $\sigma=10$，$b=8/3$，$r=28$，初始值 $y_1(0)=y_3(0)=0$，$y_2(0)=1$，从 $t=0$ 到 $t=100$ 进行积分. 利用四阶龙格-库塔公式分别画出 y_1、y_2和y_3 关于 t 的函数图形. 另外，分别画出 $(y_1(x),y_2(x))$、$(y_1(x),y_3(x))$及$(y_2(x),y_3(x))$关于 t 的函数轨迹，再给出初始值一个微小的扰动，观察终止值 $y(100)$ 会发生多大变化.

3．经典力学中一个重要的问题是确定两个物体在相互引力下的运动. 假定质量为 m 的物体绕另一个质量为 M 的大物体做圆周运动，例如，地球绕太阳旋转，利用牛顿运动定律和万有引力定律，运行轨迹 $(x(t),y(t))$ 可由以下二阶常微分方程组描述：

$$\begin{cases} x''=-GMx/r^3 \\ y''=-GMy/r^3 \end{cases}$$

式中，G 是万有引力常数，$r=(x^2+y^2)^{1/2}$ 是两个物体质心间的距离. 在这个练习中，取适当的单位使 GM=1.

（1）取初始值 $x(0)=1-e$，$y(0)=0$，$x'(0)=0$，$y'(0)=\left(\dfrac{1+e}{1-e}\right)^{1/2}$，用数值方法求解上述常微分方程组，其中 e 为椭圆轨道的离心率，周期为 2π．分别用 $e=0$（轨迹为圆）、$e=0.5$ 和 $e=0.9$ 做试验，对每种情形至少求出一个周期的值，并且使输出的中间值的个数充分多，以画出轨道轨迹的光滑图形．分别画出 x 与 t 、y 与 t 关系的图形，如果能画出几个周期的轨道，轨道是否趋于稳定？

（2）检验（1）中得到的数值解，代入下列各式验证这些量是否为常数．

能量守恒：　$\dfrac{(x')^2+(y')^2}{2}-\dfrac{1}{r}$

角动量守恒：　$xy'-yx'$

第 8 章

矩阵的特征值问题

矩阵特征值问题是数值代数的一个重要研究课题. 在自然科学和工程设计中的许多问题，如电磁振荡、桥梁振动、机械振动等，均可归结为矩阵的特征值问题.

所谓矩阵的特征值问题，就是求数 λ 和非零向量 $\boldsymbol{x}$，满足

$$\boldsymbol{A}\boldsymbol{x} = \lambda \boldsymbol{x}$$

则数 λ 称为 $\boldsymbol{A}$ 的特征值，而非零向量 $\boldsymbol{x}$ 是对应于特征值 λ 的特征向量. 事实上，矩阵的特征值 λ 就是下述特征多项式 $\varphi(\lambda)=0$ 的根：

$$\varphi(\lambda) = \det(\boldsymbol{A} - \lambda \boldsymbol{E}) = \begin{vmatrix} a_{11}-\lambda & a_{12} & \cdots & a_{1n} \\ a_{21} & a_{22}-\lambda & \cdots & a_{2n} \\ \vdots & \vdots & \ddots & \vdots \\ a_{n1} & a_{n2} & \cdots & a_{nn}-\lambda \end{vmatrix} = 0$$

式中，$\boldsymbol{E}$ 是单位矩阵. 当 $n \geqslant 4$ 时，特征多项式的根一般不能通过有限次运算求得，因此，矩阵特征值的计算方法本质上都是迭代法.

矩阵的特征值求解问题按照所求特征值个数的不同可分为部分特征值问题和全部特征值问题. 虽然部分特征值问题可归结到全部特征值问题的计算中，但是当矩阵阶数 n 很大时，这样做将浪费大量的机器时间. 为此，在实际计算中，针对不同的需求将会分别给出有效的求解方法. 幂法和反幂法就是适合求解部分特征值问题的一类方法. 该类方法的主要特点是在计算过程中利用矩阵 $\boldsymbol{A}$ 产生一些迭代向量，而不破坏原始矩阵. 而适合求解全部特征值问题的方法主要有雅可比（Jacobi）方法、$\boldsymbol{QR}$ 方法以及用于三对角矩阵的二分法. 该类方法的主要特点是对矩阵 $\boldsymbol{A}$ 逐次进行特殊的相似变换，从而破坏了原始矩阵.

8.1 幂法和反幂法

8.1.1 幂法

幂法是一种求矩阵 $\boldsymbol{A}$ 按模最大的特征值（称为主特征值）及其对应的特征向量的迭代方

法. 其主要思想是通过矩阵 $\boldsymbol{A}$ 的乘幂 $\boldsymbol{A}^k$ 构造一个迭代向量序列，再利用该序列来计算主特征值及其对应的特征向量.

设实矩阵 $\boldsymbol{A}=(a_{ij})_{n\times n}$ 有一个完备的特征向量组，即 $\boldsymbol{A}$ 有 n 个线性无关的特征向量 $\boldsymbol{x}_1,\boldsymbol{x}_2,\cdots,\boldsymbol{x}_n$，使得

$$\boldsymbol{A}\boldsymbol{x}_i=\lambda_i\boldsymbol{x}_i,\qquad i=1,2,\cdots,n \tag{8.1}$$

且假设相应的特征值满足条件：

$$|\lambda_1|>|\lambda_2|\geqslant\cdots\geqslant|\lambda_n| \tag{8.2}$$

任取初始非零向量 $\boldsymbol{v}_0\in\mathbf{R}^n$，则由特征向量 $\boldsymbol{x}_i$（$i=1,2,\cdots,n$）的线性无关性知，$\boldsymbol{v}_0$ 可表示为

$$\boldsymbol{v}_0=\alpha_1\boldsymbol{x}_1+\alpha_2\boldsymbol{x}_2+\cdots+\alpha_n\boldsymbol{x}_n \tag{8.3}$$

则由矩阵 $\boldsymbol{A}$ 可构造一个迭代向量序列 $\{\boldsymbol{v}_k\}$：

$$\begin{aligned}&\boldsymbol{v}_1=\boldsymbol{A}\boldsymbol{v}_0\\&\boldsymbol{v}_2=\boldsymbol{A}\boldsymbol{v}_1=\boldsymbol{A}^2\boldsymbol{v}_0\\&\cdots\\&\boldsymbol{v}_k=\boldsymbol{A}\boldsymbol{v}_{k-1}=\boldsymbol{A}^k\boldsymbol{v}_0\\&\cdots\end{aligned} \tag{8.4}$$

假设 $\alpha_1\neq0$，于是有

$$\begin{aligned}\boldsymbol{v}_k&=\boldsymbol{A}\boldsymbol{v}_{k-1}=\boldsymbol{A}^k\boldsymbol{v}_0=\boldsymbol{A}^k(\alpha_1\boldsymbol{x}_1+\alpha_2\boldsymbol{x}_2+\cdots+\alpha_n\boldsymbol{x}_n)\\&=\alpha_1\lambda_1^k\boldsymbol{x}_1+\alpha_2\lambda_2^k\boldsymbol{x}_2+\cdots+\alpha_n\lambda_n^k\boldsymbol{x}_n\\&=\lambda_1^k(\alpha_1\boldsymbol{x}_1+\sum_{i=2}^{n}\alpha_i(\lambda_i/\lambda_1)^k\boldsymbol{x}_i)\\&=\lambda_1^k(\alpha_1\boldsymbol{x}_1+\boldsymbol{\varepsilon}_k)\end{aligned} \tag{8.5}$$

式中，$\boldsymbol{\varepsilon}_k=\sum_{i=2}^{n}\alpha_i(\lambda_i/\lambda_1)^k\boldsymbol{x}_i$.

由式（8.2）可知，$|\lambda_i/\lambda_1|<1$（$i=2,3,\cdots,n$），即

$$\lim_{k\to\infty}\frac{\boldsymbol{v}_k}{\lambda_1^k}=\alpha_1\boldsymbol{x}_1 \tag{8.6}$$

式（8.6）说明，序列 $\left\{\dfrac{\boldsymbol{v}_k}{\lambda_1^k}\right\}$ 越来越接近 $\boldsymbol{A}$ 的对应于 λ_1 的特征向量（因为特征向量可以相差一个常数因子）. 也就是说，当 k 充分大时，有

$$\boldsymbol{v}_k\approx\alpha_1\lambda_1^k\boldsymbol{x}_1 \tag{8.7}$$

即当 k 充分大时，迭代向量 $\boldsymbol{v}_k$ 可近似 λ_1 对应的特征向量.

下面通过特征向量来求解主特征值 λ_1. 用 $(\boldsymbol{v}_k)_i$ 表示 $\boldsymbol{v}_k$ 的第 i 个分量，则

$$\frac{(\boldsymbol{v}_k)_i}{(\boldsymbol{v}_{k-1})_i}=\lambda_1\frac{\alpha_1(\boldsymbol{x}_1)_i+(\boldsymbol{\varepsilon}_k)_i}{\alpha_1(\boldsymbol{x}_1)_i+(\boldsymbol{\varepsilon}_{k-1})_i}\to\lambda_1,\qquad k\to\infty \tag{8.8}$$

这说明两个相邻迭代向量分量的比值收敛于主特征值 λ_1. 而且由式（8.8）易知，$\dfrac{(\boldsymbol{v}_k)_i}{(\boldsymbol{v}_{k-1})_i}\to\lambda_1$ 的收敛速度由比值 $r=|\lambda_2/\lambda_1|$ 的大小来决定，r 越小，收敛越快. 但当 $r=|\lambda_2/\lambda_1|\approx1$ 时，收敛可能很慢.

综上所述，有如下定理.

定理 1 设 $A\in\mathbf{R}^{n\times n}$ 有 n 个线性无关的特征向量 $\boldsymbol{x}_1,\boldsymbol{x}_2,\cdots,\boldsymbol{x}_n$，其对应的特征值满足式（8.2），则对任意给定的初始非零向量 $\boldsymbol{v}_0$（$\alpha_1\neq 0$），式（8.6）和式（8.8）均成立.

由式（8.5）可看出，当 $|\lambda_1|>1$ 时，迭代向量 $\boldsymbol{v}_k$ 不等于 0 的分量将随 $k\to\infty$ 而趋于无穷；当 $|\lambda_1|<1$ 时，$\boldsymbol{v}_k$ 不等于 0 的分量又会趋于 0. 这样在实际计算时就可能产生"溢出"或者"机器 0"的情况. 为避免该情况的发生，需将迭代向量规范化，也就是将迭代向量的按模最大分量化为 1. 即对任意向量 $\boldsymbol{\omega}=(\omega_1,\omega_2,\cdots,\omega_n)^{\mathrm{T}}$，用 $\max\{\boldsymbol{\omega}\}$ 表示向量 $\boldsymbol{\omega}$ 的按模最大分量. 例如，$\boldsymbol{\omega}=(5,-7,2)^{\mathrm{T}}$，则 $\max\{\boldsymbol{\omega}\}=-7$. 因此令

$$\boldsymbol{u}=\frac{\boldsymbol{v}}{\max\{\boldsymbol{v}\}}$$

$\boldsymbol{u}$ 称为 $\boldsymbol{v}$ 的**规范化向量**，或者说将向量 $\boldsymbol{v}$ 规范化.

这样，规范化的幂法可描述为：任取一个初始向量 $\boldsymbol{v}_0\neq\mathbf{0}$（$\alpha_1\neq 0$），构造迭代向量序列 $\{\boldsymbol{v}_k\}$ 如下：

$$\begin{aligned}&\boldsymbol{v}_1=A\boldsymbol{u}_0=A\boldsymbol{v}_0,\quad \boldsymbol{u}_1=\frac{\boldsymbol{v}_1}{\max\{\boldsymbol{v}_1\}},\\&\boldsymbol{v}_k=A\boldsymbol{u}_{k-1}=\frac{A^k\boldsymbol{v}_0}{\max\{A^{k-1}\boldsymbol{v}_0\}},\quad \boldsymbol{u}_k=\frac{\boldsymbol{v}_k}{\max\{\boldsymbol{v}_k\}},\qquad k=0,1,2,\cdots\end{aligned}\tag{8.9}$$

对规范化的幂法，我们有如下收敛性定理.

定理 2 设 $A\in\mathbf{R}^{n\times n}$ 有 n 个线性无关的特征向量 $\boldsymbol{x}_1,\boldsymbol{x}_2,\cdots,\boldsymbol{x}_n$，其对应的特征值满足式（8.2），向量序列 $\{\boldsymbol{v}_k\}$ 和 $\{\boldsymbol{u}_k\}$ 由式（8.9）确定，则迭代序列具有以下收敛性质：

$$\lim_{k\to\infty}\max\{\boldsymbol{v}_k\}=\lambda_1,\quad \lim_{k\to\infty}\boldsymbol{u}_k=\frac{\boldsymbol{x}_1}{\max\{\boldsymbol{x}_1\}}\tag{8.10}$$

证明 由于

$$A^k\boldsymbol{v}_0=\sum_{i=1}^{n}\alpha_i\lambda_i^k\boldsymbol{x}_i=\lambda_1^k(\alpha_1\boldsymbol{x}_1+\sum_{i=2}^{n}\alpha_i(\lambda_i/\lambda_1)^k\boldsymbol{x}_i)$$

因此

$$\begin{aligned}\boldsymbol{u}_k&=\frac{A^k\boldsymbol{v}_0}{\max\{A^k\boldsymbol{v}_0\}}=\frac{\lambda_1^k(\alpha_1\boldsymbol{x}_1+\sum_{i=2}^{n}\alpha_i(\lambda_i/\lambda_1)^k\boldsymbol{x}_i)}{\max\{\lambda_1^k(\alpha_1\boldsymbol{x}_1+\sum_{i=2}^{n}\alpha_i(\lambda_i/\lambda_1)^k\boldsymbol{x}_i)\}}\\&=\frac{\alpha_1\boldsymbol{x}_1+\sum_{i=2}^{n}\alpha_i(\lambda_i/\lambda_1)^k\boldsymbol{x}_i}{\max\{\alpha_1\boldsymbol{x}_1+\sum_{i=2}^{n}\alpha_i(\lambda_i/\lambda_1)^k\boldsymbol{x}_i\}}\to\frac{\boldsymbol{x}_1}{\max\{\boldsymbol{x}_1\}},\qquad k\to\infty\end{aligned}$$

故式（8.10）中第 2 个式子成立，这说明规范化向量序列收敛于主特征值对应的特征向量.

对第 1 个式子，有

$$\boldsymbol{v}_k=\frac{A^k\boldsymbol{v}_0}{\max\{A^{k-1}\boldsymbol{v}_0\}}=\frac{\lambda_1^k(\alpha_1\boldsymbol{x}_1+\sum_{i=2}^{n}\alpha_i(\lambda_i/\lambda_1)^k\boldsymbol{x}_i)}{\max\{\lambda_1^{k-1}(\alpha_1\boldsymbol{x}_1+\sum_{i=2}^{n}\alpha_i(\lambda_i/\lambda_1)^{k-1}\boldsymbol{x}_i)\}}$$

则

$$\max\{\boldsymbol{v}_k\}=\frac{\lambda_1\max\{\alpha_1\boldsymbol{x}_1+\sum_{i=2}^{n}\alpha_i(\lambda_i/\lambda_1)^k\boldsymbol{x}_i\}}{\max\{\alpha_1\boldsymbol{x}_1+\sum_{i=2}^{n}\alpha_i(\lambda_i/\lambda_1)^{k-1}\boldsymbol{x}_i\}}\to\lambda_1,\qquad k\to\infty$$

故式（8.10）中第 1 个式子也成立，且收敛速度由比值 $r=|\lambda_2/\lambda_1|$ 确定.

综上所述，规范化的幂法计算步骤如下.

（1）任取一个初始向量 $\boldsymbol{v}_0\neq\boldsymbol{0}$.

（2）构造迭代向量序列：

$$\boldsymbol{u}_0=\boldsymbol{v}_0,\quad \boldsymbol{v}_{k+1}=\boldsymbol{A}\boldsymbol{u}_k,\quad m_{k+1}=\max\{\boldsymbol{v}_{k+1}\},\quad \boldsymbol{u}_{k+1}=\frac{\boldsymbol{v}_{k+1}}{m_{k+1}},\qquad k=0,1,2,\cdots \tag{8.11}$$

（3）若 $|m_{k+1}-m_k|<\varepsilon$（给定精度），则计算终止，$m_{k+1}$ 为主特征值 λ_1 的近似值，$\boldsymbol{u}_{k+1}$ 是对应的特征向量；否则 $k\to k+1$，回到步骤（2），继续迭代.

例 1　用幂法求矩阵

$$\boldsymbol{A}=\begin{pmatrix}2&-1&0\\-1&2&-1\\0&-1&2\end{pmatrix}$$

的主特征值和相应的特征向量（取 $\varepsilon=10^{-5}$）.

解　取初始向量 $\boldsymbol{u}_0=\boldsymbol{v}_0=(1,1,1)^{\mathrm{T}}\neq\boldsymbol{0}$，利用式（8.11）可得

$$\boldsymbol{v}_1=\boldsymbol{A}\boldsymbol{u}_0=\begin{pmatrix}2&-1&0\\-1&2&-1\\0&-1&2\end{pmatrix}\begin{pmatrix}1\\1\\1\end{pmatrix}=\begin{pmatrix}1\\0\\1\end{pmatrix}$$

$$m_1=\max\{\boldsymbol{v}_1\}=1,\quad \boldsymbol{u}_1=(1,0,1)^{\mathrm{T}}$$

$$\boldsymbol{v}_2=\boldsymbol{A}\boldsymbol{u}_1=\begin{pmatrix}2&-1&0\\-1&2&-1\\0&-1&2\end{pmatrix}\begin{pmatrix}1\\0\\1\end{pmatrix}=\begin{pmatrix}2\\-2\\2\end{pmatrix}$$

$$m_2=\max\{\boldsymbol{v}_2\}=2,\quad \boldsymbol{u}_2=(1,-1,1)^{\mathrm{T}}$$

依次继续迭代，计算结果见表 8-1.

表 8-1　例 1 计算结果

k	$\boldsymbol{u}_k^{\mathrm{T}}$（规范化的向量）	$m_k=\max\{\boldsymbol{v}_k\}$
0	（1.00000000, 1.00000000, 1.00000000）	1.00000000
1	（1.00000000, 0.00000000, 1.00000000）	1.00000000
2	（1.00000000, −1.00000000, 1.00000000）	2.00000000
3	（−0.75000000, 1.00000000, −0.75000000）	−4.00000000
4	（−0.71428571, 1.00000000, −0.71428571）	3.50000000
5	（−0.70833333, 1.00000000, −0.70833333）	3.42857143
6	（−0.70731707, 1.00000000, −0.70731707）	3.41666667

续表

k	u_k^T（规范化的向量）	$m_k=\max\{v_k\}$
7	(−0.70714286, 1.00000000, −0.70714286)	3.41463415
8	(−0.70711297, 1.00000000, −0.70711297)	3.41428571
9	(−0.70710784, 1.00000000, −0.70710784)	3.41422594
10	(−0.70710696, 1.00000000, −0.70710696)	3.41421569
11	(−0.70710681, 1.00000000, −0.70710681)	3.41421393

由于满足$|m_{11}-m_{10}|<10^{-5}$，因此得

$$\lambda_1\approx 3.41421393$$

相应的特征向量为$\boldsymbol{x}_1\approx(-0.70710681,1.00000000,-0.70710681)^{\mathrm{T}}$.

8.1.2　幂法的加速技巧

由前面讨论可知，应用幂法计算矩阵$\boldsymbol{A}$主特征值的收敛速度取决于比值$r=|\lambda_2/\lambda_1|$的大小，当$r\approx 1$时，收敛可能很慢. 因此，在实际应用中，常常应用加速技巧以提高收敛速度. 本节主要介绍两种加速方法：原点平移法和瑞利（Rayleigh）商加速法.

1. 原点平移法

引进矩阵：

$$\boldsymbol{B}=\boldsymbol{A}-\rho\boldsymbol{E}$$

式中，ρ为可选择的参数，$\boldsymbol{E}$是单位矩阵. 容易验证当矩阵$\boldsymbol{A}$的特征值为λ_i时，矩阵$\boldsymbol{B}$的特征值为$\mu_i=\lambda_i-\rho$，且$\boldsymbol{A}$与$\boldsymbol{B}$有相同的特征向量$\boldsymbol{x}_i$（$i=1,2,\cdots,n$）.

原点平移法的主要思想：若矩阵$\boldsymbol{A}$的主特征值为λ_1，则适当地选择参数ρ，使其满足以下条件.

（1）$\lambda_1-\rho$是矩阵$\boldsymbol{B}$的主特征值，即$|\lambda_1-\rho|>|\lambda_2-\rho|\geqslant\cdots\geqslant|\lambda_n-\rho|$.

（2）$\left|\dfrac{\lambda_2-\rho}{\lambda_1-\rho}\right|<\left|\dfrac{\lambda_2}{\lambda_1}\right|$.

再利用幂法计算$\boldsymbol{B}$的主特征值$\mu_1=\lambda_1-\rho$，使计算得到加速.

一般而言，参数ρ的选择有赖于对矩阵$\boldsymbol{A}$的特征值分布的大致了解. 但遗憾的是，我们很难得到$\boldsymbol{A}$的特征值分布的足够信息，因此选择适当的ρ是很困难的. 在实际应用中，一般并不直接应用原点平移法，而是把原点平移法与其他方法结合起来使用会有较好的效果，具体可见反幂法和$\boldsymbol{QR}$方法.

2. 瑞利商加速法

定义1　设$\boldsymbol{A}\in\mathbf{R}^{n\times n}$为对称矩阵，对任意$n$维向量$\boldsymbol{x}\neq\mathbf{0}$，称

$$R(\boldsymbol{x})\triangleq\frac{(\boldsymbol{Ax},\boldsymbol{x})}{(\boldsymbol{x},\boldsymbol{x})}\tag{8.12}$$

为 $\boldsymbol{A}$ 在 $\boldsymbol{x}$ 上的**瑞利商**.

定理 3 设 $\boldsymbol{A}\in\mathbf{R}^{n\times n}$ 为对称矩阵，特征值满足以下条件：

$$|\lambda_1|>|\lambda_2|\geqslant\cdots\geqslant|\lambda_n|$$

向量序列 $\{\boldsymbol{v}_k\}$ 和 $\{\boldsymbol{u}_k\}$ 由式（8.11）计算得到，对任意给定的初始向量 $\boldsymbol{v}_0=\boldsymbol{u}_0\neq\boldsymbol{0}$，当 $k\to\infty$ 时，有

$$R(\boldsymbol{u}_k)=\lambda_1+O((\lambda_2/\lambda_1)^{2k}) \tag{8.13}$$

证明 设 $\boldsymbol{x}_1,\boldsymbol{x}_2,\cdots,\boldsymbol{x}_n$ 是与 $\boldsymbol{A}$ 的特征值 $\lambda_1,\lambda_2,\cdots,\lambda_n$ 对应的标准正交特征向量，令

$$\boldsymbol{v}_0=\boldsymbol{u}_0=\sum_{i=1}^{n}\alpha_i\boldsymbol{x}_i$$

则由式（8.11）和式（8.12）可知

$$\begin{aligned}R(\boldsymbol{u}_k)&=\frac{(\boldsymbol{A}\boldsymbol{u}_k,\boldsymbol{u}_k)}{(\boldsymbol{u}_k,\boldsymbol{u}_k)}=\frac{(\boldsymbol{A}^{k+1}\boldsymbol{u}_0,\boldsymbol{A}^k\boldsymbol{u}_0)}{(\boldsymbol{A}^k\boldsymbol{u}_0,\boldsymbol{A}^k\boldsymbol{u}_0)}\\&=\frac{\sum\limits_{i=1}^{n}\alpha_i^2\lambda_i^{2k+1}}{\sum\limits_{i=1}^{n}\alpha_i^2\lambda_i^{2k}}=\lambda_1\frac{1+\sum\limits_{i=2}^{n}(\alpha_i/\alpha_1)^2(\lambda_i/\lambda_1)^{2k+1}}{1+\sum\limits_{i=2}^{n}(\alpha_i/\alpha_1)^2(\lambda_i/\lambda_1)^{2k}}\\&=\lambda_1+O((\lambda_2/\lambda_1)^{2k})\end{aligned}$$

由上面的讨论可知，如果仅用幂法可得

$$m_k=\lambda_1+O((\lambda_2/\lambda_1)^k)$$

由此可见，利用瑞利商加速法可以改进 λ_1 的精度，其精度可提高一倍，而且若每迭代一次，就用瑞利商加速一次，可以使收敛速度提高很多.

例 2 对例 1 的矩阵 $\boldsymbol{A}$ 用瑞利商加速法计算主特征值，要求误差不超过 10^{-5}.

解 因为 $\boldsymbol{A}=\begin{pmatrix}2&-1&0\\-1&2&-1\\0&-1&2\end{pmatrix}$，取初始向量 $(1,1,1)^{\mathrm{T}}$，利用式（8.11）和式（8.12）进行计算，计算结果见表 8-2.

表 8-2 例 2 计算结果

k	$\boldsymbol{u}_k^{\mathrm{T}}$（规范化的向量）	$R(\boldsymbol{u}_k)$
0	(1.00000000, 1.00000000, 1.00000000)	
1	(1.00000000, 0.00000000, 1.00000000)	2.00000000
2	(1.00000000, −1.00000000, 1.00000000)	3.33333333
3	(−0.75000000, 1.00000000, −0.75000000)	3.41176471
4	(−0.71428571, 1.00000000, −0.71428571)	3.41414141
5	(−0.70833333, 1.00000000, −0.70833333)	3.41421144
6	(−0.70731707, 1.00000000, −0.70731707)	3.41421350

由于满足$|m_6-m_5|<10^{-5}$，因此得

$$\lambda_1 \approx 3.41421350$$

8.1.3 反幂法

反幂法是由幂法诱导出的一种迭代方法，主要用于求解非奇异矩阵$\boldsymbol{A}$按模最小的特征值及相应的特征向量. 该方法的主要思想是，利用幂法求解矩阵$\boldsymbol{A}^{-1}$的主特征值来得到矩阵$\boldsymbol{A}$的按模最小的特征值及对应的特征向量.

设$\boldsymbol{A}$为n阶非奇异矩阵，其特征值满足条件：

$$|\lambda_1| \geqslant |\lambda_2| \geqslant \cdots > |\lambda_n|$$

对应的特征向量为$\boldsymbol{x}_1,\boldsymbol{x}_2,\cdots,\boldsymbol{x}_n$，则$\boldsymbol{A}^{-1}$的特征值满足条件：

$$\left|\frac{1}{\lambda_n}\right| > \left|\frac{1}{\lambda_{n-1}}\right| \geqslant \cdots \geqslant \left|\frac{1}{\lambda_1}\right|$$

其相应的特征向量仍为$\boldsymbol{x}_1,\boldsymbol{x}_2,\cdots,\boldsymbol{x}_n$. 因此，对$\boldsymbol{A}^{-1}$应用幂法（称为反幂法），可求$\boldsymbol{A}^{-1}$的主特征值$1/\lambda_n$，进而可计算出$\boldsymbol{A}$按模最小的特征值. 具体计算步骤如下.

（1）任意给定初始非零向量$\boldsymbol{v}_0$.

（2）构造迭代向量序列：

$$\boldsymbol{u}_0=\boldsymbol{v}_0,\quad \boldsymbol{v}_{k+1}=\boldsymbol{A}^{-1}\boldsymbol{u}_k,\quad m_{k+1}=\max\{\boldsymbol{v}_{k+1}\},\quad \boldsymbol{u}_{k+1}=\frac{\boldsymbol{v}_{k+1}}{m_{k+1}},\qquad k=0,1,2,\cdots \tag{8.14}$$

（3）若$|m_{k+1}-m_k|<\varepsilon$（给定精度），则计算终止，$m_{k+1}$为主特征值$1/\lambda_n$的近似值，$\boldsymbol{u}_{k+1}$是对应的特征向量；否则$k\to k+1$，回到步骤（2），继续迭代.

注意，在构造迭代向量时，必须计算$\boldsymbol{A}^{-1}$，这是一件不容易的事. 为了避免矩阵求逆，将步骤（2）中的$\boldsymbol{v}_{k+1}=\boldsymbol{A}^{-1}\boldsymbol{u}_k$改为$\boldsymbol{A}\boldsymbol{v}_{k+1}=\boldsymbol{u}_k$，这样每迭代一次，就需要解一个线性方程组$\boldsymbol{A}\boldsymbol{v}_{k+1}=\boldsymbol{u}_k$. 这些方程组有相同的系数矩阵，为节省计算工作量，可先对矩阵$\boldsymbol{A}$进行$\boldsymbol{LU}$分解，这样每次迭代只要解两个三角方程组就可以了. 因此，基于$\boldsymbol{LU}$分解的反幂法的计算步骤就是将上述步骤（2）改写如下.

（2）′ 构造迭代向量序列：

$$\boldsymbol{u}_0=\boldsymbol{v}_0,\quad \boldsymbol{L}\boldsymbol{y}_{k+1}=\boldsymbol{u}_k,\quad \boldsymbol{U}\boldsymbol{v}_{k+1}=\boldsymbol{y}_{k+1},\quad m_{k+1}=\max\{\boldsymbol{v}_{k+1}\},\quad \boldsymbol{u}_{k+1}=\frac{\boldsymbol{v}_{k+1}}{m_{k+1}},\qquad k=0,1,2,\cdots \tag{8.15}$$

例 3 用反幂法计算矩阵

$$\boldsymbol{A}=\begin{pmatrix} 2 & 8 & 9 \\ 8 & 3 & 4 \\ 9 & 4 & 7 \end{pmatrix}$$

按模最小的特征值及对应的特征向量（取ε=10^{-4}）.

解 对$\boldsymbol{A}$进行$\boldsymbol{LU}$分解，可得

$$\boldsymbol{L}=\begin{pmatrix} 1 & 0 & 0 \\ 4 & 1 & 0 \\ 4.5 & 1.1034 & 1 \end{pmatrix},\quad \boldsymbol{U}=\begin{pmatrix} 2 & 8 & 9 \\ 0 & -29 & -32 \\ 0 & 0 & 1.8103 \end{pmatrix}$$

取初始向量 $\boldsymbol{u}_0=\boldsymbol{v}_0=(1,1,1)^{\mathrm{T}}$，根据式（8.15）进行计算，要求当 $|m_{k+1}-m_k|<10^{-4}$ 时计算终止，计算结果见表 8-3.

表 8-3　例 3 计算结果

k	$\boldsymbol{u}_k^{\mathrm{T}}$（规范化的向量）	$m_k=\max\{\boldsymbol{v}_k\}$
1	(0.4348, 1, −0.4783)	0.5652
2	(0.1902, 1, −0.8834)	0.9877
3	(0.1843, 1, −0.9124)	0.8245
4	(−0.1831, 1, −0.9129)	0.8134
5	(0.1832, 1, −0.9130)	0.8134

由于 $|m_5-m_4|<10^{-4}$，因此 $\dfrac{1}{\lambda_3}\approx 0.8134$，即按模最小的特征值和特征向量分别为

$$\lambda_3\approx 1.2294,\quad \boldsymbol{x}_3\approx(0.1832,1,-0.9130)^{\mathrm{T}}$$

此外，反幂法同样还可用于求与 ρ 最接近的特征值及其对应的特征向量，其主要思想就是结合原点平移法进行迭代求解.

假设矩阵 $(\boldsymbol{A}-\rho\boldsymbol{E})^{-1}$ 存在，则其特征值为

$$\frac{1}{\lambda_1-\rho},\frac{1}{\lambda_2-\rho},\cdots,\frac{1}{\lambda_n-\rho}$$

相应的特征向量为 $\boldsymbol{x}_1,\boldsymbol{x}_2,\cdots,\boldsymbol{x}_n$.

如果 ρ 是矩阵 $\boldsymbol{A}$ 的某个特征值 λ_i 的近似值，且设 λ_i 与其他特征值是分离的，即

$$|\lambda_i-\rho|\ll|\lambda_j-\rho|,\qquad i\neq j$$

则结合原点平移的反幂法计算步骤如下.

（1）任意给定初始非零向量 $\boldsymbol{v}_0$.

（2）对 $\boldsymbol{A}-\rho\boldsymbol{E}$ 进行 $\boldsymbol{LU}$ 分解，计算：

$$\boldsymbol{L}\boldsymbol{y}_{k+1}=\boldsymbol{u}_k,\quad \boldsymbol{U}\boldsymbol{v}_{k+1}=\boldsymbol{y}_{k+1},\quad m_{k+1}=\max\{\boldsymbol{v}_{k+1}\},\quad \boldsymbol{u}_{k+1}=\frac{\boldsymbol{v}_{k+1}}{m_{k+1}},\qquad k=0,1,2,\cdots \tag{8.16}$$

（3）若 $|m_{k+1}-m_k|<\varepsilon$（给定精度），则计算终止，$\rho+\dfrac{1}{m_{k+1}}$ 为最接近 ρ 的特征值 λ_i，$\boldsymbol{u}_{k+1}$ 是对应的特征向量；否则 $k\to k+1$，回到步骤（2），继续迭代.

例 4　用原点平移的反幂法求矩阵

$$A=\begin{pmatrix}-12 & 3 & 3\\ 3 & 1 & -2\\ 3 & -2 & 7\end{pmatrix}$$

的最接近 $\rho=-13$ 的特征值及特征向量（取 $\varepsilon=10^{-5}$）.

解　取初始向量 $\boldsymbol{v}_0=(1,1,1)^{\mathrm{T}}$，对矩阵 $\boldsymbol{A}-\rho\boldsymbol{E}$ 进行 $\boldsymbol{LU}$ 分解，得

$$L=\begin{pmatrix}1 & & \\ 3 & 1 & \\ 3 & -11/5 & 1\end{pmatrix},\quad U=\begin{pmatrix}1 & 3 & 3\\ & 5 & -11\\ & & -66/5\end{pmatrix}$$

利用式（8.16）进行计算，计算结果见表 8-4 所示，收敛标准为 $|m_6-m_5|<10^{-5}$.

表 8-4　例 4 计算结果

k	v_k^{T}	$\boldsymbol{u}_k^{\mathrm{T}}$	m_k
0	(1,1,1)	(1,1,1)	
1	(−2.45454545, 0.66666667, 0.48484848)	(1, −0.27160494, −0.19753086)	−2.45454545
2	(−4.59708193, 1.07818930, 0.78750468)	(1, −0.23453776, −0.17130534)	−4.59708193
3	(−4.54094164, 1.06764052, 0.77934003)	(1, −0.23511434, −0.17162520)	−4.54094164
4	(−4.54175086, 1.06778992, 0.77946036)	(1, −0.23510535, −0.17162112)	−4.54175086
5	(−4.54173889, 1.06778774, 0.77945855)	(1, −0.23510549, −0.17162117)	−4.54173889
6	(−4.54173907, 1.06778778, 0.77945858)	(1, −0.23510549, −0.17162117)	−4.54173907

所以，最接近 ρ 的特征值为 $\rho+\dfrac{1}{m_6}\approx-13.22018$，相应的特征向量为

$$\boldsymbol{u}_6\approx(1,-0.23510549,-0.17162117)^{\mathrm{T}}$$

8.2　雅可比方法

雅可比方法是计算实对称矩阵的全部特征值及特征向量的一种变换方法. 其主要思想是通过一系列正交相似变换，逐步构造一个正交矩阵 $\boldsymbol{P}$，使得 $\boldsymbol{P}^{\mathrm{T}}\boldsymbol{A}\boldsymbol{P}=\boldsymbol{\Lambda}$（对角矩阵），则对角矩阵 $\boldsymbol{\Lambda}$ 的主对角元素就是该矩阵的特征值，而正交矩阵 $\boldsymbol{P}$ 的各列就是相应的特征向量. 因此，该方法的关键在于如何构造正交矩阵 $\boldsymbol{P}$.

8.2.1　平面旋转矩阵

首先考虑二阶实对称矩阵 $\boldsymbol{A}=(a_{ij})_{n\times n}$，且 $a_{12}=a_{21}\neq0$，定义平面旋转矩阵：

$$\boldsymbol{R}=\begin{pmatrix}\cos\theta & \sin\theta\\ -\sin\theta & \cos\theta\end{pmatrix}$$

易知，它是一个正交矩阵，且有

$$\boldsymbol{R}^{\mathrm{T}}\boldsymbol{A}\boldsymbol{R}=\begin{pmatrix}a_{11}\cos^2\theta-a_{12}\sin2\theta+a_{22}\sin^2\theta & \dfrac{1}{2}(a_{11}-a_{22})\sin2\theta+a_{12}\cos2\theta\\ \dfrac{1}{2}(a_{11}-a_{22})\sin2\theta+a_{12}\cos2\theta & a_{11}\sin^2\theta+a_{12}\sin2\theta+a_{22}\cos^2\theta\end{pmatrix}$$

若选择适当的参数 θ，使得非对角元素为 0，即 θ 满足以下条件：

$$\tan2\theta=\frac{2a_{12}}{a_{22}-a_{11}},\qquad 当\ a_{11}=a_{22}\ 时，取\ \theta=\frac{\pi}{4}$$

则可得 $\boldsymbol{R}^{\mathrm{T}}\boldsymbol{A}\boldsymbol{R}$ 为对角矩阵. 这就是说，对二阶实对称矩阵 $\boldsymbol{A}$，用适当的正交相似变换一次就可将 $\boldsymbol{A}$ 化为对角矩阵. 类似地，将这一思想推广到 n 阶情况，引入 n 阶旋转矩阵（也称为 Givens 旋转矩阵）：

$$\boldsymbol{R}(p,q,\theta)=\begin{pmatrix} 1 & & & & & & & & \\ & \ddots & & & & & & & \\ & & 1 & & & & & & \\ & & & \cos\theta & \cdots & \sin\theta & & & \\ & & & \vdots & \ddots & \vdots & & & \\ & & & -\sin\theta & \cdots & \cos\theta & & & \\ & & & & & & 1 & & \\ & & & & & & & \ddots & \\ & & & & & & & & 1 \end{pmatrix}\begin{matrix} \\ \\ \\ \leftarrow 第\ p\ 行 \\ \\ \leftarrow 第\ q\ 行 \\ \\ \\ \\ \end{matrix} \tag{8.17}$$

（第 p 列，第 q 列）

容易验证 $\boldsymbol{R}(p,q,\theta)$ 具有以下性质.

（1） $\boldsymbol{R}^{\mathrm{T}}\boldsymbol{R}=\boldsymbol{E}$ ，即 $\boldsymbol{R}(p,q,\theta)$ 是正交矩阵.

（2）如果 $\boldsymbol{A}$ 是对称矩阵，则 $\boldsymbol{B}^{\mathrm{T}}=(\boldsymbol{R}^{\mathrm{T}}\boldsymbol{A}\boldsymbol{R})^{\mathrm{T}}=\boldsymbol{R}^{\mathrm{T}}\boldsymbol{A}^{\mathrm{T}}\boldsymbol{R}=\boldsymbol{R}^{\mathrm{T}}\boldsymbol{A}\boldsymbol{R}=\boldsymbol{B}$ ，即 $\boldsymbol{R}^{\mathrm{T}}\boldsymbol{A}\boldsymbol{R}$ 是对称矩阵. 也就是说，对称矩阵经过正交相似变换后，仍是对称矩阵，且矩阵 $\boldsymbol{B}$ 与 $\boldsymbol{A}$ 的特征值相同.

（3） $\boldsymbol{R}^{\mathrm{T}}\boldsymbol{A}\boldsymbol{R}$ 只改变 $\boldsymbol{A}$ 的第 p 行、第 q 行、第 p 列与第 q 列中的元素.

所谓雅可比方法，就是用一系列的旋转相似变换逐渐将矩阵 $\boldsymbol{A}$ 化为对角矩阵的过程：

$$\begin{cases} \boldsymbol{A}_0=\boldsymbol{A} \\ \boldsymbol{A}_{k+1}=\boldsymbol{R}_{k+1}^{\mathrm{T}}\boldsymbol{A}_k\boldsymbol{R}_{k+1}, \quad k=0,1,2,\cdots \end{cases} \tag{8.18}$$

恰当地选取每个旋转矩阵 $\boldsymbol{R}_{k+1}$，可使 $\boldsymbol{A}_{k+1}$ 趋于对角矩阵.

设 $\boldsymbol{R}_{k+1}=\boldsymbol{R}(p,q,\theta)$，由矩阵乘法不难求得

$$\begin{cases} a_{pp}^{(k+1)}=a_{pp}^{(k)}\cos^2\theta+2a_{pq}^{(k)}\sin\theta\cos\theta+a_{qq}^{(k)}\sin^2\theta \\ a_{qq}^{(k+1)}=a_{pp}^{(k)}\sin^2\theta-2a_{pq}^{(k)}\sin\theta\cos\theta+a_{qq}^{(k)}\cos^2\theta \\ a_{pq}^{(k+1)}=a_{qp}^{(k+1)}=(a_{qq}^{(k)}-a_{pp}^{(k)})\sin\theta\cos\theta+a_{pq}^{(k)}\cos 2\theta \end{cases} \tag{8.19}$$

$$\begin{cases} a_{pj}^{(k+1)}=a_{pj}^{(k)}\cos\theta+a_{qj}^{(k)}\sin\theta=a_{jp}^{(k+1)} \\ a_{qj}^{(k+1)}=-a_{pj}^{(k)}\sin\theta+a_{qj}^{(k)}\cos\theta=a_{jq}^{(k+1)} \end{cases}, \quad j\neq p,q \tag{8.20}$$

$$a_{ij}^{(k+1)}=a_{ij}^{(k)}, \quad i,j\neq p,q \tag{8.21}$$

为了使矩阵 $\boldsymbol{A}_{k+1}$ 中的元素 $a_{pq}^{(k+1)}=0$，可选择 θ 满足以下条件：

$$\tan\theta=\frac{2a_{pq}^{(k)}}{a_{qq}^{(k)}-a_{pp}^{(k)}}, \quad \theta\in\left[-\frac{\pi}{4},\frac{\pi}{4}\right] \tag{8.22}$$

特别地，若 $a_{qq}^{(k)}=a_{pp}^{(k)}$，则当 $a_{pq}^{(k)}>0$ 时，取 $\theta=\frac{\pi}{4}$；当 $a_{pq}^{(k)}<0$ 时，取 $\theta=-\frac{\pi}{4}$.

引进以下符号：

$$S(\boldsymbol{A})=\sum_{\substack{i,j=1\\i\neq j}}^{n}a_{ij}^{2}\,,\quad D(\boldsymbol{A})=\sum_{i=1}^{n}a_{ii}^{2}$$

由式（8.19）至式（8.21）容易得到以下结论.

（1）经过正交相似变换后，矩阵所有元素的平方和不变，即

$$\sum_{i,j=1}^{n}(a_{ij}^{(k+1)})^{2}=\sum_{i,j=1}^{n}(a_{ij}^{(k)})^{2} \tag{8.23}$$

（2）矩阵 $\boldsymbol{A}_k$ 按式（8.18）经过旋转相似变换为 $\boldsymbol{A}_{k+1}$ 后，对角元素的平方和比原来增加了 $2(a_{pq}^{(k)})^2$，而非对角元素的平方和减少了 $2(a_{pq}^{(k)})^2$，即

$$S(\boldsymbol{A}_{k+1})=S(\boldsymbol{A}_k)-2(a_{pq}^{(k)})^2\,,\quad D(\boldsymbol{A}_{k+1})=D(\boldsymbol{A}_k)+2(a_{pq}^{(k)})^2 \tag{8.24}$$

这说明 $\boldsymbol{A}_k$ 将逐渐趋向于对角矩阵.

定理 4 设 $\boldsymbol{A}$ 为实对称矩阵，则由 $\boldsymbol{A}_0=\boldsymbol{A}$ 出发，由式（8.18）产生的矩阵序列 $\{\boldsymbol{A}_k\}$ 收敛于对角矩阵 $\boldsymbol{\Lambda}=\mathrm{diag}(\lambda_1,\lambda_2,\cdots,\lambda_n)$ 且 $\lambda_1,\lambda_2,\cdots,\lambda_n$ 就是 $\boldsymbol{A}$ 的全部特征值.

8.2.2 雅可比方法的实现过程

在实际计算时，由式（8.19）至式（8.21）可知，具体计算只需用到 $\sin\theta$ 和 $\cos\theta$ 的值，为了压制舍入误差，进而提高精度，常利用以下计算公式.

（1）当 $a_{qq}^{(k)}=a_{pp}^{(k)}$ 时，取 $\theta=\mathrm{sgn}(a_{pq}^{(k)})\cdot\dfrac{\pi}{4}$.

（2）当 $a_{qq}^{(k)}\neq a_{pp}^{(k)}$ 时，令 $x=2\mathrm{sgn}(a_{pp}^{(k)}-a_{qq}^{(k)})\cdot a_{pq}^{(k)}$，$y=|a_{pp}^{(k)}-a_{qq}^{(k)}|$，则

$$\tan 2\theta=\frac{x}{y} \tag{8.25}$$

此外，利用公式

$$\cos 2\theta=-\frac{1}{\sqrt{1+\tan^2 2\theta}}\,,\quad \sin 2\theta=\tan 2\theta\cos 2\theta$$

可得

$$\cos 2\theta=\frac{y}{\sqrt{x^2+y^2}}\,,\quad \cos\theta=\sqrt{\frac{1}{2}(1+\cos 2\theta)} \tag{8.26}$$

$$\sin 2\theta=\frac{x}{\sqrt{x^2+y^2}}\,,\quad \sin\theta=\frac{\sin 2\theta}{2\cos\theta} \tag{8.27}$$

综上讨论，雅可比方法的实现过程可描述如下.

（1）找出矩阵 $\boldsymbol{A}$ 中非对角元素绝对值最大的元素 a_{pq}，确定 p 和 q（$p<q$）.

（2）利用式（8.25）至式（8.27）求得 $\tan 2\theta$、$\sin\theta$ 和 $\cos\theta$.

（3）利用式（8.19）至式（8.21）求出 $a_{pp}^{(k+1)}$、$a_{qq}^{(k+1)}$、$a_{pi}^{(k+1)}$ 和 $a_{qi}^{(k+1)}$（$i=1,2,\cdots,n$，$i\neq p,q$）.

（4）以矩阵 $\boldsymbol{A}_{k+1}$ 代替 $\boldsymbol{A}$，继续重复步骤（1）～（3），直到 $|a_{ij}^{(m)}|<\varepsilon$（$i\neq j$）时为止. 此时矩阵 $\boldsymbol{A}_m$ 中的对角元素即为所求的特征值，逐次变换矩阵 $\boldsymbol{R}_1,\boldsymbol{R}_2,\cdots,\boldsymbol{R}_m$ 的乘积的列向量即为所求的特征向量，即 $\boldsymbol{U}^{(m)}=\boldsymbol{R}_1\boldsymbol{R}_2\cdots\boldsymbol{R}_m$，具体计算时可令

$$U^{(0)} = E，\quad U^{(k)} = U^{(k-1)} R_k，\qquad k = 1,2,\cdots,m \tag{8.28}$$

关于雅可比方法有以下几点说明.

① 在对实对称矩阵 A 进行一系列旋转相似变换过程中，前一步变为 0 的元素，在后一步可能又变为非零元素，但整体趋势是把非对角元素化为充分小，且定理 4 也验证了这一结论.

② 利用雅可比方法求得的结果精度一般比较高，特别是求得的特征向量正交性很好，因此雅可比方法是求实对称矩阵全部特征值和特征向量的一个较好的方法. 它的缺点是计算量大，对于稀疏矩阵，旋转相似变换后不能保持其稀疏的性质.

例 5　用雅可比方法计算对称矩阵

$$A = \begin{pmatrix} 2 & -1 & 0 \\ -1 & 2 & -1 \\ 0 & -1 & 2 \end{pmatrix}$$

的特征值和对应的特征向量（A 的特征值真解为 $\lambda_1 = 2-\sqrt{2}，\lambda_2 = 2.0，\lambda_3 = 2+\sqrt{2}$）.

解　先取 $p=1，q=2$，有 $a_{11} = a_{22} = 2，a_{12} = -1$，则有

$$\theta = -\frac{\pi}{4}，\quad \sin\theta = -\frac{\sqrt{2}}{2}，\quad \cos\theta = \frac{\sqrt{2}}{2}$$

$$R_1 = \begin{pmatrix} \frac{1}{\sqrt{2}} & \frac{1}{\sqrt{2}} & 0 \\ -\frac{1}{\sqrt{2}} & \frac{1}{\sqrt{2}} & 0 \\ 0 & 0 & 1 \end{pmatrix}，\quad A_1 = (R_1)^{\mathrm{T}} A R_1 = \begin{pmatrix} 1 & 0 & -\frac{1}{\sqrt{2}} \\ 0 & 3 & -\frac{1}{\sqrt{2}} \\ -\frac{1}{\sqrt{2}} & -\frac{1}{\sqrt{2}} & 2 \end{pmatrix}$$

再取 $p=1，q=3$，有 $a_{11} = 1，a_{33} = 2，a_{13} = -\frac{1}{\sqrt{2}}$，则有 $\sin\theta = 0.45970，\cos\theta = 0.88808$，以及

$$R_2 = \begin{pmatrix} 0.88808 & 0 & 0.45970 \\ 0 & 1 & 0 \\ -0.45970 & 0 & 0.88808 \end{pmatrix}$$

$$A_2 = (R_2)^{\mathrm{T}} A_1 R_2 = \begin{pmatrix} 0.63398 & -0.32505 & 0 \\ -0.32505 & 3 & -0.62797 \\ 0 & -0.62797 & 2.36603 \end{pmatrix}$$

继续做下去，可以得到

$$A_9 = \begin{pmatrix} 0.58578 & 0.00000 & 0.00000 \\ 0.00000 & 2.00000 & 0.00000 \\ 0.00000 & 0.00000 & 3.41421 \end{pmatrix}$$

$$U^{(9)} = R_1 R_2 \cdots R_9 = \begin{pmatrix} 0.50000 & 0.70710 & 0.50000 \\ 0.70710 & 0.00000 & -0.70710 \\ 0.50000 & -0.70710 & 0.50000 \end{pmatrix}$$

则特征值的近似值为

$$\lambda_1 \approx 0.58578,\ \lambda_2 \approx 2.00000,\ \lambda_3 \approx 3.41421$$

由此可得到与 $\lambda_1 \approx 0.58578$，$\lambda_2 \approx 2.00000$，$\lambda_3 \approx 3.41421$ 对应的特征向量为

$$\begin{pmatrix} 0.50000 \\ 0.70710 \\ 0.50000 \end{pmatrix},\ \begin{pmatrix} 0.70710 \\ 0.00000 \\ -0.70710 \end{pmatrix},\ \begin{pmatrix} 0.50000 \\ -0.70710 \\ 0.50000 \end{pmatrix}$$

8.3　*QR* 方法

QR 方法主要用于计算实矩阵的全部特征值，该方法具有数值稳定性好、收敛速度快的优点，是一种求解中、小矩阵全部特征值问题的有效方法. 本节主要以 Householder 矩阵和 Givens 矩阵为基础，讨论如何将 n 阶实矩阵 $\boldsymbol{A}$ 分解成一个正交矩阵 $\boldsymbol{Q}$ 和一个上三角矩阵 $\boldsymbol{R}$ 的乘积，即 $\boldsymbol{A}=\boldsymbol{QR}$，此过程称为矩阵的 ***QR* 分解**. 基于这种分解，介绍一种计算矩阵特征值的有效方法——***QR*** 方法.

8.3.1　正交相似变换

1．Householder 变换

定义 2　设 $\boldsymbol{u} \in \mathbf{R}^n$，$\|\boldsymbol{u}\|_2=1$，称矩阵

$$\boldsymbol{H} = \boldsymbol{E} - 2\boldsymbol{u}\boldsymbol{u}^{\mathrm{T}} \tag{8.29}$$

为 Householder 矩阵（反射矩阵）. 不难验证，Householder 矩阵 $\boldsymbol{H}$ 是对称矩阵，也是正交矩阵. 下面介绍 Householder 矩阵 $\boldsymbol{H}$ 的相关结论.

结论 1　对任意向量 $\boldsymbol{x},\boldsymbol{y} \in \mathbf{R}^n$，$\|\boldsymbol{x}\|_2=\|\boldsymbol{y}\|_2=1$ 且 $\boldsymbol{x} \neq \boldsymbol{y}$，则存在 Householder 矩阵

$$\boldsymbol{H}=\boldsymbol{E} - \frac{2}{\|\boldsymbol{x}-\boldsymbol{y}\|_2^2}(\boldsymbol{x}-\boldsymbol{y})(\boldsymbol{x}-\boldsymbol{y})^{\mathrm{T}} \tag{8.30}$$

使得 $\boldsymbol{y} = \boldsymbol{H}\boldsymbol{x}$.

由上述结论可知，利用 Householder 矩阵，可将任意非零向量 $\boldsymbol{x}$ 变成向量 $\boldsymbol{y}$.

结论 2　设 $\boldsymbol{x} = (x_1, x_2, \cdots, x_n)^{\mathrm{T}} \neq \boldsymbol{0}$，则存在 Householder 矩阵 $\boldsymbol{H}=\boldsymbol{E} - \beta^{-1}\boldsymbol{u}\boldsymbol{u}^{\mathrm{T}}$，使得 $\boldsymbol{H}\boldsymbol{x} = -\sigma\boldsymbol{e}_1$，式中，

$$\begin{cases} \sigma = \operatorname{sgn}(x_1)\|\boldsymbol{x}\|_2 \\ \boldsymbol{u} = \boldsymbol{x} + \sigma\boldsymbol{e}_1,\ \ \boldsymbol{e}_1 = (1,0,\cdots,0)^{\mathrm{T}} \\ \beta = \|\boldsymbol{u}\|_2^2/2 = \sigma(\sigma + x_1) = \boldsymbol{u}^{\mathrm{T}}\boldsymbol{x} \end{cases} \tag{8.31}$$

该结论说明 Householder 矩阵 $\boldsymbol{H}$ 可将一个向量中的多个元素一次性变为 0.

例 6　设 $\boldsymbol{x} = (3,5,1,1)^{\mathrm{T}} \in \mathbf{R}^4$，求 Householder 矩阵 $\boldsymbol{H}$，使得 $\boldsymbol{H}\boldsymbol{x} = -\sigma\boldsymbol{e}_1$.

解　由 $\boldsymbol{x} = (3,5,1,1)^{\mathrm{T}}$，有 $\|\boldsymbol{x}\|_2=6$，故取 $\sigma=6$. 利用式（8.31）可得 $\boldsymbol{u} = \boldsymbol{x} + \sigma\boldsymbol{e}_1 = (9,5,1,1)^{\mathrm{T}}$，$\|\boldsymbol{u}\|_2^2=108$，$\beta=54$，则取

$$H = E - \beta^{-1}uu^{T} = \frac{1}{54}\begin{pmatrix} -27 & -45 & -9 & -9 \\ -45 & 29 & -5 & -5 \\ -9 & -5 & 53 & -1 \\ -9 & -5 & -1 & 53 \end{pmatrix}$$

因此有 $Hx = (-6,0,0,0)^{T}$.

---

2. Givens 变换

Householder 矩阵 H 对大量引进零元素是方便的. 然而在许多计算中必须有选择地消去一些元素，旋转矩阵是解决这一问题的工具.

对旋转矩阵，在 8.2 节雅可比方法中已介绍过，这里记 $s = \sin\theta$，$c = \cos\theta$，设

$$x=(\xi_1,\xi_2,\cdots,\xi_n)^{T}, \quad y=(\eta_1,\eta_2,\cdots,\eta_n)^{T}$$

则由 $y = R(p,q)x$ 可得

$$\eta_p = c\xi_p + s\xi_q, \quad \eta_q = -s\xi_p + c\xi_q, \quad \eta_i = \xi_i, \qquad i \ne p,q$$

当 $\xi_p^2 + \xi_q^2 \ne 0$ 时，选取

$$c = \frac{\xi_p}{\sqrt{\xi_p^2 + \xi_q^2}}, \quad s = \frac{\xi_q}{\sqrt{\xi_p^2 + \xi_q^2}} \tag{8.32}$$

则有 $\eta_p = \sqrt{\xi_p^2 + \xi_q^2} > 0$，$\eta_q = 0$.

定理 5　设 $x=(\xi_1,\xi_2,\cdots,\xi_n)^{T} \ne 0$，则存在有限个 Givens 矩阵的乘积 T，使得 $Tx = \| x \|_2\, e_1$.

证明　(1) 设 $\xi_1 \ne 0$，构造 $R(1,2)$：

$$c = \frac{\xi_1}{\sqrt{\xi_1^2 + \xi_2^2}}, \quad s = \frac{\xi_2}{\sqrt{\xi_1^2 + \xi_2^2}} \tag{8.33}$$

则有

$$R(1,2)x=(\sqrt{\xi_1^2 + \xi_2^2},0,\xi_3,\cdots,\xi_n)^{T}$$

构造 $R(1,3)$：

$$c = \frac{\sqrt{\xi_1^2+\xi_2^2}}{\sqrt{\xi_1^2 + \xi_2^2+\xi_3^2}}, \quad s = \frac{\xi_3}{\sqrt{\xi_1^2 + \xi_2^2+\xi_3^2}} \tag{8.34}$$

则有

$$R(1,3)R(1,2)x=(\sqrt{\xi_1^2 + \xi_2^2 + \xi_3^2},0,0,\xi_4,\cdots,\xi_n)^{T}$$

依次做下去，构造 $R(1,n)$：

$$c = \frac{\sqrt{\xi_1^2+\cdots+\xi_{n-1}^2}}{\sqrt{\xi_1^2 +\cdots+\xi_n^2}}, \quad s = \frac{\xi_n}{\sqrt{\xi_1^2 +\cdots+\xi_n^2}} \tag{8.35}$$

故有

$$R(1,n)[R(1,n-1)\cdots R(1,3)R(1,2)x]=(\sqrt{\xi_1^2 +\cdots+ \xi_n^2},0,\cdots,0)^{T}$$

令 $T = R(1,n)R(1,n-1)\cdots R(1,3)R(1,2)$，有 $Tx = \| x \|_2\, e_1$.

(2) 设 $\xi_1=\cdots=\xi_{k-1} = 0$，$\xi_k \ne 0$（$1 < k \leqslant n$），则由 $R(1,k)$ 开始即可.

例 7 对于例 6 中的非零向量 $\boldsymbol{x}=(3,5,1,1)^{\mathrm{T}}\in\mathbf{R}^4$，求有限个 Givens 矩阵的乘积 $\boldsymbol{T}$，使得 $\boldsymbol{Tx}=\|\boldsymbol{x}\|_2\,\boldsymbol{e}_1$.

解 根据式（8.32），取 $c=\dfrac{3}{\sqrt{34}}$，$s=\dfrac{5}{\sqrt{34}}$，令

$$\boldsymbol{R}(1,2)=\begin{pmatrix} 3/\sqrt{34} & 5/\sqrt{34} & & \\ -5/\sqrt{34} & 3/\sqrt{34} & & \\ & & 1 & \\ & & & 1 \end{pmatrix}$$

则有 $\boldsymbol{R}(1,2)\boldsymbol{x}=(\sqrt{34},0,1,1)^{\mathrm{T}}$.

类似地，取 $c=\dfrac{\sqrt{34}}{\sqrt{35}}$，$s=\dfrac{1}{\sqrt{35}}$，令

$$\boldsymbol{R}(1,3)=\begin{pmatrix} \sqrt{34}/\sqrt{35} & & 1/\sqrt{35} & \\ & 1 & & \\ -1/\sqrt{35} & & \sqrt{34}/\sqrt{35} & \\ & & & 1 \end{pmatrix}$$

则有

$$\boldsymbol{R}(1,3)\boldsymbol{R}(1,2)\boldsymbol{x}=(\sqrt{35},0,0,1)^{\mathrm{T}}$$

取 $c=\dfrac{\sqrt{35}}{6}$，$s=\dfrac{1}{6}$，令

$$\boldsymbol{R}(1,4)=\begin{pmatrix} \sqrt{35}/6 & & & 1/6 \\ & 1 & & \\ & & 1 & \\ -1/6 & & & \sqrt{35}/6 \end{pmatrix}$$

则有

$$\boldsymbol{R}(1,4)\boldsymbol{R}(1,3)[\boldsymbol{R}(1,2)\boldsymbol{x}]=(6,0,0,0)^{\mathrm{T}}$$

故取 $\boldsymbol{T}=\boldsymbol{R}(1,4)\boldsymbol{R}(1,3)\boldsymbol{R}(1,2)$，使得 $\boldsymbol{Tx}=(6,0,0,0)^{\mathrm{T}}$.

8.3.2 矩阵的 *QR* 分解

定义 3 设 $\boldsymbol{A}=(a_{ij})\in\mathbf{R}^{n\times n}$，若存在正交矩阵 $\boldsymbol{Q}$ 与上三角矩阵 $\boldsymbol{R}$，使得 $\boldsymbol{A}=\boldsymbol{QR}$，则称 $\boldsymbol{QR}$ 为 $\boldsymbol{A}$ 的 $\boldsymbol{QR}$ 分解.

定理 6 设 $\boldsymbol{A}\in\mathbf{R}^{n\times n}$ 可逆，则存在有限个 Givens 矩阵的乘积 $\boldsymbol{T}$，使得 $\boldsymbol{TA}$ 为可逆上三角矩阵.

证明 $\boldsymbol{A}=(a_{ij})\in\mathbf{R}^{n\times n}$ 可逆，若 $\boldsymbol{A}$ 的第 1 列 $\boldsymbol{\beta}^{(0)}\neq\boldsymbol{0}$，则存在有限个 Givens 矩阵的乘积 $\boldsymbol{T}_0$，满足以下条件：

$$\boldsymbol{T}_0\boldsymbol{\beta}^{(0)}=\|\boldsymbol{\beta}^{(0)}\|_2\,\boldsymbol{e}_1,\qquad \boldsymbol{e}_1\in\mathbf{R}^n$$

若记 $a_{11}^{(1)}=\|\boldsymbol{\beta}^{(0)}\|_2$，则有

$$T_0A=\begin{pmatrix} a_{11}^{(1)} & a_{12}^{(1)} & \cdots & a_{1n}^{(1)} \\ 0 & & & \\ \vdots & & A^{(1)} & \\ 0 & & & \end{pmatrix}$$

易知 $A^{(1)}$ 可逆，若 $A^{(1)}$ 的第 1 列 $\beta^{(1)}\neq \mathbf{0}$，则同理存在有限个 Givens 矩阵的乘积 T_1，满足以下条件：

$$T_1\beta^{(1)}=\|\beta^{(1)}\|_2\, e_1,\qquad e_1\in \mathbf{R}^{n-1}$$

记 $a_{22}^{(2)}=\|\beta^{(1)}\|_2$，则有

$$T_1A^{(1)}=\begin{pmatrix} a_{22}^{(2)} & a_{23}^{(2)} & \cdots & a_{2n}^{(2)} \\ 0 & & & \\ \vdots & & A^{(2)} & \\ 0 & & & \end{pmatrix}$$

其余类推，得到 $A^{(n-2)}$ 可逆，若 $A^{(n-2)}$ 的第 1 列 $\beta^{(n-2)}\neq \mathbf{0}$，则存在有限个 Givens 矩阵的乘积 T_{n-2}，满足以下条件：

$$T_{n-2}\beta^{(n-2)}=\|\beta^{(n-2)}\|_2\, e_1,\qquad e_1\in \mathbf{R}^2$$

记 $a_{n-1,n-1}^{(n-1)}=\|\beta^{(n-2)}\|_2$，则有

$$T_{n-2}A^{(n-2)}=\begin{pmatrix} a_{n-1,n-1}^{(n-1)} & a_{n-1,n}^{(n-1)} \\ 0 & a_{nn}^{(n-1)} \end{pmatrix}$$

令

$$T=\begin{pmatrix} E_{n-2} & \\ & T_{n-2} \end{pmatrix}\cdots\begin{pmatrix} E_2 & \\ & T_2 \end{pmatrix}\begin{pmatrix} 1 & \\ & T_1 \end{pmatrix}T_0$$

故 T 是有限个 Givens 矩阵的乘积，且有

$$TA=\begin{pmatrix} a_{11}^{(1)} & a_{12}^{(1)} & \cdots & a_{1,n-1}^{(1)} & a_{1n}^{(1)} \\ & a_{22}^{(2)} & \cdots & a_{2,n-1}^{(2)} & a_{2,n}^{(2)} \\ & & \ddots & \vdots & \vdots \\ & & & a_{n-1,n-1}^{(n-1)} & a_{n-1,n}^{(n-1)} \\ & & & & a_{nn}^{(n-1)} \end{pmatrix}$$

例 8 利用 Givens 变换对 $A=\begin{pmatrix} 4 & 2 & 1 \\ 0 & 1 & 0 \\ 2 & 2 & 3 \end{pmatrix}$ 进行 QR 分解.

解 首先考虑矩阵 A 的第 1 列 $\beta^{(0)}=(4,0,2)^{\mathrm{T}}$，构造 $R(1,3)$，其中

$$c=\frac{2}{\sqrt{5}},\quad s=\frac{1}{\sqrt{5}},\quad R(1,3)\beta^{(0)}=(2\sqrt{5},0,0)^{\mathrm{T}}$$

则有

$$T_0=R(1,3)=\frac{1}{\sqrt5}\begin{pmatrix}2&0&1\\0&\sqrt5&0\\-1&0&2\end{pmatrix},\quad T_0A=\frac{1}{\sqrt5}\begin{pmatrix}10&6&5\\0&\sqrt5&0\\0&2&4\end{pmatrix}$$

对 $A^{(1)}=\begin{pmatrix}1&0\\\frac{2}{\sqrt5}&\frac{4}{\sqrt5}\end{pmatrix}$ 的第 1 列 $\beta^{(1)}=\begin{pmatrix}1\\\frac{2}{\sqrt5}\end{pmatrix}$，构造 $R(1,2)$，其中

$$c=\frac{\sqrt5}{3},\quad s=\frac{2}{3},\quad R(1,2)\beta^{(1)}=\begin{pmatrix}\frac{3}{\sqrt5}\\0\end{pmatrix}$$

则有

$$T_1=R(1,2)=\frac{1}{3}\begin{pmatrix}\sqrt5&2\\-2&\sqrt5\end{pmatrix},\quad T_1A^{(1)}=\begin{pmatrix}\frac{3}{\sqrt5}&\frac{8}{3\sqrt5}\\0&\frac{4}{3}\end{pmatrix}$$

令

$$T=\begin{pmatrix}1&\\&T_1\end{pmatrix}T_0=\frac{1}{3\sqrt5}\begin{pmatrix}6&0&3\\-2&5&4\\-\sqrt5&-2\sqrt5&2\sqrt5\end{pmatrix}$$

则有

$$Q=T^{\mathrm T}=\frac{1}{3\sqrt5}\begin{pmatrix}6&-2&-\sqrt5\\0&5&-2\sqrt5\\3&4&2\sqrt5\end{pmatrix},\quad R=\begin{pmatrix}2\sqrt5&\frac{6}{\sqrt5}&\sqrt5\\0&\frac{3}{\sqrt5}&\frac{8}{3\sqrt5}\\0&0&\frac{4}{3}\end{pmatrix}$$

即 $A=QR$.

类似地，对 Householder 变换也有相应的 QR 分解结论.

定理 7 设 $A\in\mathbf{R}^{n\times n}$ 可逆，则存在有限个 Householder 矩阵的乘积 H，使得 HA 为可逆上三角矩阵.

证明类似于定理 6，这里略.

例 9 利用 Householder 变换对矩阵 $A=\begin{pmatrix}0&2&0\\2&1&2\\0&2&1\end{pmatrix}$ 进行 QR 分解.

解 首先考虑矩阵 A 的第 1 列 $\beta^{(0)}=(0,2,0)^{\mathrm T}$，取 $u_0=(2,2,0)^{\mathrm T}$，则

$$H_0=\begin{pmatrix}0&-1&0\\-1&0&0\\0&0&1\end{pmatrix},\quad H_0A=\begin{pmatrix}-2&-1&-2\\0&-2&0\\0&2&1\end{pmatrix}$$

对于 $\boldsymbol{A}^{(1)}=\begin{pmatrix}-2 & 0\\ 2 & 1\end{pmatrix}$，第 1 列 $\boldsymbol{\beta}^{(1)}=\begin{pmatrix}-2\\ 2\end{pmatrix}$，取 $\boldsymbol{u}_1=-2\begin{pmatrix}1+\sqrt{2}\\ -1\end{pmatrix}$，则

$$\boldsymbol{H}_1=\begin{pmatrix}-0.707 & 0.707\\ 0.707 & -0.707\end{pmatrix},\quad \boldsymbol{H}_1\boldsymbol{A}^{(1)}=\begin{pmatrix}2.828 & 0.707\\ 0 & 0.707\end{pmatrix}$$

令 $\boldsymbol{S}=\begin{pmatrix}1 & \\ & \boldsymbol{H}_1\end{pmatrix}\boldsymbol{H}_0$，则有

$$\boldsymbol{Q}=\boldsymbol{S}^{\mathrm{T}}=\begin{pmatrix}0 & 0.707 & 0.707\\ -1 & 0 & 0\\ 0 & 0.707 & 0.707\end{pmatrix},\qquad \boldsymbol{R}=\begin{pmatrix}-2 & -1 & -2\\ & 2.828 & 0.707\\ & & 0.707\end{pmatrix}$$

即 $\boldsymbol{A}=\boldsymbol{Q}\boldsymbol{R}$.

8.3.3　QR 方法的实现过程

从定理 6 和定理 7 可知，对任意一个实矩阵 $\boldsymbol{A}$，可以利用 Givens 变换或 Householder 变换把它分解成一个正交矩阵 $\boldsymbol{Q}$ 和一个上三角矩阵 $\boldsymbol{R}$ 的乘积，即 $\boldsymbol{A}=\boldsymbol{Q}\boldsymbol{R}$. 当 $\boldsymbol{A}$ 为非奇异实矩阵，且 $\boldsymbol{R}$ 的对角元素取正实数时，这种分解是唯一的.

基于 $\boldsymbol{A}$ 的 $\boldsymbol{QR}$ 分解，可得到一个新的矩阵：

$$\boldsymbol{B}=\boldsymbol{R}\boldsymbol{Q}=\boldsymbol{Q}^{\mathrm{T}}\boldsymbol{A}\boldsymbol{Q}$$

显然，$\boldsymbol{B}$ 是由 $\boldsymbol{A}$ 经过正交相似变换得到的，因此 $\boldsymbol{A}$ 和 $\boldsymbol{B}$ 具有相同的特征值. 再对 $\boldsymbol{B}$ 进行 $\boldsymbol{QR}$ 分解，又可得到一个新的矩阵，重复这一过程可得到以下矩阵序列.

设 $\boldsymbol{A}^{(1)}=\boldsymbol{A}$，对 $\boldsymbol{A}^{(k)}$ 进行 $\boldsymbol{QR}$ 分解：

$$\boldsymbol{A}^{(k)}=\boldsymbol{Q}^{(k)}\boldsymbol{R}^{(k)},\qquad k=1,2,\cdots$$

$$\boldsymbol{A}^{(k+1)}=\boldsymbol{R}^{(k)}\boldsymbol{Q}^{(k)}=(\boldsymbol{Q}^{(k)})^{\mathrm{T}}\boldsymbol{A}^{(k)}\boldsymbol{Q}^{(k)}$$

这种利用矩阵的 $\boldsymbol{QR}$ 分解，按上述递推法则构造矩阵序列 $\{\boldsymbol{A}^{(k)}\}$，从而求出实矩阵的全部特征值的方法就是 $\boldsymbol{QR}$ 方法. 当 $\boldsymbol{A}^{(k)}$ 趋于上三角矩阵时，其对角线上的元素即收敛于实矩阵 $\boldsymbol{A}$ 的全部特征值. $\boldsymbol{QR}$ 方法的具体实现过程如下.

（1）令 $\boldsymbol{A}^{(1)}=\boldsymbol{A}$.

（2）对 $\boldsymbol{A}^{(k)}$ 进行 $\boldsymbol{QR}$ 分解：

$$\boldsymbol{A}^{(k)}=\boldsymbol{Q}^{(k)}\boldsymbol{R}^{(k)} \tag{8.36}$$

$$\boldsymbol{A}^{(k+1)}=\boldsymbol{R}^{(k)}\boldsymbol{Q}^{(k)} \tag{8.37}$$

（3）用 m_k 表示矩阵 $\boldsymbol{A}^{(k)}$ 中对角线以下元素的最大绝对值，若 $|m_{k+1}-m_k|<\varepsilon$（给定精度），则终止计算，$\boldsymbol{A}^{(k+1)}$ 的对角元素就是所求矩阵 $\boldsymbol{A}$ 的特征值；否则 $k\to k+1$，回到步骤（2），继续迭代.

关于 $\boldsymbol{QR}$ 方法的收敛性，这里介绍一种简单的情形.

定理 8　设 $\boldsymbol{A}\in\mathbf{R}^{n\times n}$，且 $\boldsymbol{A}$ 的特征值满足以下条件：

$$|\lambda_1|>|\lambda_2|>\cdots>|\lambda_n|>0$$

λ_i 对应的特征向量为 $\boldsymbol{x}_i$（$i=1,2,\cdots,n$），以 $\boldsymbol{x}_i$ 为第 i 列的方阵 $\boldsymbol{X}=(\boldsymbol{x}_1,\boldsymbol{x}_2,\cdots,\boldsymbol{x}_n)$. 假设 $\boldsymbol{X}^{-1}$ 可分

解为 $X^{-1}=LU$，式中，L 为单位下三角矩阵，U 为上三角矩阵，则式（8.36）和式（8.37）产生的矩阵序列 $\{A_k\}$ 收敛于上三角矩阵，其对角元素的极限为

$$\lim_{k\to\infty} a_{ii}^{(k)}=\lambda_i, \qquad i=1,2,\cdots,n$$

例 10 利用 QR 方法计算矩阵 $A=\begin{pmatrix}0&2&0\\2&1&2\\0&2&1\end{pmatrix}$ 的全部特征值（取 $\varepsilon=10^{-2}$）.

解 基于 Householder 变换对矩阵 A 进行 QR 分解. 令 $A^{(1)}=A$，对 $A^{(1)}$ 进行 QR 分解：

$$A^{(1)}=Q^{(1)}R^{(1)}=\begin{pmatrix}0&0.707&-0.707\\-1&0&0\\0&0.707&0.707\end{pmatrix}\begin{pmatrix}-2&-1&-2\\0&2.828&0.707\\0&0&0.707\end{pmatrix}$$

令 $A^{(2)}=R^{(1)}Q^{(1)}$，再对 $A^{(2)}$ 进行 QR 分解，一直进行下去，得到

$$A^{(14)}=\begin{pmatrix}3.6262&0.0056&0\\0.0056&-2.1413&0\\0&0&0.5151\end{pmatrix}$$

$$A^{(15)}=\begin{pmatrix}3.6262&-0.0033&0\\-0.0033&-2.1413&0\\0&0&0.5151\end{pmatrix}$$

因为 $|m_{15}-m_{14}|<10^{-2}$，所以 A 的特征值为 $\lambda_1\approx 3.6262$，$\lambda_2\approx -2.1413$，$\lambda_3\approx 0.5151$.

8.4 二分法

在实际计算中，实对称三对角矩阵的特征值求解问题也是经常遇到的，这也是特征值求解问题的研究热点之一. 为此，Givens 根据矩阵 $A-\lambda E$ 的顺序主子式可构成 Sturm（斯图姆）序列这一事实，提出了求解实对称三对角矩阵 A 特征值的有效方法——二分法.

8.4.1 特征多项式序列及其性质

对实对称三对角矩阵：

$$A=\begin{pmatrix}\alpha_1&\beta_1&&&\\\beta_1&\alpha_2&\beta_2&&\\&\ddots&\ddots&\ddots&\\&&\beta_{n-2}&\alpha_{n-1}&\beta_{n-1}\\&&&\beta_{n-1}&\alpha_n\end{pmatrix} \tag{8.38}$$

不失一般性，可设 $\beta_i\neq 0$（$i=1,2,\cdots,n-1$）；否则 A 可表示成适当的分块对角矩阵，每块的次对角元素均不为 0.

设 $f_k(\lambda)$ 表示矩阵 $A-\lambda E$ 的前 k 阶顺序主子式 $f_k(\lambda)=\det(A-\lambda E)_k$，即

$$f_k(\lambda)=\begin{vmatrix}\alpha_1-\lambda & \beta_1 & & & \\ \beta_1 & \alpha_2-\lambda & \beta_2 & & \\ & \ddots & \ddots & \ddots & \\ & & \beta_{k-2} & \alpha_{k-1}-\lambda & \beta_{k-1} \\ & & & \beta_{k-1} & \alpha_k-\lambda\end{vmatrix},\qquad 1\leqslant k\leqslant n$$

并且规定 $f_0(\lambda)\equiv 1$，则

$$\begin{aligned}&f_1(\lambda)=\alpha_1-\lambda\\&f_k(\lambda)=(\alpha_1-\lambda)f_{k-1}(\lambda)-\beta_{k-1}^2 f_{k-2}(\lambda),\qquad k=2,3,\cdots,n\end{aligned}\tag{8.39}$$

序列 $\{f_k(\lambda)\}$ 称为矩阵 $\boldsymbol{A}$ 的**特征多项式序列**. 此外，序列 $\{f_k(\lambda)\}$ 有如下三个性质.

性质 1　$f_0(\lambda)$ 无实根，且相邻两个多项式 $f_{k-1}(\lambda)$和$f_k(\lambda)$ 没有公共实根.

性质 2　设 λ_0 是 $f_k(\lambda)$ 的实根，则 $f_{k-1}(\lambda_0)f_{k+1}(\lambda_0)<0$.

性质 3　$f_k(\lambda)=0$ 有 k 个单根（$k=1,2,\cdots,n$），且 $f_k(\lambda)=0$ 与 $f_{k+1}(\lambda)=0$ 的根相互交错.

对上述性质的证明，这里不再赘述.

定义 4　对实系数多项式序列 $\varphi_0(x),\varphi_1(x),\cdots,\varphi_n(x)$，如果其满足以下条件：

（a）第一个多项式 $\varphi_0(x)$ 在 (a,b) 内无实根；

（b）序列中任意两个相邻的多项式在 (a,b) 内无公共根；

（c）设 $x_0\in(a,b)$，且 $\varphi_j(x_0)=0$，则 $\varphi_{j-1}(x_0)$ 与 $\varphi_{j+1}(x_0)$ 反号.

则称多项式序列 $\{\varphi_j(x)\}$ 为 $\varphi_n(x)$ 在 (a,b) 内的一个 **Sturm 序列**.

由上述性质易知，特征多项式序列 $\{f_k(\lambda)\}$ 是一个 Sturm 序列.

定义 5　对任意给定的实数 α，有数列

$$f_0(\alpha),f_1(\alpha),\cdots,f_k(\alpha),\qquad k\leqslant n\tag{8.40}$$

令整值函数 $S_k(\alpha)$ 表示式（8.40）中相邻两数符号相同的个数，则称 $S_k(\alpha)$ 为数列（8.40）的**同号数**. 计算同号数时约定：若数列中某一项 $f_j(\alpha)=0$，则 $f_j(\alpha)$ 与 $f_{j-1}(\alpha)$ 同号.

例 11　有实对称三对角矩阵：

$$\boldsymbol{A}=\begin{pmatrix}2&1&0\\1&2&1\\0&1&2\end{pmatrix}$$

求 $\boldsymbol{A}$ 的特征多项式序列 $\{f_j(\lambda)\}$ 在 $\lambda=-1,0,1,3,4$ 处的同号数.

解　$\boldsymbol{A}$ 的特征多项式序列如下：

$$\begin{aligned}&f_0(\lambda)=1\\&f_1(\lambda)=2-\lambda\\&f_2(\lambda)=(2-\lambda)^2-1\\&f_3(\lambda)=(2-\lambda)^3-2(2-\lambda)\end{aligned}$$

当 λ 分别取 -1、0、1、3 和 4 时，$f_j(\lambda)$ 和 $S_3(\lambda)$ 的值见表 8-5.

表 8-5　例 11 计算结果

λ	-1	0	1	3	4
$f_0(\lambda)$	1	1	1	1	1
$f_1(\lambda)$	3	2	1	-1	-2
$f_2(\lambda)$	8	3	0	0	3
$f_3(\lambda)$	21	4	-1	1	-4
$S_3(\lambda)$	3	3	2	1	0

8.4.2　二分法的实现过程

首先，我们给出作为二分法基础的结论，为叙述简洁，这里我们仅给出结论，对引理的证明不再赘述.

引理 1　设实对称矩阵 $\boldsymbol{A}$ 由式（8.38）给出，$\beta_j \neq 0$（$j=1,2,\cdots,n-1$），$\{f_k(\lambda)\}_0^n$ 是 $\boldsymbol{A}$ 的特征多项式序列，则

（1）$S_n(c)$ 表示 $f_n(\lambda)=0$ 在 $[c,+\infty)$ 内根的个数；

（2）若 $c<d$，则 $f_n(\lambda)=0$ 在 $[c,d)$ 内根的个数为 $S_n(c)-S_n(d)$.

注意，利用上述引理可以确定在任意一个区间 $[\alpha,\beta)$ 内所含 $\boldsymbol{A}$ 的特征值的个数为 $S_n(\alpha)-S_n(\beta)$. 而且，若 $\boldsymbol{A}$ 的特征值满足以下条件：

$$S_n(\alpha) \geqslant m > S_n(\beta)$$

则有 $\lambda_m \in [\alpha,\beta)$.

下面给出求矩阵 $\boldsymbol{A}$ 的第 m 个特征值 $\lambda_m \in [a_0,b_0]$ 的二分法实现过程.

给定包含 λ_m 的初始区间 $[a_0,b_0]$（例如，可取 $a_0=-\|\boldsymbol{A}\|$，$b_0=\|\boldsymbol{A}\|$），对 $k=0,1,2,\cdots$，进行以下操作.

（1）取 $[a_k,b_k]$ 的中点 $c_k=\dfrac{a_k+b_k}{2}$.

（2）计算 $\{f_i(c_k)\}_0^n$ 的同号数 $S_n(c_k)$.

（3）若 $S_n(c_k)\geqslant m$，则

$$a_{k+1}=c_k\,,\quad b_{k+1}=b_k$$

否则

$$a_{k+1}=a_k\,,\quad b_{k+1}=c_k$$

（4）若 $|b_{k+1}-a_{k+1}|\leqslant\varepsilon$，则令

$$\lambda_m=\frac{1}{2}(a_{k+1}+b_{k+1})$$

并且终止计算；否则，$k\to k+1$，继续循环.

在上述实现过程中，λ_m 始终属于区间 $[a_k,b_k]$（$k=1,2,\cdots$）. 当 k 充分大时，$[a_{k+1},b_{k+1}]$ 的

长度$\frac{b_0-a_0}{2^{k+1}}$可以小于任意指定的精度，这时区间$[a_{k+1},b_{k+1}]$的中点c_{k+1}作为λ_m的近似值，其误差不超过$\frac{\varepsilon}{2}$. 若二分法的计算是精确的，则可以得到任意指定精度的近似特征值，所以说它是一种求实对称三对角矩阵特征值的简便、稳定、精度比较高的方法.

例 12　用二分法计算例 11 中矩阵 $\boldsymbol{A}$ 中属于区间$[0,1)$的特征值λ_3.

解　由例 11 可知，在$[0,1)$内存在一个 $\boldsymbol{A}$ 的特征值λ_3，计算结果见表 8-6.

表 8-6　例 12 计算结果

λ	0	1	0.5	0.75	0.625	0.5625	0.59375	0.578125	0.5859375
$f_0(\lambda)$	1	1	+	+	+	+	+	+	+
$f_1(\lambda)$	2	1	+	+	+	+	+	+	+
$f_2(\lambda)$	3	0	+	+	+	+	+	+	+
$f_3(\lambda)$	4	−1	+	−	−	+	−	+	−
$S_3(\lambda)$	3	2	3	2	2	3	2	3	2

由表 8-6 可知，λ_3的近似值为$\tilde{\lambda}_3\approx(0.578125+0.5859375)/2=0.58203125$.

如果矩阵 $\boldsymbol{A}$ 的阶数较高，在计算特征多项式序列时，很容易产生“溢出”，为此，定义一个新的序列$\{G_k(\lambda)\}_{k=1}^n$如下：

$$G_1(\lambda)=\frac{f_1(\lambda)}{f_0(\lambda)}=\alpha_1-\lambda$$

$$G_k(\lambda)=\frac{f_k(\lambda)}{f_{k-1}(\lambda)}=\frac{(\alpha_k-\lambda)f_{k-1}(\lambda)-\beta_{k-1}^2f_{k-2}(\lambda)}{f_{k-1}(\lambda)}$$

$$=\begin{cases}\alpha_k-\lambda, & f_{k-2}(\lambda)=0\\ -\infty, & f_{k-1}(\lambda)=0\\ \alpha_k-\lambda-\beta_{k-1}^2/G_{k-1}(\lambda), & f_{k-1}(\lambda)\cdot f_{k-2}(\lambda)\neq 0\end{cases}$$

因为序列$\{f_k(\lambda)\}$中相邻两项不能同时为 0，所以$f_j(\lambda)=0$等价于

$$G_j(\lambda)=0,\ j=1,2,\cdots,n$$

故$\{G_k(\lambda)\}_{k=1}^n$可改写成如下形式：

$$G_1(\lambda)=\frac{f_1(\lambda)}{f_0(\lambda)}=\alpha_1-\lambda$$

$$G_k(\lambda)=\begin{cases}\alpha_k-\lambda, & G_{k-2}(\lambda)=0\\ -\infty, & G_{k-1}(\lambda)=0\\ \alpha_k-\lambda-\beta_{k-1}^2/G_{k-1}(\lambda), & G_{k-1}(\lambda)\cdot G_{k-2}(\lambda)\neq 0\end{cases}$$

则序列$\{f_j(\lambda)\}_0^n$的同号数等于序列$\{G_k(\lambda)\}_{k=1}^n$中的非负数个数. 这样计算$\{f_j(\lambda)\}_0^n$的同号数$S_n(\lambda)$可改为计算$\{G_k(\lambda)\}$中的非负数个数.

8.5 应用案例：互联网页面等级计算问题

互联网的使用已经深入人们的日常生活，其巨大的信息量和强大的功能给生产、生活带来了很大的便利. 随着网络信息量越来越庞大，如何有效地搜索出用户真正需要的信息变得十分重要. 下面将以 Google（谷歌）搜索为例，讨论如何对海量网页进行重要性分析. 利用网页相互链接的关系对网页进行组织，对每个它索引出的页面分配一个非负的页面分数，称为**页面等级（PageRank）**. 当用户进行搜索时，Google 搜索找出符合搜索要求的网页，并按它们的页面等级大小依次列出，这样，用户一般在显示结果的第一页或者前几页就能找到真正有用的结果. 下面具体来介绍如何计算页面等级.

考虑图 8-1，其中一个节点表示一个页面，从节点 i 到节点 j 直接连接的边表示页面 i 中包含页面 j 的网络链接. 令 $\boldsymbol{A}=(a_{ij})$ 表示 n 阶网页链接矩阵，若存在节点 i 到节点 j 的连接，则 $a_{ij}=1$，其他情况取 0. 因此，对图 8-1 中的网络，网页链接矩阵如下：

$$\boldsymbol{A}=\begin{pmatrix}
0 & 1 & 0 & 0 & 0 & 0 & 0 & 0 & 1 & 0 & 0 & 0 & 0 & 0 & 0\\
0 & 0 & 1 & 0 & 1 & 0 & 1 & 0 & 0 & 0 & 0 & 0 & 0 & 0 & 0\\
0 & 1 & 0 & 0 & 0 & 1 & 0 & 1 & 0 & 0 & 0 & 0 & 0 & 0 & 0\\
0 & 0 & 1 & 0 & 0 & 0 & 0 & 0 & 0 & 0 & 0 & 1 & 0 & 0 & 0\\
1 & 0 & 0 & 0 & 0 & 0 & 0 & 0 & 0 & 1 & 0 & 0 & 0 & 0 & 0\\
0 & 0 & 0 & 0 & 0 & 0 & 0 & 0 & 0 & 1 & 1 & 0 & 0 & 0 & 0\\
0 & 0 & 0 & 0 & 0 & 0 & 0 & 0 & 0 & 1 & 1 & 0 & 0 & 0 & 0\\
0 & 0 & 0 & 1 & 0 & 0 & 0 & 0 & 0 & 0 & 1 & 0 & 0 & 0 & 0\\
0 & 0 & 0 & 0 & 1 & 1 & 0 & 0 & 0 & 1 & 0 & 0 & 0 & 0 & 0\\
0 & 0 & 0 & 0 & 0 & 0 & 0 & 0 & 0 & 0 & 0 & 0 & 1 & 0 & 0\\
0 & 0 & 0 & 0 & 0 & 0 & 0 & 0 & 0 & 0 & 0 & 0 & 0 & 0 & 1\\
0 & 0 & 0 & 0 & 0 & 0 & 1 & 1 & 0 & 0 & 1 & 0 & 0 & 0 & 0\\
0 & 0 & 0 & 0 & 0 & 0 & 0 & 0 & 1 & 0 & 0 & 0 & 0 & 1 & 0\\
0 & 0 & 0 & 0 & 0 & 0 & 0 & 0 & 0 & 1 & 1 & 0 & 1 & 0 & 1\\
0 & 0 & 0 & 0 & 0 & 0 & 0 & 0 & 0 & 0 & 0 & 1 & 0 & 1 & 0
\end{pmatrix}$$

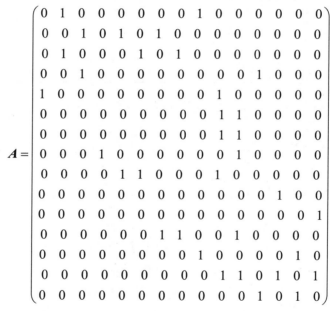

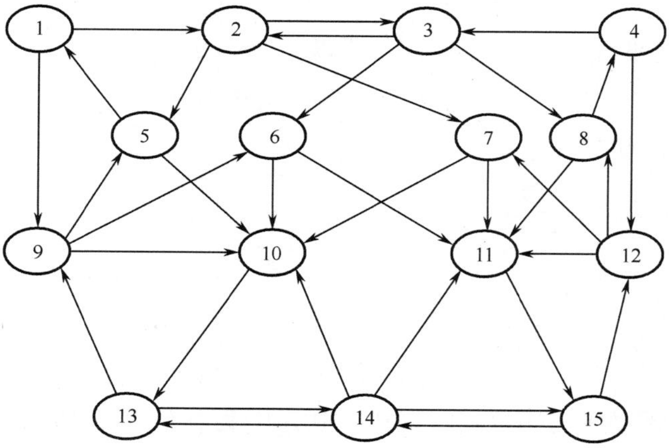

图 8-1

假设 n 个页面形成网络上的一个平面，其以概率 p_i 停留在当前页面 i 上，为了计算页面等级，可假设上网者每次看完当前网页 i 后，有两种选择：

（1）在当前网页中随机选择一个超链接进入下一个网页；

（2）随机地新开一个网页.

针对上述两种情况，以 q 表示随机新开一个网页的概率（通常近似为 0.15），而以 $1-q$ 表示单击当前页面 i 上的一个超链接的概率. 那么，上网者在单击后从网页 i 跳转到网页 j 就存在以下两种可能：

（1）若网页 j 在网页 i 中有链接，则其概率为 $q/n+(1-q)/n_i$；

（2）若网页 j 在网页 i 中没有链接，则其概率为 q/n.

其中，n_i 是矩阵 $\boldsymbol{A}$ 的第 i 行元素的和（实际上这就是页面 i 上所有链接的个数）.

由于网页 j 是否在网页 i 中有链接是由 a_{ij} 决定的，因此可得从网页 i 跳转到网页 j 的概率为

$$a_{ij}(q/n+(1-q)/n_i)+(1-a_{ij})q/n=q/n+(1-q)a_{ij}/n_i$$

故 j 的概率是上式中所有与 i 相关的项的和，与时间无关，即

$$p_j=\sum_i(qp_i/n+(1-q)a_{ij}p_i/n_i)$$

这与以下特征值方程一致：

$$\boldsymbol{p}=\boldsymbol{G}\boldsymbol{p}$$

式中，$\boldsymbol{p}=(p_i)$ 是停留在页面 n 上的 n 个概率向量，$\boldsymbol{G}=(g_{ij})$ 称为 Google 矩阵，且满足 $g_{ij}=q/n+a_{ij}(1-q)/n_i$. 而且应注意，矩阵 $\boldsymbol{G}$ 的每列之和均为 1，其最大特征值为 1，而与特征值 1 对应的特征向量是一组页面的稳态概率，即 n 个页面的页面等级. 从而，计算页面等级问题可描述如下.

问题 1　给定 Google 矩阵 $\boldsymbol{G}$，以及选择当前网页链接的概率 q，求特征值 1 对应的特征向量 $\boldsymbol{x}=(x_1,x_2,\cdots,x_n)^{\mathrm{T}}$，即

$$\begin{cases}\boldsymbol{G}\boldsymbol{x}=\boldsymbol{x}\\ \sum\limits_{i=1}^{n}x_i=1\end{cases}$$

对问题 1 的求解，实质上就是求主特征值 1 对应的特征向量问题，可以利用本章已学的幂法进行求解. 可令 $q=0.15$，得到对应于 Google 矩阵 $\boldsymbol{G}$ 的主特征向量（对应于主特征值 1）：

$$\begin{aligned}\boldsymbol{x}=(&0.0268,0.0299,0.0299,0.0268,\\&0.0396,0.0396,0.0396,0.0396,\\&0.0746,0.1063,0.1063,0.0746,\\&0.1251,0.1163,0.1251)^{\mathrm{T}}\end{aligned}$$

习题 8

1．幂法是求矩阵 $\boldsymbol{A}$ 的________特征值和对应的________的一种迭代方法.

2．用雅可比方法可以求出矩阵 $\boldsymbol{A}$ 的________特征值和对应的________.

3．反幂法是用来求矩阵 $\boldsymbol{A}$ 的________特征值和对应的________的一种迭代方法.

4．用雅可比方法求矩阵特征值的理论依据是________.

5．规范化幂法计算公式是________.

6．若 $\boldsymbol{A}$ 的主特征值 λ_1 为单根，则用幂法计算的收敛速度由什么量决定？怎样改进幂法的收敛速度？

7．用幂法求矩阵 $\boldsymbol{A}$ 的按模最大特征值的近似值，取初始向量 $\boldsymbol{v}_0=(1,1,1)^{\mathrm{T}}$，迭代两步求得近似值 $\lambda^{(2)}$ 即可：

$$\boldsymbol{A}=\begin{pmatrix}4&3&0\\5&2&0\\3&0&1\end{pmatrix}$$

8．设 $\boldsymbol{x}=(1,1,1,1)^{\mathrm{T}}$，用下列两种方法分别求正交矩阵 $\boldsymbol{P}$，使得 $\boldsymbol{Px}=\pm\|\boldsymbol{x}\|_2\,\boldsymbol{e}_1$.

（1）$\boldsymbol{P}$ 为旋转矩阵的乘积；

（2）$\boldsymbol{P}$ 为 Householder 矩阵的乘积.

9．用 Householder 变换求下列矩阵的 $\boldsymbol{QR}$ 分解：

$$\boldsymbol{A}=\begin{pmatrix}1&1&1\\2&-1&-1\\2&-4&5\end{pmatrix}$$

应用题

假设有 N 个球队，我们希望对其排名. 基于每个队在比赛中的表现以及其对手的强弱，我们给每个队打一个分数. 假设存在一个 $\mathbf{R}^N$ 中的向量 $\boldsymbol{r}$，其中元素 r_i 都是正数，用于表示第 i 个队的实力强弱.

第 i 个队的分值由下式给出:

$$s_i=\frac{1}{n_i}\sum_{j=1}^{N}a_{ij}r_j$$

式中，a_{ij} 是否大于或等于 0 取决于第 i 个队和第 j 个队，n_i 是第 i 个队参与的比赛数.

在这个问题中，令矩阵 $\boldsymbol{A}$ 的元素为

$$(A)_{ij}=\frac{a_{ij}}{n_i}$$

式中，a_{ij} 是第 i 队打败第 j 个队的次数.

假设排名与分数成正比是合理的，也就是说，

$$\boldsymbol{Ar}=\lambda\boldsymbol{r}$$

式中，λ 是比例常数.

对所有 i 和 j，$1 \leqslant i, j \leqslant N$，$a_{ij} \geqslant 0$，已知特征向量 $\boldsymbol{r}$ 的最大特征值 $\lambda_1 > 0$，并且 $\boldsymbol{r}$ 的所有元素都大于 0，它决定了球队的排名.

早在 2014 年的棒球赛季，美国联盟中心球队的比赛情况见表 8-7。

表 8-7 美国联盟中心球队的比赛情况

	CHI	CLE	DET	KC	MIN
CHI	X	7-3	4-5	3-6	2-3
CLE	3-7	X	4-2	3-3	4-3
DET	5-4	2-4	X	6-3	4-4
KC	6-3	3-3	3-6	X	2-4
MIN	3-2	3-4	4-4	4-2	X

表 8-7 中，“7-3”表示在 CHI 和 CLE 之间共有 10 场比赛，CHI 赢了 7 场，输了 3 场；X 表示没有比赛.

（1）求出偏好矩阵 $\boldsymbol{A}$.

（2）利用幂法求出 4 的最大特征值.

（3）通过求解方程组 $(\boldsymbol{A}-\lambda\boldsymbol{I})\boldsymbol{r}=\boldsymbol{0}$ 得出排名向量 $\boldsymbol{r}$.

（4）给出球队的排名（提示：分值 s_i 越大，排名越靠前）.

上机实验

1．用幂法求下列矩阵的主特征值和相应的特征向量：

$$\boldsymbol{A}=\begin{pmatrix} 3 & 2 \\ 4 & 5 \end{pmatrix}$$

$$\boldsymbol{B}=\begin{pmatrix} 6 & 2 & 1 \\ 2 & 3 & 1 \\ 1 & 1 & 1 \end{pmatrix}.$$

2．用反幂法求下列矩阵按模最小的特征值和相应的特征向量：

$$\boldsymbol{A}=\begin{pmatrix} 2 & 8 & 9 \\ 8 & 3 & 4 \\ 9 & 4 & 7 \end{pmatrix}$$

3．用反幂法求下列矩阵接近 2.93 的特征值及相应的特征向量：

$$\boldsymbol{A}=\begin{pmatrix} 2 & -1 & 0 \\ 0 & 2 & -1 \\ 0 & -1 & 2 \end{pmatrix}$$

4．用雅可比方法求下列矩阵的全部特征值及相应的特征向量：

$$A=\begin{pmatrix}1.0 & 1.0 & 0.5\\ 1.0 & 1.0 & 0.25\\ 0.5 & 0.25 & 2.0\end{pmatrix}$$

5．用 ***QR*** 方法求下列矩阵的全部特征值：

$$A=\begin{pmatrix}2 & 1 & 0\\ 1 & 3 & 1\\ 0 & 1 & 2\end{pmatrix}$$

6．用二分法求下列矩阵的全部特征值（精确到 2 位有效数字）：

$$A=\begin{pmatrix}1 & 2 & 0\\ 2 & -1 & 1\\ 0 & 1 & 1\end{pmatrix}$$

参 考 文 献

[1] 李庆扬，王能超，易大义. 数值分析. 5 版. 北京：清华大学出版社，2008.
[2] 王金铭. 数值分析. 2 版. 大连：大连理工大学出版社，2010.
[3] 王仁宏. 数值逼近. 2 版. 北京：高等教育出版社，2012.
[4] 蒋尔雄，赵风光，苏仰锋. 数值逼近. 2 版. 上海：复旦大学出版社，2008.
[5] 冯果忱，黄明游. 数值分析（上册）. 北京：高等教育出版社，2007.
[6] 黄明游，冯果忱. 数值分析（下册）. 北京：高等教育出版社，2008.
[7] 徐利治，王仁宏，周蕴时. 函数逼近的理论与方法. 上海：上海科学技术出版社，1983.
[8] 冯玉瑜，曾芳玲，邓建松. 样条函数与逼近论. 合肥：中国科学技术大学出版社，2013.
[9] 李岳生，齐东旭. 样条函数方法. 北京：科学出版社，1979.
[10] POWELL M J D. 逼近理论和方法. 北京：世界图书出版公司，2015.
[11] BURDEN R L, FAIRES J D. 数值分析（翻译版）. 7 版. 冯烟利，朱海燕，译. 北京：高等教育出版社，2005.
[12] 杜廷松，覃太贵. 数值分析及实验. 2 版. 北京：科学出版社，2012.
[13] 李庆扬. 数值分析基础教程. 北京：高等教育出版社，2001.
[14] 关治，陆金甫. 数值方法. 北京：清华大学出版社，2006.
[15] 张凯院，徐仲. 数值代数. 2 版. 北京：科学出版社，2006.
[16] 韩旭里. 数值分析. 长沙：中南大学出版社，2003.
[17] 高培旺. 计算方法典型例题与解法. 长沙：国防科技大学出版社，2003.
[18] SAUER T. 数值分析（原书第 2 版）. 裴玉茹，马赓宇，译. 北京：机械工业出版社，2014.
[19] 喻文健. 数值分析与算法. 北京：清华大学出版社，2012.
[20] 封建湖，车刚明，聂玉峰. 数值分析原理. 北京：科学出版社，2001.
[21] 韩旭里. 数值计算方法. 上海：复旦大学出版社，2008.
[22] 吕同富，康兆敏，方秀男. 数值计算方法. 北京：清华大学出版社，2008.
[23] 郑成德. 数值计算方法. 北京：清华大学出版社，2010.
[24] 张世禄，何洪英. 计算方法. 北京：电子工业出版社，2010.
[25] 关治，陈景良. 数值计算方法. 北京：清华大学出版社，1990.
[26] 李庆扬. 科学计算方法基础. 北京：清华大学出版社，2006.
[27] 翟瑞彩，谢伟松. 数值分析. 天津：天津大学出版社，2000.
[28] 张铁，阎家斌. 数值分析. 北京：冶金工业出版社，2007.
[29] 马东升，董宁. 数值计算方法. 3 版. 北京：机械工业出版社，2015.

[30] 马东升，熊春光. 数值计算方法习题及习题解答. 北京：机械工业出版社，2006.

[31] 王立秋，魏焕彩，周学圣. 工程数值分析. 济南：山东大学出版社，2002.

[32] 靳天飞，杜忠友，张海林等. 计算方法（C 语言版）. 北京：清华大学出版社，2010.

[33] 孙志忠，吴宏伟，曹婉蓉. 数值分析全真试题解析（2009—2014）. 南京：东南大学出版社，2014.

[34] BURDEN R L, FAIRES J D, BURDEN A M. 数值分析（第十版）.赵廷刚，赵廷靖，薛艳，等译. 北京：电子工业出版社，2022

[35] 陆亮. 数值分析典型应用案例及理论分析（下册）. 上海：上海科学技术出版社，2019.

[36] HEALTH M T. 科学计算导论. 2 版. 张威，贺华，冷爱萍，译. 北京：清华大学出版社，2005.